煤矿其他从业人员安全培训系列教材
2022 版《煤矿安全规程》配套教材



# 通防、主要通风机和空压机操作作业安全培训教材

李　进　主编

中国矿业大学出版社
·徐州·

## 内 容 提 要

本教材依据《煤矿安全培训规定》(国家安全生产监督管理总局令第 92 号)、河南省工业和信息化厅制定的《河南省煤矿其他从业人员培训大纲和考核标准(试行)》、2022 版《煤矿安全规程》等相关内容组织编写。内容包括 3 部分，第一部分是通用知识，包括煤矿井下从业人员安全素质基本要求、安全技术基础知识和安全操作技能通用知识(共分 7 个模块);第二部分是通防作业，包括通防作业安全技术基础知识、安全操作技能和典型事故案例(共分 3 个模块);第三部分是主要通风机和空压机操作作业，包括主要通风机和空压机操作作业安全技术基础知识、安全操作技能和典型事故案例(共分 3 个模块)。

本书是通防、主要通机风和空压机操作作业安全培训教材，也可供煤矿企业的管理人员、工程技术人员和相关人员学习和参考。

**图书在版编目(CIP)数据**

通防、主要通风机和空压机操作作业安全培训教材 / 李进主编. — 徐州 ：中国矿业大学出版社，2022.8

ISBN 978 - 7 - 5646 - 5333 - 0

Ⅰ. ①通… Ⅱ. ①李… Ⅲ. ①矿用通风机—操作—安全培训—教材②矿山机械—空气压缩机—操作—安全培训—教材 Ⅳ. ①TD44

中国版本图书馆 CIP 数据核字(2022)第 052690 号

**书　　名** 通防、主要通风机和空压机操作作业安全培训教材
**主　　编** 李　进
**责任编辑** 吴学兵
**出版发行** 中国矿业大学出版社有限责任公司
(江苏省徐州市解放南路　邮编 221008)
**营销热线** (0516)83884103　83885105
**出版服务** (0516)83995789　83884920
**网　　址** http://www.cumtp.com　**E-mail**:cumtpvip@cumtp.com
**印　　刷** 江苏淮阴新华印务有限公司
**开　　本** 880 mm×1240 mm　1/32　**印张** 9.875　**字数** 294 千字
**版次印次** 2022 年 8 月第 1 版　2022 年 8 月第 1 次印刷
**定　　价** 32.00 元

# 《通防、主要通风机和空压机操作作业安全培训教材》

## 编写委员会

# 《通防、主要通风机和空压机操作作业安全培训教材》
## 编写领导小组

组　长：杨风才

副组长：黄学志

成　员：王洪洋　张志春　卢　杰　刘学功
郝明月　魏永建　孙宏权　王智玉
陈树涛　郝永科　刘怀艳　黄社涛
王玉刚　郭　宁

# 《通防、主要通风机和空压机操作作业安全培训教材》

## 编写人员名单


主　　编：李　进

副 主 编：黄学志　刘学功　张瑞运　王中华
黄社涛

参编人员：黎秋生　王占军　刘怀艳　卢　杰
王丙成　曹钰宝　白克新　刘　亮
陶　柱　戴子栋　吕二忠　梁大华
白　鑫　翟　昊　张佳浩　侯少晨
李　博　陈召磊　姬剑波　肖　彬
阮理想　黄　山　郭　宁　纪　刚
李　涛　屈文正

# 前　言

为适应煤矿其他从业人员安全培训工作的实际需要，依据《煤矿安全培训规定》（国家安全生产监督管理总局令第92号）、河南省工业和信息化厅制定的《河南省煤矿其他从业人员培训大纲和考核标准（试行）》、2022版《煤矿安全规程》、《国家煤矿安全监察局关于印发〈煤矿安全生产标准化管理体系考核定级办法（试行）〉和〈煤矿安全生产标准化管理体系基本要求及评分方法（试行）〉的通知》（煤安监行管〔2020〕16号）等法律、法规和行业相关标准，在深入调研和广泛征求煤矿开展通防作业、主要通风机和空压机操作作业人员安全培训意见的基础上，本着针对性、实用性和前瞻性的要求，结合煤矿安全生产实际，我们组织编写了《通防、主要通风机和空压机操作作业安全培训教材》。

《关于高危行业领域安全技能提升行动计划的实施意见》（应急〔2019〕107号）和《河南省高危行业领域安全技能提升行动实施方案》（豫应急〔2020〕13号）要求开发编写分层次、分专业、分岗位的煤矿其他从业人员统一教材和考试题库，为此，按照河南省工业和信息化厅统一安排部署，由河南能源永煤公司职工培训学校负责本教材的组织编写工作。本教材由李进任主编，刘学功、王丙成等负责组稿、统稿和修改。

本教材内容分3部分13个模块：第一部分是通用知识，包括煤矿井下从业人员安全素质基本要求、安全技术基础知识和安全操作技能通用知识（共分7个模块）；第二部分是通防作业，包括通防作业安全技术基础知识、安全操作技能和典型事故案例（共分3个模块）；第三部分是主要通风机和空压机操作作业，包括主要通风机和空压机操作作业安全技术基础知识、安全操作技能和典型事故案例（共分3个模块）。

本教材主要有以下特点：

(1) 本教材本着煤矿通防、主要通风机和空压机操作作业安全培训的实际要求,突出相关作业人员安全素质提高和操作技能提升,知识全面丰富。

(2) 严格按照2022版《煤矿安全规程》、2020版《煤矿安全生产标准化管理体系基本要求及评分方法(试行)》,以及最近几年国家颁布实施的一系列法律、法规编写,有针对性地增加了新的实用性知识,符合当前煤矿生产发展的特点。

(3) 本教材进行了形式上的创新,将知识改编成安全素质基本要求、安全技术基础知识和安全操作技能,将单纯的知识传授转变为知识与技能学习,并且按照模块来编写,这样既方便教师系统梳理专业知识及备课、授课,又方便职工阅读学习。本教材层次分明,专业清晰,系统科学,可以作为工具书来使用,以便随时查看相关的内容。

(4) 本教材进行了数字化创新,配套相关操作视频及数字题库,可利用手机扫码观看操作视频、在线答题,便于学员自我检验培训效果和随时学习巩固培训内容。

为了便于阅读,书中法律名称均省去"中华人民共和国",用简称。

本教材是煤矿通防、主要通风机和空压机操作作业人员的安全培训教材,也可供煤矿企业的管理人员、工程技术人员和相关人员学习和参考。

限于编者水平,书中难免有不妥之处,敬请广大读者批评指正。

编　者

2022年7月

# 目 录

## 第一部分 通用知识

## 第二部分　通防作业

## 第三部分 主要通风机和空压机操作作业

# 第一部分　通用知识

煤矿井下从业人员安全素质基本要求
安全技术基础知识
安全操作技能通用知识

# 模块一　法律法规常识

## 安全素质基本要求一　安全生产方针与法律法规

### 学习目标

1. 了解我国的安全生产方针。

2. 了解《安全生产法》等法律中有关安全生产的规定。

3. 了解《生产安全事故报告和调查处理条例》等行政法规有关安全生产的规定。

4. 了解《煤矿安全规程》等安全生产规章、细则、行业标准有关安全生产的规定。

5. 学会用法律法规知识保护自己的安全与权益。

### 安全素质基本要求相关知识

**一、安全生产方针**

"安全第一、预防为主、综合治理"是开展安全生产管理工作总的指导方针，是长期实践的经验总结。这一方针反映了我们党和国家对安全生产规律的认识，是指导企业安全生产工作总的指导思想和行动准则，所以，企业必须认真贯彻落实"安全第一、预防为主、综合治理"的安全生产方针。

(1)"安全第一"的含义。"安全第一"说明的是安全与生产、效益及其他活动的关系，强调在从事生产经营活动中要突出抓好安全，始终不忘把安全工作与其他经济活动同时安排、同时部署，当安全工作与其他活动发生冲突与矛盾时，其他活动要服从安全，绝不能以牺牲人的生命、健康、财产损失为代价换取发展和效益。

（2）“预防为主”的含义。“预防为主”是对“安全第一”思想的深化，就是把安全生产工作的关口前移、重心下移、超前防范，建立预教、预测、预想、预报、预警、预防的递进式、立体式事故隐患预防体系，以隐患排查治理和建设本质安全为目标，实现事故的预先防范体制，改善安全状况，预防事故发生。

（3）“综合治理”的含义。将“综合治理”纳入安全生产方针，标志着对安全生产的认识上升到一个新的高度，是贯彻落实科学发展观的具体体现，秉承“安全发展”的理念，从遵循和适应安全生产的规律出发，综合运用法律、经济、行政等手段，人管、法管、技防等多管齐下，并充分发挥社会、职工、舆论的监督作用，从责任、制度、培训等多方面着力，形成标本兼治、齐抓共管的格局。

（4）“安全第一、预防为主、综合治理”的关系。“安全第一、预防为主、综合治理”是一个完整的体系，是相辅相成、辩证统一的整体。安全第一是原则，预防为主是手段，综合治理是方法。安全第一是预防为主、综合治理的统帅和灵魂，没有安全第一的思想，预防为主就失去了思想支撑，综合治理就失去了整治依据。预防为主是实现安全第一的根本途径。只有把安全生产的重点放在建立事故预防体系上，超前采取措施，才能有效防止和减少事故。只有采取综合治理，才能实现人、机、物、环境的统一，实现本质安全，真正把安全第一、预防为主落到实处。

## 二、煤矿安全生产相关法律法规

在我国，以《安全生产法》为龙头，以相关法律、行政法规、部门规章、地方性法规、地方行政规章和其他规范性文件以及安全生产国家标准、行业标准为主体的安全生产法律法规体系已经初步形成，而且还在不断健全和完善，促进了安全生产管理工作的规范化、制度化和科学化。与煤矿安全生产相关的法律法规见表 1-1。

表 1-1　煤矿安全生产相关法律法规

| 序号 | 名称 | | 制定机关 | 主要法律法规 |
|---|---|---|---|---|
| 1 | 法律 | | 全国人民代表大会及其常务委员会 | 《刑法》《安全生产法》《矿山安全法》《矿产资源法》《煤炭法》《职业病防治法》《劳动法》《劳动合同法》等 |
| 2 | 法规 | 行政法规 | 国务院 | 《煤矿安全监察条例》《安全生产许可证条例》《工伤保险条例》《矿山安全法实施条例》《国务院关于特大安全事故行政责任追究的规定》《国务院关于预防煤矿生产安全事故的特别规定》《生产安全事故报告和调查处理条例》《企业职工伤亡事故报告和处理规定》等 |
| | | 地方性法规 | 地方人民代表大会及其常务委员会 | 《河南省安全生产条例》等 |
| 3 | 规章 | 行政规章 | 国务院所属部委 | 《煤矿安全规程》《煤矿救护规程》《爆破安全规程》《安全生产事故隐患排查治理暂行规定》《生产经营单位安全培训规定》《煤矿安全培训规定》《特种作业人员安全技术培训考核管理规定》《煤矿企业安全生产许可证实施办法》《煤矿安全生产基本条件规定》《安全生产违法行为行政处罚办法》等 |
| | | 地方性规章 | 地方政府所属部门 | 《河南省煤矿水害防治工作若干规定(试行)》《河南省煤炭经营监督管理实施细则》等 |

表 1-1(续)

| 序号 | 名称 | | 制定机关 | 主要法律法规 |
|---|---|---|---|---|
| 4 | 标准 | 国家标准（GB） | 国务院标准化行政主管部门 | 《安全色》(GB 2893—2008)、《安全标志及其使用导则》(GB 2894—2008)、《矿山安全标志》(GB 14161—2008)等 |
| | | 行业标准（AQ、MT 等） | 国务院有关行政主管部门 | 《矿井瓦斯等级鉴定规范》(AQ 1025—2006)、《煤矿井工开采通风技术条件》(AQ 1028—2006)、《煤矿井下安全标志》(AQ 1017—2005)等 |
| 5 | 规范性文件 | | | 《关于加强煤矿班组安全生产建设的指导意见》《关于加强国有重点煤矿安全基础管理的指导意见》等 |

### （一）安全生产法律

#### 1.《安全生产法》

《安全生产法》是为了加强安全生产工作，防止和减少生产安全事故，保障人民群众生命和财产安全，促进经济社会持续健康发展而制定的，自 2002 年 11 月 1 日起施行。根据 2021 年 6 月 10 日第十三届全国人民代表大会常务委员会第二十九次会议《关于修改〈中华人民共和国安全生产法〉的决定》第三次修正，自 2021 年 9 月 1 日起施行。内容包括总则、生产经营单位的安全生产保障、从业人员的安全生产权利义务、安全生产的监督管理、生产安全事故的应急救援与调查处理、法律责任和附则等。

(1) 生产经营单位的从业人员有依法获得安全生产保障的权利，并应当依法履行安全生产方面的义务。

(2) 国家对在改善安全生产条件、防止生产安全事故、参加抢险救护等方面取得显著成绩的单位和个人，给予奖励。

(3) 生产经营单位应当具备该法和有关法律、行政法规和国家标准或者行业标准规定的安全生产条件；不具备安全生产条件的，不得从事生产经营活动。

(4) 生产经营单位的全员安全生产责任制应当明确各岗位的责任人员、责任范围和考核标准等内容。生产经营单位应当建立相应的机制，加强对全员安全生产责任制落实情况的监督考核，保证全员安全生产责任制的落实。

(5) 矿山、金属冶炼、建筑施工、运输单位和危险物品的生产、经营、储存、装卸单位，应当设置安全生产管理机构或者配备专职安全生产管理人员。

(6) 生产经营单位应当对从业人员进行安全生产教育和培训，保证从业人员具备必要的安全生产知识，熟悉有关的安全生产规章制度和安全操作规程，掌握本岗位的安全操作技能，了解事故应急处理措施，知悉自身在安全生产方面的权利和义务。未经安全生产教育和培训合格的从业人员，不得上岗作业。

生产经营单位应当建立安全生产教育和培训档案，如实记录安全生产教育和培训的时间、内容、参加人员以及考核结果等情况。

(7) 生产经营单位采用新工艺、新技术、新材料或者使用新设备，必须了解、掌握其安全技术特性，采取有效的安全防护措施，并对从业人员进行专门的安全生产教育和培训。

(8) 国家对严重危及生产安全的工艺、设备实行淘汰制度。生产经营单位不得使用应当淘汰的危及生产安全的工艺、设备。

(9) 生产经营单位对重大危险源应当登记建档，进行定期检测、评估、监控，并制定应急预案，告知从业人员和相关人员在紧急情况下应当采取的应急措施。

(10) 生产经营单位必须为从业人员提供符合国家标准或者行业标准的劳动防护用品，并监督、教育从业人员按照使用规则佩戴、使用。

(11) 生产经营单位必须依法参加工伤保险，为从业人员缴纳保险费。

(12) 生产经营单位与从业人员订立的劳动合同,应当载明有关保障从业人员劳动安全、防止职业危害的事项,以及依法为从业人员办理工伤保险的事项。

生产经营单位不得以任何形式与从业人员订立协议,免除或者减轻其对从业人员因生产安全事故伤亡依法应承担的责任。

(13) 生产经营单位的从业人员有权了解其作业场所和工作岗位存在的危险因素、防范措施及事故应急措施,有权对本单位的安全生产工作提出建议。

(14) 从业人员有权对本单位安全生产工作中存在的问题提出批评、检举、控告;有权拒绝违章指挥和强令冒险作业。

生产经营单位不得因从业人员对本单位安全生产工作提出批评、检举、控告或者拒绝违章指挥、强令冒险作业而降低其工资、福利等待遇或者解除与其订立的劳动合同。

(15) 从业人员发现直接危及人身安全的紧急情况时,有权停止作业或者在采取可能的应急措施后撤离作业场所。

生产经营单位不得因从业人员在前款紧急情况下停止作业或者采取紧急撤离措施而降低其工资、福利等待遇或者解除与其订立的劳动合同。

(16) 生产经营单位发生生产安全事故后,应当及时采取措施救治有关人员。

因生产安全事故受到损害的从业人员,除依法享有工伤保险外,依照有关民事法律尚有获得赔偿的权利的,有权提出赔偿要求。

(17) 从业人员在作业过程中,应当严格落实岗位安全责任,遵守本单位的安全生产规章制度和操作规程,服从管理,正确佩戴和使用劳动防护用品。

(18) 工会有权对建设项目的安全设施与主体工程同时设计、同时施工、同时投入生产和使用进行监督,提出意见。

工会对生产经营单位违反安全生产法律、法规,侵犯从业人员合法权益的行为,有权要求纠正;发现生产经营单位违章指挥、强令冒险作业或者发现事故隐患时，有权提出解决的建议，生产经营单位应当及时研究答复；发现危及从业人员生命安全的情况时，有权向生产经营单位建议组织从业人员撤离危险场所，生产经营单位必须立即作出处理。

工会有权依法参加事故调查，向有关部门提出处理意见，并要求追究有关人员的责任。

(19) 生产经营单位对负有安全生产监督管理职责的部门的监督检查人员依法履行监督检查职责，应当予以配合，不得拒绝、阻挠。

(20) 负有安全生产监督管理职责的部门应当建立举报制度，公开举报电话、信箱或者电子邮件地址等网络举报平台，受理有关安全生产的举报；受理的举报事项经调查核实后，应当形成书面材料；需要落实整改措施的，报经有关负责人签字并督促落实。对不属于本部门职责，需要由其他有关部门进行调查处理的，转交其他有关部门处理。

涉及人员死亡的举报事项，应当由县级以上人民政府组织核查处理。

(21) 生产经营单位发生生产安全事故后，事故现场有关人员应当立即报告本单位负责人。

单位负责人接到事故报告后，应当迅速采取有效措施，组织抢救，防止事故扩大，减少人员伤亡和财产损失，并按照国家有关规定立即如实报告当地负有安全生产监督管理职责的部门，不得隐瞒不报、谎报或者迟报，不得故意破坏事故现场、毁灭有关证据。

2.《劳动法》

《劳动法》是为了保护劳动者的合法权益，调整劳动关系，建立和维护适应社会主义市场经济的劳动制度，促进经济发展和社会进步而制定的，自 1995 年 1 月 1 日起施行。根据 2018 年 12 月 29 日第十三届全国人民代表大会常务委员会第七次会议《关于修改〈中华人民共和国劳动法〉等七部法律的决定》第二次修正。

《劳动法》规定了劳动者享有的基本权利和义务。劳动者享有平等就业和选择职业的权利、取得劳动报酬的权利、休息休假的权利、获得劳动安全卫生保护的权利、接受职业技能培训的权利、享受社会保险和福利的权利、提请劳动争议处理的权利以及法律规定的其他劳动权利。

劳动者应当完成劳动任务，提高职业技能，执行劳动安全卫生规程，遵守劳动纪律和职业道德。

国家实行劳动者每日工作时间不超过 8 小时、平均每周工作时间不超过 44 小时的工时制度。用人单位应当保证劳动者每周至少休息一日。劳动者连续工作一年以上的，享受带薪年休假。用人单位与劳动者发生劳动争议，当事人可以依法申请调解、仲裁、提起诉讼，也可以协商解决。

休息日安排劳动者工作又不能安排补休的，支付不低于工资的 200%的工资报酬。

《劳动法》规定禁止用人单位招用未满 16 周岁的未成年人。

3.《劳动合同法》

《劳动合同法》是为了完善劳动合同制度，明确劳动合同双方当事人的权利和义务，保护劳动者的合法权益，构建和发展和谐稳定的劳动关系而制定的，自 2008 年 1 月 1 日起施行。该法修正案于 2012 年 12 月 28 日通过，自 2013 年 7 月 1 日起施行。

《劳动合同法》规定，订立劳动合同，应当遵循合法、公平、平等自愿、协商一致、诚实信用的原则。用人单位招用劳动者时，应当如实告知劳动者工作内容、工作条件、工作地点、职业危害、安全生产状况、劳动报酬，以及劳动者要求了解的其他情况；用人单位有权了解劳动者与劳动合同直接相关的基本情况，劳动者应当如实说明。

劳动合同应当具备以下条款：① 用人单位的名称、住所和法定代表人或者主要负责人；② 劳动者的姓名、住址和居民身份证或者其他有效身份证件号码；③ 劳动合同期限；④ 工作内容和工作地点；⑤ 工作时间和休息休假；⑥ 劳动报酬；⑦ 社会保险；⑧ 劳动保护、劳动条件和职业危害防护；⑨ 法律、法规规定应当纳入劳动合同的其他事项。

劳动合同期限 3 个月以上不满 1 年的，试用期不得超过 1 个月；劳动合同期限 1 年以上不满 3 年的，试用期不得超过 2 个月；3 年以上固定期限和无固定期限的劳动合同，试用期不得超过 6 个月。劳动者在试用期的工资不得低于本单位相同岗位最低档工资或者劳动合同约定工资的百分之八十，并不得低于用人单位所在地的最低工资标准。

劳动者拒绝用人单位管理人员违章指挥、强令冒险作业的不视为违反劳动合同。

4.《刑法修正案(十一)》

《刑法》是规定犯罪、刑事责任和刑罚的法律,是追究安全生产违法犯罪行为刑事责任的重要依据。

2020 年 12 月 26 日,第十三届全国人民代表大会常务委员会第二十四次会议通过《中华人民共和国刑法修正案(十一)》,自 2021 年 3 月 1 日起施行。其中涉及安全生产的主要内容如下:

"强令他人违章冒险作业,或者明知存在重大事故隐患而不排除,仍冒险组织作业,因而发生重大伤亡事故或者造成其他严重后果的,处五年以下有期徒刑或者拘役;情节特别恶劣的,处五年以上有期徒刑。"

"在生产、作业中违反有关安全管理的规定,有下列情形之一,具有发生重大伤亡事故或者其他严重后果的现实危险的,处一年以下有期徒刑、拘役或者管制:

"(一)关闭、破坏直接关系生产安全的监控、报警、防护、救生设备、设施,或者篡改、隐瞒、销毁其相关数据、信息的;

"(二)因存在重大事故隐患被依法责令停产停业、停止施工、停止使用有关设备、设施、场所或者立即采取排除危险的整改措施,而拒不执行的;

"(三)涉及安全生产的事项未经依法批准或者许可,擅自从事矿山开采、金属冶炼、建筑施工,以及危险物品生产、经营、储存等高度危险的生产作业活动的。"

5.《职业病防治法》

《职业病防治法》是为了预防、控制和消除职业病危害,防治职业病,保护劳动者健康及其相关权益,促进经济发展而制定的,自 2002 年 5 月 1 日起施行。根据 2018 年 12 月 29 日第十三届全国人民代表大会常务委员会第七次会议《关于修改〈中华人民共和国劳动法〉等七部法律的决定》第四次修正。

《职业病防治法》规定,职业病防治工作坚持预防为主、防治结合的方针,建立用人单位负责、行政机关监管、行业自律、职工参与和社会监管的机制，实行分类管理、综合治理。劳动者依法享有职业卫生保护的权利。

该法所称职业病，是指企业、事业单位和个体经济组织等用人单位的劳动者在职业活动中，因接触粉尘、放射性物质和其他有毒、有害因素而引起的疾病。

（二）安全生产行政法规

1.《生产安全事故报告和调查处理条例》

《生产安全事故报告和调查处理条例》是为了规范生产安全事故的报告和调查处理，落实生产安全事故责任追究制度，防止和减少生产安全事故而制定的，自2007年6月1日起施行。

该条例将事故划分为特别重大事故、重大事故、较大事故和一般事故4个等级。

事故报告应当及时、准确、完整，任何单位和个人对事故不得迟报、漏报、谎报或者瞒报。事故发生后，事故现场有关人员应当立即向本单位负责人报告；单位负责人接到报告后，应当于1小时内向事故发生地县级以上人民政府安全生产监督管理部门和负有安全生产监督管理职责的有关部门报告。

2.《工伤保险条例》

《工伤保险条例》是为了保障因工作遭受事故伤害或者患职业病的职工获得医疗救治和经济补偿，促进工伤预防和职业康复，分散用人单位的工伤风险而制定的，自2004年1月1日起施行，2010年12月20日进行了修订，自2011年1月1日起施行。

《工伤保险条例》内容包括总则、工伤保险基金、工伤认定、劳动能力鉴定、工伤保险待遇、监督管理、法律责任等。

该条例规定用人单位应当按时缴纳工伤保险费，职工个人不缴纳工伤保险费；职工因工作遭受事故伤害或者患职业病进行治疗，享受工伤医疗待遇；职工因工作遭受事故伤害或者患职业病需要暂停工作接受工伤医疗的，在停工留薪期内，原工资福利待遇不变，由所在单位按月支付；生活不能自理的工伤职工在停工留薪期需要护理的，由所在单位负责。

职工有下列情形之一的，应当认定为工伤：① 在工作时间和工作场所内，因工作原因受到事故伤害的。② 工作时间前后在工作场所内，从事与工作有关的预备性或者收尾性工作受到事故伤害的。③ 在工作时间和工作场所内，因履行工作职责受到暴力等意外伤害的。④ 患职业病的。⑤ 因工外出期间，由于工作原因受到伤害或者发生事故下落不明的。⑥ 在上下班途中，受到非本人主要责任的交通事故或者城市轨道交通、客运轮渡、火车事故伤害的。⑦ 法律、行政法规规定应当认定为工伤的其他情形。

职工有下列情形之一的，不得认定为工伤或者视同工伤：① 故意犯罪的；② 醉酒或者吸毒的；③ 自残或者自杀的。

### （三）安全生产规章、细则、行业标准

#### 1.《煤矿安全规程》

《煤矿安全规程》是煤矿企业必须遵守的法定规程，其制定目的是保障煤矿安全生产和从业人员的人身安全与健康，防止煤矿事故与职业病危害。2022 版《煤矿安全规程》根据《应急管理部关于修改〈煤矿安全规程〉的决定》修订，自 2022 年 4 月 1 日起施行。

**第四条**　从事煤炭生产与煤矿建设的企业（以下统称煤矿企业）必须遵守国家有关安全生产的法律、法规、规章、规程、标准和技术规范。

煤矿企业必须加强安全生产管理，建立健全各级负责人、各部门、各岗位安全生产与职业病危害防治责任制。

煤矿企业必须建立健全安全生产与职业病危害防治目标管理、投入、奖惩、技术措施审批、培训、办公会议制度，安全检查制度，安全风险分级管控工作制度，事故隐患排查、治理、报告制度，事故报告与责任追究制度等。

煤矿企业必须制定重要设备材料的查验制度，做好检查验收和记录，防爆、阻燃抗静电、保护等安全性能不合格的不得入井使用。

煤矿企业必须建立各种设备、设施检查维修制度，定期进行检查维修，并做好记录。

煤矿必须制定本单位的作业规程和操作规程。

**第八条**　……从业人员有权制止违章作业，拒绝违章指挥；当工作

地点出现险情时，有权立即停止作业，撤到安全地点；当险情没有得到处理不能保证人身安全时，有权拒绝作业。

从业人员必须遵守煤矿安全生产规章制度、作业规程和操作规程，严禁违章指挥、违章作业。

2.《防治煤与瓦斯突出细则》

为了加强防治煤(岩)与瓦斯(二氧化碳)突出的工作，预防煤矿事故，保障从业人员生命安全，原国家煤矿安全监察局于2019年7月16日颁布了《防治煤与瓦斯突出细则》，自2019年10月1日起施行。

**第四十一条** 突出矿井的管理人员和井下工作人员必须接受防突知识的培训，经考试合格后方可上岗作业。

各类人员的培训达到下列要求：

(1) 突出矿井的井下工作人员的培训包括防突基本知识以及与本岗位相关的防突规章制度。

(2) 突出矿井的区(队)长、班组长和有关职能部门的工作人员应当全面熟悉两个"四位一体"综合防突措施、防突的规章制度等内容。

(3) 突出矿井的防突工属于特种作业人员，必须接受防突知识、操作技能的专门培训，并取得特种作业操作证。

(4) 有突出矿井的煤矿企业技术负责人和突出矿井的矿长、总工程师应当接受防突专项培训，具备突出矿井的安全生产知识和管理能力。

**第四十二条** 突出矿井的矿长、总工程师、防突机构和安全管理机构负责人、防突工应当满足下列要求：

矿长、总工程师应当具备煤矿相关专业大专及以上学历，具有3年以上煤矿相关工作经历；

防突机构和安全管理机构负责人应当具备煤矿相关中专及以上学历，具有2年以上煤矿相关工作经历；

防突机构应当配备不少于2名专业技术人员，具备煤矿相关专业中专及以上学历；

防突工应当具备初中及以上文化程度(新上岗的煤矿特种作业人员应当具备高中及以上文化程度)，具有煤矿相关工作经历，或者具备职业高中、技工学校及中专以上相关专业学历。

3.《煤矿防灭火细则》

为了加强煤矿防灭火工作，有效防控煤矿火灾事故，保障煤矿安全生产及从业人员生命和健康，国家矿山安全监察局于2021年10月12日颁布了《煤矿防灭火细则》，自2022年1月1日起施行。

**第三条**　煤矿企业、煤矿的主要负责人（法定代表人、实际控制人）是本单位防灭火工作的第一责任人，总工程师是防灭火工作的技术负责人。

煤矿企业、煤矿应当明确防灭火工作负责部门，建立健全防灭火管理制度和各级岗位责任制度。开采容易自燃和自燃煤层的矿井应当配备满足需要的防灭火专业技术人员。

**第五条**　开采容易自燃和自燃煤层的矿井，必须建立注浆系统或者注惰性气体防火系统，并建立煤矿自然发火监测系统。

**第九条**　煤矿企业、煤矿必须对从业人员进行防灭火教育和培训，定期对防灭火专业技术人员进行培训，提高其防灭火工作技能和有效处置火灾的应急能力。

**第十一条**　鼓励煤矿企业、煤矿和科研单位开展煤矿火灾防治科技攻关，研发、推广新技术、新工艺、新材料、新装备，提高煤矿火灾防治能力和智能化水平。

**第三十八条**　井下严格实行明火管制，并符合下列规定：

（一）严禁在采掘工作面进行电焊、气割等动火作业。

（二）严禁携带烟草和点火物品，严禁穿化纤衣服入井。

（三）井下严禁使用灯泡取暖和使用电炉。

（四）井下爆破作业时，应当按照矿井瓦斯等级选用煤矿许用炸药和雷管，并严格按施工工艺进行爆破。

（五）井口和井下电气设备必须装设防雷击和防短路的保护装置。

**第八十五条**　当井下发现自然发火征兆时，必须停止作业，立即采取有效措施处置。在发火征兆不能得到有效控制时，必须撤出人员，封闭危险区域。进行封闭施工作业时，其他区域所有人员必须全部撤出。

**第八十九条**　任何人发现井下火灾时，应当视火灾性质、灾区通风和瓦斯情况，立即采取一切可能的方法直接灭火，控制火势，并迅速报告矿调度室。矿调度室在接到井下火灾报告后，应当立即按灾害预防和处理计划通知有关人员组织抢救灾区人员和实施灭火工作。

矿值班调度和在现场的区、队、班组长应当依照灾害预防和处理计划的规定，将所有可能受火灾威胁区域中的人员撤离，并组织人员灭火。电气设备着火时，应当首先切断其电源；在切断电源前，必须使用不导电的灭火器材进行灭火。

抢救人员和灭火过程中，必须指定专人检查甲烷、一氧化碳、煤尘以及其他有害气体浓度和风向、风量的变化，并采取防止瓦斯、煤尘爆炸和人员中毒的安全措施。

4.《煤矿安全生产标准化管理体系考核定级办法(试行)》和《煤矿安全生产标准化管理体系基本要求及评分方法(试行)》

为贯彻执行《安全生产法》关于“推进安全生产标准化建设”的规定，原国家煤矿安全监察局组织制定了《煤矿安全生产标准化管理体系考核定级办法(试行)》和《煤矿安全生产标准化管理体系基本要求及评分方法(试行)》(煤安监行管〔2020〕16 号)，要求煤矿企业按照新标准化管理体系开展达标创建，进一步深入推进煤矿安全生产标准化管理体系建设深入开展。

1)《煤矿安全生产标准化管理体系考核定级办法(试行)》相关内容

(1)《煤矿安全生产标准化管理体系考核定级办法(试行)》规定，煤矿安全生产标准化管理体系考核等级分为一级、二级、三级 3 个等级，所应达到的要求为：

一级：煤矿安全生产标准化管理体系考核加权得分及各部分得分均不低于 90 分，且不存在下列情形：① 井工煤矿井下单班作业人数超过有关限员规定的；② 发生生产安全死亡事故，自事故发生之日起，一般事故未满 1 年、较大及重大事故未满 2 年、特别重大事故未满 3 年的；③ 安全生产标准化管理体系一级检查考核未通过，自考核定级部门检查之日起未满 1 年的；④ 因管理滑坡或存在重大事故隐患且组织生产被降级或撤销等级未满 1 年的；⑤ 露天煤矿采煤对外承包的，或将剥离工程承包给 2 家(不含)以上施工单位的;⑥ 被列入安全生产“黑名单”或在安全生产联合惩戒期内的;⑦ 井下违规使用劳务派遣工的。

二级:煤矿安全生产标准化管理体系考核加权得分及各部分得分均不低于 80 分,且不存在下列情形:① 井工煤矿井下单班作业人数超过有关限员规定的;② 发生生产安全死亡事故,自事故发生之日起,一般事故未满半年、较大及重大事故未满 1 年、特别重大事故未满 3 年的;③ 因存在重大事故隐患且组织生产被撤销等级未满半年的;④ 被列入安全生产“黑名单”或在安全生产联合惩戒期内的。

三级:煤矿安全生产标准化管理体系考核加权得分及各部分得分均不低于 70 分。

(2) 煤矿安全生产标准化管理体系等级实行分级考核定级。

申报一级的煤矿由省级煤矿安全生产标准化工作主管部门组织初审,国家煤矿安全监察局组织考核定级。申报二级、三级的煤矿的初审和考核定级部门由省级煤矿安全生产标准化工作主管部门确定。

(3) 煤矿安全生产标准化管理体系考核定级按照企业自评申报、初审、考核、公示、公告的程序进行。煤矿安全生产标准化管理体系考核定级部门原则上应在收到煤矿企业申请后的 60 个工作日内完成考核定级。煤矿企业和各级煤矿安全生产标准化工作主管部门,应通过国家煤矿安监局“煤矿安全生产标准化管理体系信息管理系统”完成申报、初审、考核、公示、公告等各环节工作。未按照规定的程序和信息化方式开展考核定级等工作的,不予公告确认。

2)《煤矿安全生产标准化管理体系基本要求及评分方法(试行)》相关内容

《煤矿安全生产标准化管理体系基本要求及评分方法(试行)》包括理念目标和矿长安全承诺、组织机构、安全生产责任制及安全管理制度、从业人员素质、安全风险分级管控、事故隐患排查治理、质量控制和持续改进等 8 个要素。

# 安全素质基本要求二
# 从业人员安全生产的权利与义务

## 学习目标

1. 熟悉从业人员安全生产的权利。
2. 熟悉从业人员在安全生产中应尽的义务。

## 安全素质基本要求相关知识

《安全生产法》等法律法规，赋予了广大生产经营单位从业人员依法获得安全生产保障的权利；从业人员在享有安全生产保障权利的同时，也必须依法履行安全生产方面的义务。

### 一、从业人员安全生产的权利

1. 劳动保护和提请劳动争议处理权

职工有要求用人单位保障职工的劳动安全、防治职业病危害的权利。职工与用人单位建立劳动关系时，应当要求订立劳动合同，劳动合同应当载明为职工提供符合国家法律、法规、标准规定的劳动安全卫生条件和必要的劳动防护用品；工作场所存在的职业病危害因素以及有效的防护措施；对从事有毒有害作业的职工定期进行健康检查；依法为职工办理工伤保险等。

当职工的劳动保护权益受到伤害，或者与用人单位因劳动保护问题发生纠纷时，有向有关部门提请劳动争议处理的权利。

2. 安全生产知情权

职工有权了解作业场所和工作岗位存在的危险因素、危害后果，以及针对危险因素应采取的防范措施和事故应急措施，用人单位必须向职工如实告知，不得隐瞒和欺骗；进入工作面前，职工有权要求跟班干部或班长检查工作面，并制定具体安全措施。如果用人单位没有如实告知，职工有权拒绝工作，用人单位不得因此做出对职工不利的处分。

3. 参与安全生产管理权

职工有权参加本单位安全生产工作的民主管理和民主监督，对本单位的安全生产工作提出意见和建议，对不符合党和国家安全生产方针和法律、法规规定的规章、制度有权提出修改意见，用人单位应重视和尊重职工的意见和建议，并及时做出答复。

4. 安全生产监督权

职工有权对企业贯彻、执行党和国家安全生产方针的情况、有关安全生产法规及管理制度的执行情况、管理干部行为、作业现场的安全情况、安全技术措施专项费用使用情况进行监督。

5. 安全生产教育培训权

职工享有参加安全生产教育培训的权利。用人单位应依法对职工进行安全生产法律、法规、规程及相关标准的教育培训，使职工掌握从事岗位工作所必须具备的安全生产知识和技能。用人单位没有依法对职工进行安全生产教育培训，特殊工种作业人员未取得操作资格证书的，职工有权拒绝上岗作业。

6. 职业健康防治权

对于从事接触职业病危害因素或可能导致职业病作业的职工，有权获得职业健康检查并了解检查结果。被诊断为患有职业病的职工有依法享受职业病待遇，接受治疗、康复和定期检查的权利。

7. 拒绝违章指挥权

违章指挥是指用人单位的有关管理人员违反安全生产的法律法规和有关安全规程、规章制度的规定，指挥从业人员进行作业的行为；强令冒险作业是指用人单位的有关管理人员，明知开始或继续作业可能会有重大危险，仍然强迫职工进行作业的行为。违章指挥、强令冒险作业违背了“安全第一”的方针，侵犯了职工的合法权益，职工有权拒绝；违章操作，职工有权制止；跟班干部擅离工作岗位，职工有权向有关方面报告。用人单位不得因职工拒绝违章指挥和强令冒险作业而打击报复，降低其工资、福利等待遇或解除与其订立的劳动合同。

8. 停止作业避险权

职工发现直接危及人身安全的紧急情况时，有权停止作业，或者在采取可能的应急措施后，撤离作业场所。用人单位不得因职工在紧急情况下停止作业或者采取紧急撤离措施而降低其工资、福利待遇或者解除与其订立的劳动合同。但职工在行使这一权利时要慎重，要尽可能正确判断险情危及人身安全的程度。

9. 工伤保险和民事索赔权

用人单位应当依法为职工办理工伤保险，为职工缴纳工伤保险费。职工因安全生产事故受到伤害，除依法应当享受工伤保险外，还有权向用人单位要求民事赔偿。工伤保险和民事赔偿不能互相取代。

10. 批评、检举和控告权

职工有权向煤矿企业和煤炭管理部门、工会组织举报违反有关安全生产法律、法规、制度的行为；有权检举违章指挥、违章作业者；有权反映作业现场安全管理情况和不安全因素。检举可以署名，也可以不署名；可以用书面形式，也可以用口头形式。但是，职工在行使这一权利时，应注意检举和控告的情况必须真实，要实事求是。用人单位不得因职工行使上述权利而对其进行打击、报复，包括不得因此而降低其工资、福利待遇或者解除与其订立的劳动合同。在进行安全生产监督检查时，如果受到打击报复和迫害，职工有权向上级或政府有关部门、工会组织投诉和控告；有权对忽视安全、玩忽职守造成事故的责任者进行检举；有权对隐瞒事故的单位和责任者提出控告。

从业人员离开煤矿企业时，有权索取本人职业健康监护档案复印件，煤矿企业必须如实、无偿提供，并在所提供的复印件上签章。

**二、从业人员安全生产的义务**

1. 遵守安全生产规章制度和操作规程的义务

职工不仅要严格遵守安全生产有关法律法规，还应当遵守用人单位的安全生产规章制度和操作规程，这是职工在安全生产方面的一项法定义务。职工必须增强法纪观念，自觉遵章守纪，从维护国家利益、集体利益以及自身利益出发，把遵章守纪、按章操作落实到具体的工作中。

2. 服从安全生产管理的义务

服从煤矿安全检查、安全监察管理；自觉服从安全监督部门、安全监察部门的指挥，自觉配合安全监察人员的工作，协助他们执行公务，并提供真实信息和有关资料。

用人单位的安全生产管理人员一般具有较多的安全生产知识和较丰富的经验，职工服从管理，可以保持生产经营活动的良好秩序，有效地避免、减少生产安全事故的发生。因此，职工应当服从管理，这也是职工在安全生产方面的一项法定义务。当然，职工对于违章指挥、强令冒险作业的行为，有权拒绝。

3. 正确佩戴和使用劳动防护用品的义务

劳动防护用品是保护职工在劳动过程中安全与健康的一种防御性装备，不同的劳动防护用品有其特定的佩戴和使用规则、方法，只有正确佩戴和使用，方能真正起到防护作用。用人单位在为职工提供符合国家或行业标准的劳动防护用品后，职工有义务正确佩戴和使用劳动防护用品。

4. 发现事故隐患及时报告并参加抢险救灾的义务

职工发现事故隐患和不安全因素后，应及时向现场安全生产管理人员或本单位负责人报告，接到报告的人员应当及时予以处理。一般来说，职工报告得越早，接受报告的人员处理得越早，事故隐患和其他职业危险因素可能造成的危害就越小。在煤矿发生事故后，职工应积极参加抢救事故，不能以任何借口逃避事故抢救工作。

5. 接受安全生产培训教育的义务

职工应依法接受安全生产的教育和培训，掌握所从事岗位工作所需的安全生产知识，提高安全生产技能，增强事故预防和应急处理能力。特殊性工种作业人员和有关法律法规规定须持证上岗的作业人员，必须经培训考核合格后，依法取得相应的资格证书或合格证书，方可上岗作业。

6. 改善工作环境和爱护生产设施、设备的义务

职工在工作中，应积极参加技术革新活动，提出合理化建议，不断改善劳动条件和工作环境。

煤矿企业的生产设备及安全生产设施是安全生产的保证，要自觉维护其正常运转和安全使用，使其发挥保障安全生产的作用。

# 安全素质基本要求三　劳动保护制度

## 学习目标

1. 了解劳动安全卫生制度。
2. 了解特殊劳动保护制度。
3. 了解工作时间和休息休假制度。

## 安全素质基本要求相关知识

劳动保护是国家和单位为保护劳动者在劳动生产过程中的安全和健康所采取的立法、组织和技术措施的总称，是指根据国家法律、法规，依靠技术进步和科学管理，采取组织措施和技术措施，消除危及人身安全健康的不良条件和行为，防止事故和职业病，保护劳动者在劳动过程中的安全与健康。根据《劳动法》的规定，劳动保护制度主要包括以下几类。

### 一、劳动安全卫生制度

劳动安全卫生保护的内容十分广泛，且因不同行业有着不同的重点和差别，《劳动法》在第六章规定了劳动安全卫生制度的基本内容：

(1) 用人单位必须建立、健全劳动安全卫生制度，严格执行国家劳动安全卫生规程和标准，对劳动者进行劳动安全卫生教育，防止劳动过程中的事故，减少职业危害。

(2) 劳动安全卫生设施必须符合国家规定的标准。

新建、改建、扩建工程的劳动安全卫生设施必须与主体工程同时设计、同时施工、同时投入生产和使用。

(3) 用人单位必须为劳动者提供符合国家规定的劳动安全卫生条件和必要的劳动防护用品，对从事有职业危害作业的劳动者应当定期进行健康检查。

(4) 从事特种作业的劳动者必须经过专门培训并取得特种作业

资格。

(5) 劳动者在劳动过程中必须严格遵守安全操作规程。

劳动者对用人单位管理人员违章指挥、强令冒险作业,有权拒绝执行;对危害生命安全和身体健康的行为,有权提出批评、检举和控告。

(6) 国家建立伤亡事故和职业病统计报告和处理制度。县级以上各级人民政府劳动行政部门、有关部门和用人单位应当依法对劳动者在劳动过程中发生的伤亡事故和劳动者的职业病状况,进行统计、报告和处理。

**二、特殊劳动保护制度**

(1) 国家对女职工和未成年工实行特殊劳动保护。未成年工是指年满 16 周岁未满 18 周岁的劳动者。

(2) 禁止安排女职工从事矿山井下、国家规定的第四级体力劳动强度的劳动和其他禁忌从事的劳动。

(3) 不得安排女职工在经期从事高处、低温、冷水作业和国家规定的第三级体力劳动强度的劳动。

(4) 不得安排女职工在怀孕期间从事国家规定的第三级体力劳动强度的劳动和孕期禁忌从事的劳动。对怀孕 7 个月以上的女职工,不得安排其延长工作时间和夜班劳动。

(5) 女职工生育享受不少于 90 天的产假。

(6) 不得安排女职工在哺乳未满 1 周岁的婴儿期间从事国家规定的第三级体力劳动强度的劳动和哺乳期禁忌从事的其他劳动,不得安排其延长工作时间和夜班劳动。

(7) 不得安排未成年工从事矿山井下、有毒有害、国家规定的第四级体力劳动强度的劳动和其他禁忌从事的劳动。

(8) 用人单位应当对未成年工定期进行健康检查。

**三、工作时间和休息休假制度**

(1) 国家实行劳动者每日工作时间不超过 8 小时、平均每周工作时间不超过 44 小时的工时制度。

(2) 对实行计件工作的劳动者,用人单位应当根据上一条规定的工时制度合理确定其劳动定额和计件报酬标准。

(3) 用人单位应当保证劳动者每周至少休息1日。

(4) 企业因生产特点不能实行上述规定的,经劳动行政部门批准,可以实行其他工作和休息办法。

(5) 用人单位在下列节日期间应当依法安排劳动者休假:元旦、春节、国际劳动节、国庆节及法律、法规规定的其他休假节日等。

(6) 用人单位由于生产经营需要,经与工会和劳动者协商后可以延长工作时间,一般每日不得超过1小时;因特殊原因需要延长工作时间的,在保障劳动者身体健康的条件下延长工作时间每日不得超过3小时,但是每月不得超过36小时。

(7) 有下列情形之一的,延长工作时间不受上一条的限制:① 发生自然灾害、事故或者因其他原因,威胁劳动者生命健康和财产安全,需要紧急处理的;② 生产设备、交通运输线路、公共设施发生故障,影响生产和公众利益,必须及时抢修的;③ 法律、行政法规规定的其他情形。

(8) 用人单位不得违反《劳动法》规定延长劳动者的工作时间。

(9) 有下列情形之一的,用人单位应当按照下列标准支付高于劳动者正常工作时间工资的工资报酬:① 安排劳动者延长工作时间的,支付不低于工资的150%的工资报酬;② 休息日安排劳动者工作又不能安排补休的,支付不低于工资的200%的工资报酬;③ 法定休假日安排劳动者工作的,支付不低于工资的300%的工资报酬。

(10) 国家实行带薪年休假制度。

劳动者连续工作1年以上的,享受带薪年休假。具体办法由国务院规定。

# 模块二　煤矿从业人员入井常识

## 安全素质基本要求一　煤矿从业人员入井须知

### 学习目标

1. 熟悉煤矿入井人员的基本条件。
2. 熟悉煤矿入井人员行为规范。

### 安全素质基本要求相关知识

#### 一、入井人员的基本条件

根据有关法律法规的规定，煤矿井下从业人员必须符合下列基本条件：

(1) 身体健康，无职业禁忌证。凡是有下列病症的不得从事煤矿井下作业：

入井前的准备
（微信扫码观看）

① 活动性肺结核和肺外结核病。

② 严重的上呼吸道或支气管疾病。

③ 显著影响肺功能的肺脏或胸膜病变。

④ 心、血管器质性疾病。

⑤ 经医疗鉴定，不适于从事粉尘作业的其他疾病。

⑥ 风湿病(反复活动)。

⑦ 严重的皮肤病。

⑧ 癫痫病。

⑨ 精神分裂症。

⑩ 经医疗鉴定，不适于从事井下工作的其他疾病。

(2) 年满18周岁且不超过国家法定退休年龄。

(3) 具有初中及以上文化程度。

**二、煤矿入井人员行为规范**

煤矿从业人员必须遵守入井的基本行为规范，以保证自己和他人的安全。

(1) 入井(场)人员必须戴安全帽等个体防护用品，穿带有反光标识的工作服。入井(场)前严禁饮酒。

(2) 入井人员必须随身携带自救器、标识卡和矿灯，严禁携带烟草和点火物品，严禁穿化纤衣服。

(3) 煤矿作业人员必须熟悉应急救援预案和避灾路线，具有自救互救和安全避险知识。井下作业人员必须熟练掌握自救器和紧急避险设施的使用方法。

(4) 对作业场所和工作岗位存在的危险有害因素及防范措施、事故应急措施、职业病危害及其后果、职业病危害防护措施等，煤矿企业应当履行告知义务，从业人员必须熟悉、有权了解并提出建议。

(5) 所有入井人员必须遵守《煤矿安全规程》、作业规程、煤矿安全技术操作规程的相关规定，经过安全培训并考核合格方可入井。

(6) 入井人员下井前，要休息好，做到心情愉快，保持精力旺盛。

(7) 乘坐罐笼上下井时，要遵守乘坐罐笼的有关规定，服从指挥，排队按次序上下，不得拥挤、打闹和摘掉安全帽。

(8) 乘车时只准乘坐专门的人车，必须遵守乘车规定，严禁在车辆行驶中登车、爬车、跳车等。

(9) 在大巷行走时，要精神集中，注意避让来往车辆，过交叉道口要做到“一停、二看、三通过”。

(10) 服从安全管理，按照规定正确携带工器具，正确识别井下各类信号。

入井安全注意事项
（微信扫码观看）

# 安全素质基本要求二　煤矿井下避灾路线

## 学习目标

1. 熟悉安全出口相关要求。
2. 熟悉井下安全避险系统。
3. 熟悉煤矿井下避灾路线。

## 安全素质基本要求相关知识

### 一、安全出口

矿井建设期间的安全出口应当符合下列要求：① 开凿或者延深立井时，井筒内必须设有在提升设备发生故障时专供人员出井的安全设施和出口；井筒到底后，应当先短路贯通，形成至少 2 个通达地面的安全出口。② 相邻的两条斜井或者平硐施工时，应当及时按设计要求贯通联络巷。

每个生产矿井必须至少有 2 个能行人的通达地面的安全出口，各出口间距不得小于 30 m。

采用中央式通风的新建和改扩建矿井，设计中应当规定井田边界的安全出口。

新建、改扩建矿井的回风井严禁兼作提升和行人通道，紧急情况下可作为安全出口。

井下每一个水平到上一个水平和各个采(盘)区都必须至少有 2 个便于行人的安全出口，并与通达地面的安全出口相连。未建成 2 个安全出口的水平或者采(盘)区严禁回采。

井巷交岔点，必须设置路标，标明所在地点，指明通往安全出口的方向。

通达地面的安全出口和 2 个水平之间的安全出口，倾角不大于 45°时，必须设置人行道，并根据倾角大小和实际需要设置扶手、台阶或者梯道。倾角大于45°时，必须设置梯道间或者梯子间，斜井梯道间必须分段错开设置，每段斜长不得大于10 m；立井梯子间中的梯子角度不得大于80°，相邻2个平台的垂直距离不得大于8 m。

安全出口应当经常清理、维护，保持畅通。

采煤工作面必须保持至少2个畅通的安全出口，一个通到进风巷道，另一个通到回风巷道。

采煤工作面所有安全出口与巷道连接处超前压力影响范围内必须加强支护，且加强支护的巷道长度不得小于20 m；综合机械化采煤工作面，此范围内的巷道高度不得低于1.8 m；其他采煤工作面，此范围内的巷道高度不得低于1.6 m。安全出口和与之相连接的巷道必须设专人维护，发生支架断梁折柱、巷道底鼓变形时，必须及时更换、清挖。

## 二、井下安全避险系统

煤矿必须建立矿井安全避险系统，对井下人员进行安全避险和应急救援培训，每年至少组织1次应急演练。

煤矿安全避险"六大系统"包括矿井安全监控系统、人员位置监测系统、井下紧急避险系统、压风自救系统、供水施救系统和通信联络系统。矿井安全监控系统实现对煤矿井下瓦斯、一氧化碳浓度、温度、风速的动态监控，完善紧急情况下及时断电撤人制度；人员位置监测系统，准确掌握各个区域作业人员的情况；救生舱、避难硐室等井下紧急避险系统，实现井下灾害突发时的安全避险；压风自救系统，确保灾变时现场作业人员有充分的氧气供应；供水施救系统，在灾变后为井下作业人员提供清洁水源或必要的营养液；通信联络系统，实现井上、井下和各个作业地点通信通畅。

所有井工煤矿必须按规定建设完善煤矿安全避险"六大系统"，入井人员必须熟悉煤矿安全避险"六大系统"。

## 三、煤矿井下避灾路线

煤矿根据不同的灾变和灾害发生地点而制定的能使井下人员用尽量短的时间、从最近的距离撤到安全地点的路线，称为避灾路线。煤矿井下作业人员必须熟知避灾路线，以便发生灾害事故时，能够安全撤离。

最佳的避灾路线必须满足三个条件:一是适合不同的灾害事故,二是安全条件好,三是撤离时间最短。

井下所有工作地点必须设置灾害事故避灾路线。避灾路线指示应当设置在不易受到碰撞的显著位置,在矿灯照明下清晰可见,并标注所在位置。巷道交叉口必须设置避灾路线标识。

巷道内设置标识的间隔距离:采区巷道不大于 200 m,矿井主要巷道不大于 300 m。

煤矿作业人员必须熟悉应急救援预案和避灾路线,具有自救互救和安全避险知识。井下作业人员必须熟练掌握自救器和紧急避险设施的使用方法。

班组长应当具备兼职救护队员的知识和能力,能够在发生险情后第一时间组织作业人员自救互救和安全避险。

外来人员必须经过安全和应急基本知识培训,掌握自救器使用方法,并签字确认后方可入井。

# 安全素质基本要求三<br>煤矿矿用产品安全标志和井下安全警示标志

## 学习目标

1. 熟悉煤矿矿用产品安全标志。
2. 熟悉煤矿井下安全警示标志。

## 安全素质基本要求相关知识

### 一、煤矿矿用产品安全标志

2007 年 4 月 1 日实施的《矿用产品安全标志标识》(AQ 1043—2007)中规定了矿用产品安全标志标识的分类、型式、尺寸、材质、颜色、使用及管理要求。

矿用产品安全标志由矿用产品安全标志证书和矿用产品安全标志

标识两部分组成。

取得矿用产品安全标志的产品，只有加施标识后生产单位方可销售，使用单位方可采购和使用。

煤矿矿用产品安全标志标识的标准型式为六边形边框，内加汉语拼音缩写“MA”，意为“煤安”，边框线表示全国煤矿范围使用，数字代码为安全标志编号，如图 1-1 所示。

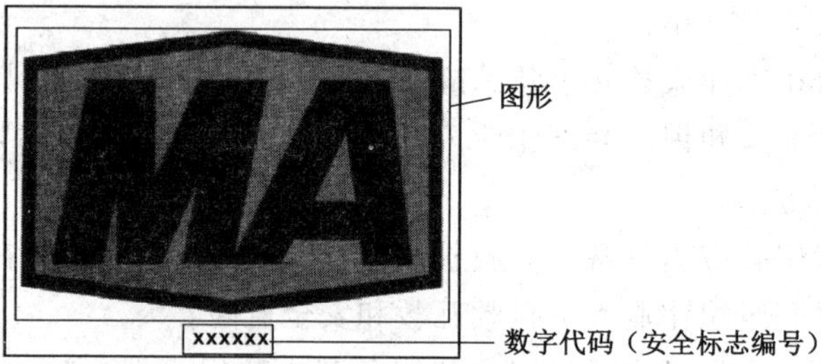


图 1-1　煤矿矿用产品安全标志标识

## 二、煤矿井下安全警示标志

安全标志是指井下悬挂或张贴的图文标志，目的是引起煤矿井下作业人员对现场不安全因素的警觉并采取相应的措施，预防事故的发生。

2006 年 3 月 1 日实施的《煤矿井下安全标志》(AQ 1017—2005)规定了煤矿井下传递安全警示信息的安全标志，适用于各类井工开采的煤矿。

煤矿井下安全标志分为主标志和文字补充标志两类。主标志分为禁止标志、警告标志、指令标志和路标、名牌、提示标志。文字补充标志是主标志的文字说明或方向指示，它只能与主标志同时使用。文字补充标志基本形式是矩形边框，放在主标志下方，也可放在左方或右方。文字补充标志的底色应与联用的主标志底色相统一，其文字的颜色，除警告标志用黑色外，其他标志均为白色。

煤矿井下安全标志牌位置应设在与安全有关的明显的地方，并保证人们有足够的时间注意它所表示的内容。

煤矿井下安全标志牌应定期清洗，每季至少检查一次。如有变形、损坏、变色、图形符号脱落、亮度老化等现象应及时修理或更换。

(1) 禁止标志是禁止或制止人们的某种行为的标志。禁止标志为白底、红圈、红斜杠、黑图形符号。煤矿井下常用的禁止标志见附表4-1。

(2) 警告标志是警告人们可能发生危险的标志。警告标志的基本形状为等边三角形，顶角朝上。警告标志为黄底、黑边、黑图形符号。煤矿井下常用的警告标志见附表4-2。

(3) 指令标志是指示人们必须遵守某种规定的标志。指令标志基本形状为圆形。指令标志为蓝底、白图形符号。煤矿常用的指令标志见附表4-3。

(4) 路标、名牌、提示标志是告诉人们目标、方向、地点的标志。路标、名牌、提示标志基本形状为长方形。路标、名牌、提示标志为绿底(红底或黄底)、白图案(黑图案)、白字或黑字。煤矿井下常用的路标、名牌、提示标志见附表4-4。

煤矿井下安全设施和安全标志（微信扫码观看）

# 安全素质基本要求四 常见“三违”行为及其危害

## 学习目标

1. 熟悉“三违”的定义。
2. 熟悉“三违”的危害。
3. 熟悉“三违”常见的表现形式。
4. 熟悉“三违”现象产生的主观原因。
5. 提升安全意识，杜绝“三违”发生，搞好安全生产。

## 安全素质基本要求相关知识

安全意识就是人们头脑中建立起来的生产必须安全的观念，也就是人们在生产活动中各种各样有可能对自己或他人造成伤害的外在环境条件的一种戒备和警觉的心理状态。违章蛮干，会给个人、家庭、企业、社会带来严重后果和沉重负担。

**一、“三违”的定义**

“三违”是违章指挥、违章作业、违反劳动纪律的简称。“三违”极易导致事故，而事故带来的影响是深远的，损失是难以估量的，会给个人、家庭、企业、社会带来巨大的伤痛和损失。因此，要保障个人的安全健康和家庭的幸福、要保障企业的长治久安和社会的和谐稳定，就要控制各类事故的发生，而控制事故发生的关键是杜绝违章。

(1) 违章指挥：是指违反国家的安全生产方针、政策、法律、条例、规程、标准、制度及生产经营单位的规章制度和技术方案的指挥行为。

(2) 违章作业：是指在劳动过程中违反国家法律法规和生产经营单位制定的各项规章制度，包括工艺技术、生产操作、劳动保护、安全管理等方面的规程、规则、章程、条例、办法和制度等，以及有关安全生产的通知、决定的行为。

(3) 违反劳动纪律：是指违反在劳动生产过程中，为维护生产秩序，而制定的要求每个员工遵守的规章制度的行为。劳动纪律是多方面的，它包括组织纪律、工作纪律、技术纪律以及规章制度等。

**二、“三违”的危害**

“三违”可能会对自身或他人生命造成伤害，一旦酿成事故会给亲人、朋友带来生活上的困难和感情上的痛苦。“三违”现象已成为严重威胁职工生命安全健康，影响企业形象和制约企业安全发展的顽症。“三违”实质上是一种违反安全生产客观规律的盲目行为，安全事故与“三违”有着直接或间接联系。煤矿工人由于一些原因还存在安全意识不强、法治观念淡薄的情况，“三违”现象时有出现，屡禁不绝，严重地威胁了矿井的正常生产和矿工的生命安全健康，其影响极坏、危害极大。因此，对“三违”的现象和行为，绝不能宽恕、忽视。我们只有坚决与“三违”作斗争，坚决反“三违”，才能确保矿井的安全生产。

## 三、“三违”常见的表现形式

（1）常见的违章指挥行为。不按照安全生产责任制有关本职工作规定履行职责；不按规定对员工进行安全教育培训；强令员工冒险违章作业；不按照规定审查、批准技术方案和安全措施；不认真执行企业发布的管理程序；新建、改建、扩建项目不执行“三同时”的规定，不履行审批手续；对已发现的事故隐患，不及时采取措施，放任自流等。

（2）常见的违章作业行为。不按规定正确佩戴和使用劳动防护用品；发现设备或安全防护装置缺损，继续操作；不执行规定的安全防范措施，对违章指挥盲目服从，不加抵制；违反规程或安全技术措施作业；不按操作规程、工艺要求操作设备；忽视安全、忽视警告，冒险进入危险区域等。

（3）常见违反劳动纪律的表现。迟到、早退、擅离职守；工作时间干私活、办私事；上班注意力不集中、消极怠工；工作中不服从分配、不听从指挥；无理取闹、纠缠领导、影响正常工作；私自动用他人工具、设备；不遵守各项规章制度，违反工艺流程和操作规程等。

## 四、“三违”现象产生的主观原因

“三违”现象产生的原因有：人员安全意识不强，安全作业综合素质不高；不懂规章或规章懂得太少；存在侥幸、麻痹、自满、马虎、凑合、逆反、应付、从众型等多种心理，认为违章不会造成事故；认为规章太烦琐，操作费力费时，抢功图快；个体所受安全教育少、安全作业技能水平较低；作业环境差、劳动强度大、易疲劳，习惯性违章；情绪不良原因，操作失误；认知水平低等。

## 五、提升安全意识，杜绝“三违”

（1）“三违”的外在表现是行为，根子在思想和意识。从思想和意识深处着手才是根治“三违”的治本之策。根治“三违”的关键，就是要保证“三违”人员的安全思想意识认识到位。要以人为本，在关心人、尊重人、保护人上多想办法，多做工作，引导职工不断增强安全意识，规范自身行为，进而成为“想安全、会安全、能安全”的安全人。要帮助职工树立正确的安全生产思想观念，提高其安全生产意识，促使职工能够自觉安全生产。

(2) 对“三违”职工的安全教育方法多种多样，应坚持以人为本。针对“三违”职工的不同违章心理，分析其“三违”产生的直接原因及深层次原因，及时疏导和消除其违章心理，对职工的教育要动之以情，晓之以理，导之以行。加大安全教育力度，特别是加大对“三违”职工的培训力度，提高其安全知识水平和安全操作技能。只有让职工充分认识到“三违”的严重后果，才能切实增强其安全意识，提高其安全技能，杜绝“三违”现象。

(3) 严格安全管理，自觉规范行为。加大现场安全管理力度，严格执行各项规章制度，把遵章守纪、按章作业转化为员工的自觉行动。加强区队、班组管理，加强班组建设，提高区队队干和班组长的安全责任心，落实好各级人员安全生产责任制。开展班组安全联保互保，营造人人争当安全人的浓厚氛围，实现企业的安全生产。

# 模块三　职业病危害因素及职业病防治

## 安全素质基本要求一<br>煤矿职业病危害因素及职业病类型

### 学习目标

1. 熟悉职业病及职业病危害因素概述。
2. 熟悉煤矿常见职业病危害因素。
3. 熟悉煤矿常见职业病。
4. 熟悉用人单位职业病危害因素防治管理职责。
5. 熟悉从业人员和用人单位职业病预防的权利和义务。

### 安全素质基本要求相关知识

#### 一、职业病及职业病危害因素概述

职业病是指企业、事业单位和个体经济组织(以下统称用人单位)的劳动者在职业活动中,因接触粉尘、放射性物质和其他有毒、有害物质等因素而引起的疾病。

职业病危害因素是指在生产过程、劳动过程和生产环境这三项劳动条件中,对从业人员的健康和劳动能力产生有害作用的危害因素。职业病危害因素包括职业活动中存在的各种有害的化学、物理、生物因素以及在作业过程中产生的其他有害因素。

职业病是由于职业活动而产生的疾病,但并不是所有工作中得的病都是职业病。要构成职业病,必须具备以下四个条件:

(1) 患病主体必须是用人单位的劳动者。

(2) 必须是在从事职业活动过程中产生的。

(3) 必须是因接触粉尘、放射性物质和其他有毒、有害物质等职业病危害因素引起的。

(4) 必须是国家公布的职业病分类和目录所列的职业病。

## 二、煤矿常见职业病危害因素

煤矿生产中主要的职业病危害因素有粉尘、有毒有害气体、噪声和振动、不良气候条件等。

1. 粉尘

粉尘是煤矿的主要职业病危害因素。煤矿生产中，采煤、掘进、支护、提升运输、巷道维修等生产环节均会产生粉尘，这些粉尘可能使从业人员患上尘肺。

2. 有毒有害气体

井下爆破、煤氧化、煤中放出等原因，导致矿井空气中含有甲烷($CH_4$)、一氧化碳(CO)、二氧化碳($CO_2$)、二氧化氮($NO_2$)、硫化氢($H_2S$)、二氧化硫($SO_2$)、氨气($NH_3$)等有毒有害气体，这些有毒有害气体会导致从业人员职业中毒。

3. 噪声和振动

煤矿噪声和振动主要来源于井下机械化生产，其危害取决于生产过程、生产工艺和所使用的工具，如风动凿岩机和局部通风机的噪声和振动等。从业人员长期在噪声下工作，可能造成听力下降，甚至引起耳聋；长期接触振动，可能导致局部疼痛，甚至引起内脏器官损伤。

4. 不良气候条件

煤矿井下的不良气候条件有气温高、湿度大、不同地点风速大小不等和温差大等。长期在潮湿环境下工作的人员易患风湿性关节炎等。

此外，劳动强度大、作业姿势不良也是煤矿井下工作的特点，易造成井下从业人员腰腿疼和各种外伤。

## 三、煤矿常见职业病

1. 矽肺

矽肺是由于在职业活动中长期在含游离二氧化硅 10%以上、粉尘浓度大于 2 mg/m$^3$ 或含游离二氧化硅 10%以下、粉尘浓度大于 10 mg/m$^3$ 的环境中工作，吸入含游离二氧化硅呼吸性粉尘（矽尘）而引起的肺间质弥漫性纤维化病变的疾病。

2. 煤工尘肺

煤工尘肺是由于在煤炭生产活动中长期吸入煤尘而引起的肺的弥漫性纤维化病变的疾病，它是我国煤炭行业累计患病人数、每年发病人数最多，对煤矿工人身体健康危害最大的职业病。

3. 水泥尘肺

水泥尘肺是由于在职业活动中长期吸入较高浓度的水泥粉尘而引起的一种尘肺。水泥尘肺发病工龄较长，病情进展缓慢，发病工龄多在 10～15 年。

4. 职业性噪声聋

职业性噪声聋是由于在职业活动中长期接触高噪声而发生的一种进行性的听觉损伤。患者早期会出现听力下降，继续长期接触，听力损失不能完全恢复，由功能性改变发展为器质性推行性病变。

**四、用人单位职业病危害因素防治管理职责**

1. 人员配备

（1）职业病危害严重的用人单位，应当设置或者指定职业卫生管理机构或者组织，配备专职职业卫生管理人员。

（2）其他存在职业病危害的用人单位，劳动者超过 100 人的，应当设置或者指定职业卫生管理机构或者组织，配备专职职业卫生管理人员；劳动者在 100 人以下的，应当配备专职或者兼职的职业卫生管理人员，负责本单位的职业病防治工作。

2. 培训管理

（1）用人单位的主要负责人和职业卫生管理人员应当具备与本单位所从事的生产经营活动相适应的职业卫生知识和管理能力，并接受职业卫生培训。

（2）用人单位主要负责人、职业卫生管理人员的职业卫生培训，应当包括下列主要内容：

① 职业卫生相关法律、法规、规章和国家职业卫生标准。

② 职业病危害预防和控制的基本知识。

③ 职业卫生管理相关知识。

④ 原国家安全生产监督管理总局规定的其他内容。

(3) 用人单位应当对劳动者进行上岗前的职业卫生培训和在岗期间的定期职业卫生培训,普及职业卫生知识,督促劳动者遵守职业病防治的法律、法规、规章、国家职业卫生标准和操作规程。

(4) 用人单位应当对职业病危害严重的岗位的劳动者,进行专门的职业卫生培训,经培训合格后方可上岗作业。

(5) 因变更工艺、技术、设备、材料,或者岗位调整导致劳动者接触的职业病危害因素发生变化的,用人单位应当重新对劳动者进行上岗前的职业卫生培训。

3. 产生职业病危害的用人单位工作场所的基本要求

(1) 生产布局合理,有害作业与无害作业分开。

(2) 工作场所与生活场所分开,工作场所不得住人。

(3) 有与职业病防治工作相适应的有效防护设施。

(4) 职业病危害因素的强度或者浓度符合国家职业卫生标准。

(5) 有配套的更衣间、洗浴间、孕妇休息间等卫生设施。

(6) 设备、工具、用具等设施符合保护劳动者生理、心理健康的要求。

(7) 法律、法规、规章和国家职业卫生标准的其他规定。

4. 警示标识设置

(1) 产生职业病危害的用人单位,应当在醒目位置设置公告栏,公布有关职业病防治的规章制度、操作规程、职业病危害事故应急救援措施和工作场所职业病危害因素检测结果。

(2) 存在或者产生职业病危害的工作场所、作业岗位、设备、设施,应当按照《工作场所职业病危害警示标识》(GBZ 158)的规定,在醒目位置设置图形、警示线、警示语句等警示标识和中文警示说明。警示说明应当载明产生职业病危害的种类、后果、预防和应急处置措施等内容。

(3) 存在或产生高毒物品的作业岗位,应当按照《高毒物品作业岗位职业病危害告知规范》(GBZ/T 203)的规定,在醒目位置设置高毒物品告知卡,告知卡应当载明高毒物品的名称、理化特性、健康危害、防护措施及应急处理等告知内容与警示标识。

5. 职业病危害因素检测

(1) 存在职业病危害的用人单位,应当实施由专人负责的工作场所职业病危害因素日常监测,确保监测系统处于正常工作状态。

(2) 存在职业病危害的用人单位,应当委托具有相应资质的职业卫生技术服务机构,每年至少进行1次职业病危害因素检测。

(3) 职业病危害严重的用人单位,应当委托具有相应资质的职业卫生技术服务机构,每3年至少进行1次职业病危害现状评价。

(4) 检测、评价结果应当存入本单位职业卫生档案,并给劳动者公布。

(5) 存在职业病危害的用人单位,有下述情形之一的,应当及时委托具有相应资质的职业卫生技术服务机构进行职业病危害现状评价:

① 初次申请职业卫生安全许可证,或者职业卫生安全许可证有效期届满申请换证的。

② 发生职业病危害事故的。

③ 原国家安全生产监督管理总局规定的其他情形。

用人单位应当落实职业病危害现状评价报告中提出的建议和措施,并将职业病危害现状评价结果及整改情况存入本单位职业卫生档案。

(6) 用人单位在日常的职业病危害监测或者定期检测、现状评价过程中,发现工作场所职业病危害因素不符合国家职业卫生标准和卫生要求时,应当立即采取相应治理措施,确保其符合职业卫生环境和条件的要求;仍然达不到国家职业卫生标准和卫生要求的,必须停止存在职业病危害因素的作业;职业病危害因素经治理后,符合国家职业卫生标准和卫生要求的,方可重新作业。

(7) 向用人单位提供可能产生职业病危害的设备的,应当提供中文说明书,并在设备的醒目位置设置警示标识和中文警示说明。警示说明应当载明设备性能、可能产生的职业病危害、安全操作和维护注意事项、职业病防护措施等内容。

6. 职业病危害因素告知

(1) 用人单位与劳动者订立劳动合同(含聘用合同,下同)时,应当将工作过程中可能产生的职业病危害及其后果、职业病防护措施和待遇等如实告知劳动者,并在劳动合同中写明,不得隐瞒或者欺骗。

(2) 劳动者在履行劳动合同期间因工作岗位或者工作内容变更,从事与所订立劳动合同中未告知的存在职业病危害的作业时,用人单位应当依照前述规定,向劳动者履行如实告知的义务,并协商变更原劳动合同相关条款。

(3) 用人单位违反规定的,劳动者有权拒绝从事存在职业病危害的作业,用人单位不得因此解除与劳动者所订立的劳动合同。

7. 职业健康体检和档案管理

(1) 对从事接触职业病危害因素作业的劳动者,用人单位应当按照《用人单位职业健康监护监督管理办法》、《放射工作人员职业健康管理办法》、《职业健康监护技术规范》(GBZ 188)、《放射工作人员健康要求及监护规范》(GBZ 98)等有关规定组织上岗前、在岗期间、离岗时的职业健康检查,并将检查结果书面如实告知劳动者。

(2) 职业健康检查费用由用人单位承担。

(3) 用人单位应当按照《用人单位职业健康监护监督管理办法》的规定,为劳动者建立职业健康监护档案,并按照规定的期限妥善保存。

(4) 职业健康监护档案应当包括劳动者的职业史、职业病危害接触史、职业健康检查结果、处理结果和职业病诊疗等有关个人健康的资料。

劳动者健康出现损害需要进行职业病诊断、鉴定的,用人单位应当如实提供职业病诊断、鉴定所需的劳动者职业史和职业病危害接触史、工作场所职业病危害因素检测结果和放射工作人员个人剂量监测结果等资料。

8. 用人单位职业卫生档案管理内容

(1) 职业病防治责任制文件。

(2) 职业卫生管理规章制度、操作规程。

(3) 工作场所职业病危害因素种类清单、岗位分布以及作业人员接触情况等资料。

(4) 职业病防护设施、应急救援设施基本信息，以及其配置、使用、维护、检修与更换等记录。

(5) 工作场所职业病危害因素检测、评价报告与记录。

(6) 职业病防护用品配备、发放、维护与更换等记录。

(7) 主要负责人、职业卫生管理人员和职业病危害严重工作岗位的劳动者等相关人员职业卫生培训资料。

(8) 职业病危害事故报告与应急处置记录。

(9) 劳动者职业健康检查结果汇总资料，存在职业禁忌证、职业健康损害或者职业病的劳动者处理和安置情况记录。

(10) 建设项目职业卫生“三同时”有关技术资料，以及其备案、审核、审查或者验收等有关回执或者批复文件。

(11) 职业卫生安全许可证申领、职业病危害项目申报等有关回执或者批复文件。

(12) 其他有关职业卫生管理的资料或者文件。

9. 职业病危害事故及职业病病人管理

(1) 用人单位发生职业病危害事故，应当及时向所在地安全生产监督管理部门和有关部门报告，并采取有效措施，减少或者消除职业病危害因素，防止事故扩大。对遭受或者可能遭受急性职业病危害的劳动者，用人单位应当及时组织救治、进行健康检查和医学观察，并承担所需费用。

(2) 用人单位不得故意破坏事故现场、毁灭有关证据，不得迟报、漏报、谎报或者瞒报职业病危害事故。

(3) 用人单位发现职业病病人或者疑似职业病病人时，应当按照国家规定及时向所在地安全生产监督管理部门和有关部门报告。

(4) 工作场所使用有毒物品的用人单位，应当按照有关规定向安全生产监督管理部门申请办理职业卫生安全许可证。

(5) 用人单位在安全生产监督管理部门行政执法人员依法履行监督检查职责时，应当予以配合，不得拒绝、阻挠。

## 五、从业人员和用人单位职业病预防的权利和义务

1. 从业人员职业卫生保护权利

(1) 获得职业卫生教育、培训。

(2) 获得职业健康检查、职业病诊疗、康复等职业病防治服务。

(3) 了解工作场所产生或者可能产生的职业病危害因素、危害后果和应当采取的职业病防护措施。

(4) 要求用人单位提供符合防治职业病要求的职业病防护设施和个人使用的职业病防护用品,改善工作条件。

(5) 对违反职业病防治法律、法规以及危及生命健康的行为提出批评、检举和控告。

(6) 拒绝违章指挥和强令进行没有职业病防护措施的作业。

(7) 参与用人单位职业卫生工作的民主管理,对职业病防治工作提出意见和建议。

用人单位应当保障劳动者行使上述权利。因劳动者依法行使正当权利而降低其工资、福利等待遇或者解除、终止与其订立的劳动合同的,其行为无效。

2. 从业人员职业卫生保护义务

劳动者应当学习和掌握相关的职业卫生知识,增强职业病防范意识,遵守职业病防治法律、法规、规章和操作规程,正确使用、维护职业病防护设备和个人使用的职业病防护用品,发现职业病危害事故隐患应当及时报告。劳动者不履行上述规定义务的,用人单位应当对其进行教育。

3. 用人单位职业卫生保护义务

(1) 配备防护设施、治理职业危害。

(2) 对作业场所职业病危害因素进行评价与管理。

(3) 对劳动者进行健康监护(上岗前、在岗中、离岗时)。

(4) 按规定用不同的形式将职业病危害因素告知劳动者(合同告知、工作场所警示告知、培训教育)。

(5) 建立危害监测和劳动者健康档案。

(6) 职业病报告义务。

(7) 对患职业病的劳动者救治、安置。

(8) 为劳动者依法参加工伤劳动保险。

(9) 落实职业危害治理和职业病防治经费。

(10) 对未成年工、女工进行保护。

# 安全素质基本要求二<br>煤矿主要职业病危害因素防治措施

## 学习目标

1. 熟悉粉尘的防治。
2. 熟悉有毒有害气体的防治。
3. 熟悉生产性噪声的防护。
4. 熟悉生产性振动的防护。
5. 熟悉高温作业的防护。

## 安全素质基本要求相关知识

煤矿职业病的防治，坚持“预防为主、防治结合”的方针，遵循三级预防的原则。第一级预防是使劳动者尽可能不接触职业危害因素，即使在职业危害不可避免的情况下，采取措施降低生产环境中职业危害因素浓度或强度，使之达到国家职业卫生标准；第二级预防是通过早期发现职业损害，并及时处理，防止进一步发展；第三级预防是对已患职业病者，及时做出诊断和进行恰当的治疗，防止恶化和发生并发症，促进康复。

煤矿生产中主要的职业病危害有粉尘、有毒有害气体、噪声和振动、不良气候条件等，应采取积极防治措施，降低甚至消除煤矿职业病危害因素。煤矿职业病危害因素防治措施主要包括以下内容。

### 一、粉尘的防治

煤矿粉尘主要有煤尘、岩尘(也称矽尘)和水泥尘。煤尘进入人肺使人患煤工尘肺，矽尘进入人肺使人患矽肺，水泥尘进入人肺使人患水泥尘肺，通称为尘肺。

《煤矿安全规程》规定，作业场所空气中粉尘（总粉尘、呼吸性粉尘）浓度应当符合表1-2的要求。不符合要求的，应当采取有效措施。

**表1-2　作业场所粉尘浓度要求**

| 粉尘种类 | 游离 $SiO_2$ 含量/% | 时间加权平均容许浓度/($mg/m^3$) | |
|---|---|---|---|
| | | 总尘 | 呼尘 |
| 煤尘 | <10 | 4 | 2.5 |
| 矽尘 | 10～50 | 1 | 0.7 |
| | 50～80 | 0.7 | 0.3 |
| | ≥80 | 0.5 | 0.2 |
| 水泥尘 | <10 | 4 | 1.5 |

注：时间加权平均容许浓度是以时间加权数规定的8 h工作日、40 h工作周的平均容许接触浓度。

矿尘防治措施如下：

井工煤矿必须建立防尘洒水系统。永久性消防防尘储水池容量不得小于200 $m^3$，且贮水量不得小于井下连续2 h的用水量，备用水池贮水量不得小于永久性储水池的50%。防尘供水管路应当敷设到所有能产生粉尘和沉积粉尘的地点，没有防尘供水管路的采掘工作面不得生产。

(1) 减尘措施。减少采、掘作业时的粉尘产生量，包括煤层注水、采空区灌水、湿式打眼、水炮泥爆破等。

(2) 降尘措施。包括各产尘点设喷雾洒水装置净化风流、洒水装置、转载点封闭、泡沫除尘等。

(3) 通风排尘。调整合适的风速，加强排尘。

## 二、有毒有害气体的防治

矿井空气中含有甲烷($CH_4$)、一氧化碳(CO)、二氧化碳($CO_2$)、二氧化氮($NO_2$)、硫化氢($H_2S$)、二氧化硫($SO_2$)、氨气($NH_3$)等有毒有害气体，会导致职业中毒。

防护措施有：

(1) 消除有毒有害气体。煤矿井下的有毒有害气体主要来源于炮烟和煤氧化、火灾等。因为很多有毒有害气体是易溶于水的，可通过加强通风和喷雾洒水排除和降低有毒有害气体含量，净化空气。

(2) 加强个人防护。炮烟未散去或作业现场空气质量太差时，不要急着进入工作面，待炮烟散尽、现场空气质量好转时再进入工作面，还应用好防护服、防护面具、防尘口罩、自救器等。

(3) 提高机体抗御能力。对于在有害物质场所作业人员，给予必要的保健待遇，加强营养和锻炼。

(4) 加强对有害物质的监测，掌握其浓度含量，做到心中有数，控制其危害程度。

(5) 对受到危害的人员及时进行健康检查，必要时实行转岗、换岗作业。

(6) 加强有害物质及预防措施的宣传教育。建立健全安全生产责任制、卫生责任制和岗位安全责任制。

**三、生产性噪声的防护**

噪声危害损害听觉，引起各种病症，甚至引发事故。

预防噪声危害的措施有：

(1) 控制噪声传播。隔声：用吸声材料、吸声结构和隔声装置将噪声源封闭，防止噪声传播。消声：用吸声材料铺装室内墙壁或悬挂于室内空间，可以吸收和反射声能，降低传播中噪声的强度水平。

(2) 采用合理的防护措施。如利用耳塞防护。合适的耳塞隔声效果可达 30～40 dB(A)，对高频噪声的阻隔效果较好。

(3) 合理安排劳动制度。工作时间穿插休息时间，休息时间离开噪声环境，限制噪声工作时间，可减轻噪声对人体的危害。

(4) 卫生保健措施。对受到噪声危害的人员定期体检，听力下降者及时治疗，重者调离噪声作业。就业前体检或定期体检中发现的听觉器官疾病、心血管病、神经系统器质性疾病者，不得从事噪声环境工作。

## 四、生产性振动的危害和防护

在生产过程中，按振动作用于人体的方式可将振动分为局部振动和全身振动。局部振动是最常见的和危害较大的振动。

振动危害的预防措施有：

(1) 对局部振动的减振措施。改革工艺和设备，改革工作制度。合理使用减振用品，建立合理的劳动制度，限制作业人员接触振动的时间。煤矿井下的振动危害主要来自风动凿岩机、综采综掘机械及其他机械。

(2) 对全身振动的减振措施。在有可能产生较大振动设备的周围设置隔离地沟，衬以橡胶、软木等减振材料，以确保振动不能外传。对振动源采取减振措施，如用弹簧等减振阻尼器，减少振动的传播距离。井下采煤机、掘进机、柴油车等座椅下加泡沫垫等，减弱运行中由于各种原因传来的振动。另外，利用尼龙件代替金属件，可减少机器的振动；及时检修设备，可以防止因零件松动引起的振动。

## 五、高温作业的防护

高温作业对人体的循环系统、消化系统、泌尿系统、神经系统等都有危害。

高温作业的防护措施有：

(1) 通风降温。加大风速排除热量。风速与温度有一定的关系，合适的风速可使温度降到一定的程度。

(2) 喷雾洒水降温。在工作面喷雾洒水既可以降温又可以降尘。

(3) 保健防护。供给含盐饮料，以补充人体所需水分和盐分。

(4) 发放保健食品。高温环境下作业，人体能量消耗快，应增加蛋白质、热量、维生素等的摄入，以减轻疲劳，提高工作效率。

(5) 个人防护。给工作人员提供结实、耐热、宽大、便于操作的工作服、工作帽、防护眼镜、隔热面具、隔热靴等。

(6) 医疗防护。对在高温条件下的作业人员进行就业前体检，凡有心血管系统疾病、高血压、溃疡病、肺气肿、肝病、肾病等疾病不宜从事高温作业的人员不安排高温作业或调离高温作业。

# 安全素质基本要求三<br>煤矿劳动防护用品的配备

## 学习目标

1. 熟悉如何选择防护功能和效果适用的劳动防护用品。
2. 熟悉劳动者如何正确佩戴和使用劳动防护用品。

## 安全素质基本要求相关知识

劳动防护用品是指由用人单位为劳动者配备的，使其在劳动过程中免遭或者减轻事故伤害及职业病危害的个体防护装备。劳动防护用品是由用人单位提供的，保障劳动者安全与健康的辅助性、预防性措施，不得以劳动防护用品替代工程防护设施和其他技术、管理措施。

根据《用人单位劳动防护用品管理规范》以及《煤矿防护用品配备标准》的要求，用人单位应按照识别、评价、选择的程序，结合劳动者作业方式和工作条件，并考虑其个人特点及劳动强度，选择防护功能和效果适用的劳动防护用品，并指导劳动者正确佩戴和使用。

(1) 接触粉尘和有毒、有害物质的劳动者应当根据不同粉尘种类、粉尘浓度及游离二氧化硅含量和毒物的种类及浓度配备相应的呼吸器、防护服、防护手套和防护鞋等。

(2) 接触噪声的劳动者当暴露于 80 dB(A)≤噪声 8 h 等效声级＜85 dB(A)的工作场所时，用人单位应当根据劳动者需求为其配备适用的护听器；当暴露于噪声 8 h 等效声级≥85 dB(A)的工作场所时，用人单位必须为劳动者配备适用的护听器。

(3) 工作场所中存在电离辐射危害的，经危害评价确认劳动者需佩戴劳动防护用品的，用人单位可参照电离辐射的相关标准及《个体防护装备配备基本要求》(GB/T 29510)为劳动者配备劳动防护用品。

(4) 从事存在物体坠落、碎屑飞溅、机械转动和锋利器具等作业的劳动者，用人单位还可参照《个体防护装备选用规范》(GB/T 11651)、《头部防护 安全帽选用规范》(GB/T 30041)和《坠落防护装备安全使用规范》(GB/T 23468)等标准，为劳动者配备适用的劳动防护用品。

(5) 同一工作地点存在不同种类的危险、有害因素的，应当为劳动者同时提供防御各类危害的劳动防护用品。需要同时配备的劳动防护用品，还应考虑其可兼容性。劳动者在不同地点工作，并接触不同的危险、有害因素，或接触不同的危害程度的有害因素的，为其选配的劳动防护用品应满足不同工作地点的防护需求。

(6) 劳动防护用品的选择还应当考虑其佩戴的合适性和基本舒适性，根据个人特点和需求选择适合型号和式样。

(7) 用人单位应当在可能发生急性职业损伤的有毒、有害工作场所配备应急劳动防护用品，放置于现场邻近位置并有醒目标识。用人单位应当为巡检等流动性作业的劳动者配备随身携带的个人应急防护用品。

# 安全素质基本要求四<br>职业病诊断、鉴定与职业病患者保障

## 学习目标

1. 熟悉职业健康监护相关内容。
2. 熟悉职业病诊断与鉴定相关内容。

## 安全素质基本要求相关知识

### 一、职业健康监护

职业健康监护是指以预防为目的，根据劳动者的职业接触史，通过定期或不定期的医学健康检查和健康相关资料的收集，连续性地监测劳动者的健康状况，分析劳动者健康变化与所接触的职业病危害因素的关系，并及时将健康检查和资料分析结果报告给用人单位和劳动者

本人，以便及时采取干预措施，保护劳动者的健康。

职业健康监护主要包括岗前职业健康检查、在岗期间职业健康检查、离岗后职业健康检查、应急健康检查和职业健康监护档案管理等内容。

1. 职业健康检查

职业健康检查分为上岗前职业健康检查、在岗期间职业健康检查和离岗时职业健康检查。

2. 职业健康检查项目及体检周期

根据《职业健康监护技术规范》(GBZ 188)的基本要求，按照《煤矿作业场所职业病危害防治规定》，与煤炭行业有关的职业健康检查内容如下。

(1) 游离二氧化硅粉尘，检查周期：1 年。

(2) 煤尘，检查周期：2 年。

(3) 水泥尘、电焊烟尘，检查周期：2 年。

(4) 噪声，检查周期：作业场所噪声 8 h 等效声级≥85 dB(A)，1 年 1 次；80 dB(A)≤作业场所噪声 8 h 等效声级<85 dB(A)，2 年 1 次。

(5) 高温，检查周期：1 年，应在每年高温季节到来之前进行。

(6) 手传振动，检查周期：2 年。

(7) 氮氧化物，检查周期：1 年。

(8) 一氧化碳，检查周期：3 年。

(9) 硫化氢，检查周期：3 年。

《煤矿作业场所职业病危害防治规定》规定：煤矿不得安排未经上岗前职业健康检查的人员从事接触职业病危害的作业；不得安排有职业禁忌的人员从事其所禁忌的作业；不得安排未成年工从事接触职业病危害的作业；不得安排孕期、哺乳期的女职工从事对本人和胎儿、婴儿有危害的作业。劳动者接受职业健康检查应当视同正常出勤，煤矿企业不得以常规健康检查代替职业健康检查。

**二、职业病诊断与鉴定**

劳动者健康出现损害需要进行职业病诊断、鉴定的，煤矿企业应当如实提供职业病诊断、鉴定所需的劳动者职业史和职业病危害接触史、作业场所职业病危害因素检测结果等资料。

1. 职业病诊断

职业病诊断必须在职业病诊断机构进行，应选择用人单位所在地、劳动者本人户籍所在地或者经常居住地的职业病诊断机构进行职业病诊断。职业病诊断机构组织3名以上单数职业病诊断医师进行集体诊断。职业病诊断医师独立分析、判断并提出诊断意见，任何单位和个人无权干预。职业病诊断机构作出职业病诊断结论后，出具职业病诊断证明书。证明书包括诊断结论和诊断时间。

2. 职业病鉴定

当事人如果对职业病诊断结果或职业病鉴定结论有异议，可以在接到职业病诊断证明书之日起30日内，向职业病诊断机构所在地设区的市级卫生行政部门申请鉴定。当事人对设区的市级职业病鉴定结论不服的，可以在接到鉴定书之日起15日内，向原鉴定组织所在地省级卫生行政部门申请再次鉴定。职业病鉴定实行两级鉴定制，省级职业病鉴定结论为最终鉴定。

3. 职业健康监护档案

煤矿应当为劳动者个人建立职业健康监护档案，并按照规定的期限妥善保存。职业健康监护档案应当包括劳动者个人基本情况、劳动者职业史和职业病危害接触史，历次职业健康检查结果及处理情况，职业病诊疗等资料。劳动者离开煤矿时，有权索取本人职业健康监护档案复印件，煤矿必须如实、无偿提供，并在所提供的复印件上签章。

# 模块四　煤矿灾害防治与应急避险

## 安全素质基本要求一<br>煤矿顶板灾害防治与应急避险

### 学习目标

1. 熟悉顶板冒落的预防相关内容。
2. 熟悉顶板冒落的预兆相关内容。
3. 熟悉顶板冒落处置措施。
4. 熟悉发生冒顶事故时的应急避险相关要求。

### 安全素质基本要求相关知识

顶板事故是指在井下采掘和生产服务过程中，顶板意外冒落造成的人员伤亡、设备损坏、生产中止等事故，是煤矿五大自然灾害之一。其导致的事故危害主要有三种：① 人员被堵、被埋或伤亡；② 已经或可能影响通风系统安全运行；③ 造成设备损坏、生产中止。

**一、顶板冒落的预防**

（1）采取有效的支护措施。

（2）及时处理局部漏顶，以免引起大范围冒顶。

（3）坚持敲帮问顶及围岩观测分析制度，在进入采掘工作面装煤、支护前、装药前、爆破后等关键环节，要坚持敲帮问顶，处理已离层的顶板，如果处理不下来，应先进行临时支护。

（4）严格按照规程作业。严禁空顶作业，所有支架必须架设牢固，严禁在浮煤或浮矸上架设支架。

## 二、顶板冒落的预兆

(1) 响声。顶板连续发出断裂声,这是由于直接顶和基本顶发生离层或顶板切断发出的声音。有时采空区内顶板发出像闷雷的声音,这是基本顶和上方岩层产生离层或断裂的声音。岩层下沉断裂、顶板压力急剧加大时,支架会发出很大声响。

(2) 掉渣。顶板岩石已有裂缝和碎块,其中小矸石稍受震动就掉落。这种掉渣一般由少逐渐增多,由稀逐渐变密。

(3) 片帮。冒顶前煤壁所受压力增加,变得松软,片帮煤比平时多。

(4) 漏顶。破碎的伪顶或直接顶,在大面积冒顶以前,有时因为背顶不严或支架不牢而出现漏顶。

(5) 裂缝。顶板的裂缝张开,裂缝增多。

(6) 脱层(离层)。检查顶板是否脱层要用“敲帮问顶”的方法,如果声音清脆,表明顶板完好;如果顶板发出“空空”的响声,说明上下岩层已经脱离。

(7) 瓦斯涌出量突然增大。

(8) 顶板淋水增大。

## 三、顶板处置措施

1. 采煤工作面处置措施

(1) 当冒落的煤、矸埋压住人时,不可惊慌,应在区队长、班组长和有经验的老工人的指挥下,严密监视冒落的顶板及两帮情况,加固冒顶处10 m范围内支护,用长柄工具捣掉悬矸、危岩后,由有经验的工人由外向里进行支护,动作要迅速,并设专人观察顶板。留好退路,严防继续冒落伤人,组织人力积极抢救被埋人员。

(2) 抢救时仔细侦察,分析遇险者位置和被压情况,尽量不破坏冒落矸石的堆积状态,小心搬开煤、矸救出伤员,严禁用锹、镐等强挖硬砸。

(3) 救出伤员后及时采取止血、包扎、骨折固定等救护措施,发生呼吸停止的要立即进行人工呼吸等现场救助并迅速送往医院。

(4) 若垮落、冒顶将人员堵在独头巷道，被堵人员要沉着、冷静，不要慌乱、乱喊乱叫，并设法自救。

(5) 若冒顶面积大，处理时间长，被堵人员要静卧休息，减少氧气消耗，有压风管路时可打开阀门，放入空气供人呼吸。节约矿灯电量、食物和水。若冒落的煤和矸不太多，可能扒出通道口时，应采取由有经验的老工人监视顶板，其他人员轮流攉扒的方法进行自救，并间断性地敲击金属物发出求救信号。

2. 掘进、巷修工作面处置措施

(1) 当发生顶板冒顶事故时，现场人员不可惊慌，要在区队长、班组长和有经验的老工人指挥下，严密监视顶板及两帮的情况，在确保安全的前提下立即加强、加固冒顶处 10 m 范围内的支护。

(2) 处理冒顶时，要用长钎子捣掉可能冒落的悬矸、危岩，由有经验的老工人由外向里进行支护，一般采用架设木垛的方法，在没有冒落危险的情况下，设专人观察顶板，留好退路，迅速架好支架，排好护顶木垛，一直到冒顶最高点将顶托住。

(3) 当冒落的煤、岩石埋压住人员时，要仔细侦察，分析遇险人员的位置和被埋压情况，在安全的前提下组织抢救工作。抢救中要尽量不破坏冒落岩石的堆积状态，小心搬开冒落的岩石，严禁使用锹、镐等强挖硬砸，严防对埋压人员造成二次伤害。

(4) 救出的伤员要及时采取止血、包扎、骨折固定等急救措施，发生呼吸停止的要立即进行人工呼吸等现场救助并迅速送往医院。

(5) 若冒落的矸石将人员堵在独头巷道内，被堵人员要沉着、冷静，不要乱喊乱叫。若冒顶面积大，处理的时间长，被堵人员应立即静坐休息，注意节约矿灯电量、食品和水，减少氧气消耗，保持足够的体力。有压风管的应打开压风阀门，保持良好的通风；若冒顶面积不太大，被堵人员应在区队长、班组长和有经验的老工人指挥下，专人监视顶板情况，采用轮番攉扒冒落岩石的方法组织自救，并间断性敲打铁管、钢轨等发出呼救信号，等待救援。

(6) 当冒顶的范围大，影响通风或人员被堵，可采用小断面快速修复的方法，架设比原来巷道规格小得多的临时支护，采用撞楔法把冒落的岩石控制住，从巷道两侧清理岩石，且边清理边维护，防止煤矸流入巷道。帮、顶维护好后，就可以架设永久支护。

（7）当冒顶的长度大，不易处理时，可采用打绕道的方法，绕过冒落区去抢救被堵人员，或绕过冒落区后再转入正常掘进。

**四、发生冒顶事故时的应急避险**

（1）迅速撤离。当发现工作地点有即将发生冒顶的征兆而又难以采取措施防止顶板冒落时，要迅速离开危险区，撤退到安全地点。

（2）及时躲避。当冒顶发生而又来不及撤至安全地点时，应靠煤帮贴身站立避灾，但要注意避免煤壁片帮伤人；如靠近木垛，也可撤至木垛处避灾。

（3）立即求救。冒落基本稳定后，遇险人员应立即采用呼叫、敲打（不要敲打对自己有威胁的支架、物料和岩块）等方法，发出有规律、不间断的求救信号，以便救援人员了解灾情，组织力量进行抢救。

（4）自救和互救。事故发生后，遇险人员要听从灾区区队长、班组长和有经验的老工人的指挥，在保证安全的前提下，积极开展自救和互救。正视已发生的灾害，注意保持自身体力，未受伤和受轻伤人员要采取切实可行的措施设法营救被掩埋人员，并尽可能脱离险区或转移到较安全地点等待救援。

（5）配合营救。发生冒顶埋人事故时，被埋压的人员不要惊慌失措，切忌猛烈挣扎；被隔堵的人员应在遇险地点维护好自身安全，构筑脱险通道，配合外部的营救工作。

（6）现场安全负责人应根据现场实际情况采取果断措施进行处理；当无法处理时，要迅速带领人员撤离，防止事故扩大。

# 安全素质基本要求二
# 煤矿水灾防治与应急避险

## 学习目标

1. 熟悉矿井水灾相关内容。

2. 熟悉矿井水灾预防相关内容。

3. 熟悉发生透水事故前的预兆。

4. 熟悉矿井发生突水事故时的应急避险。

5. 熟悉发生突水事故后撤离现场时应注意的事项。

## 安全素质基本要求相关知识

### 一、矿井水灾特点与类型

矿区内大气降水、地表水、地下水通过各种通道涌入井下，成为矿井涌水。当矿井涌水量超过矿井正常排水能力时即会发生水患，称为矿井水灾，通常也称为透水。

煤矿水害是指发育于主要开采煤层顶底板直接或间接含水层中的水在矿井采掘过程中通过天然或人为扰动的导水通道进入矿井并给矿井带来灾害的过程与结果。

1. 突水的特点

(1) 突发性强，无明显前兆。

(2) 水量增速快，灾害控制难度大。

(3) 突水往往具有时滞性，容易造成误解。

(4) 突水量与过水通道有相互促进现象。

2. 按水源划分的各种水害类型

(1) 顶板裂隙水水害：水源为砂岩、砾岩等裂隙含水层的水。当煤层顶部有厚层砂岩和砾岩含水层，在裂隙发育时，若与上覆第四系冲积层发生水力联系，极可能导致较大突水事故。

(2) 底板灰岩水水害：在掘进或回采过程中，由于揭露导水断层、过导水灰岩陷落柱、煤层底板隔水层厚度变小或裂隙发育等情况，常常引起底板突水，造成淹面或淹井。

(3) 断层水水害：断层水即断裂带的积水，断层面通常还与不同的含水层连通，甚至与地表水相通，断层水的危害极大。

(4) 老空积水水害：由于预测预报不准或探放老空积水不彻底，当采掘巷道接近或遇到老空积水区时，引发大量老空水短时间内涌出，来势凶猛，常造成恶性事故。

(5) 封闭不良钻孔水害:封闭不良的钻孔就是一个良好的导水通道,它可以沟通钻孔所穿过的所有含水层和地表水而导致水害事故。

(6) 地表水水害:地表水通过采后冒落带、岩溶塌陷坑、断层带及封闭不良钻孔导入井下;或因工作面超限回采,破坏冲积层下防隔水煤柱,导致冲积层水和地表水溃入采煤工作面。

(7) 洪水水害:特大暴雨、洪水冲毁工业广场,造成泄水不畅,水位急速抬高,洪水从井口直接溃入井下。

## 二、矿井水灾预防

防治水工作要坚持以防为主、防治结合,以及当前与长远、局部与整体、地面与井下、防治与利用相结合的原则;坚持"预测预报、有疑必探、先探后掘、先治后采"的十六字方针;落实"探、防、堵、疏、排、截、监"七项措施,根据不同的水文地质条件,采用不同的防治方法,因地制宜,统一规划,综合治理。

(1) 严格按照规定留设防隔水煤(岩)柱。

(2) 在井下必要的地点设置截水建(构)筑物,如防水闸门和防水闸墙。

(3) 建立完善的井下排水系统。

(4) 严格按照有关规定进行矿井探放水。

## 三、发生透水事故前的预兆

1. 一般预兆

(1) 挂红。在煤(岩)裂隙表面附着有暗红色的水锈。

(2) 挂汗。煤(岩)壁上凝结有水珠,说明此时巷道接近积水区。但有时空气中的水分遇到低温煤(岩)壁也会挂汗,这是一种假象。所以,遇到煤(岩)壁挂汗时,要辨别真伪,其辨别方法是剥去一薄层煤(岩),观察新暴露面是否也有潮气,若有则是透水预兆。

(3) 空气变冷。工作面接近大量积水时,气温骤降,煤壁发凉,人一进去就有阴冷的感觉,时间愈长愈感到阴凉。

(4) 出现雾气。当巷道温度很高时,积水渗到煤壁后蒸发而形成雾气。

(5) 水叫。若在采煤工作面煤壁、岩层内听到"吱吱"的水叫声,说明已接近高压积水区。若是煤巷掘进，则透水即将发生，这时必须立即发出警报，撤出所有受水威胁的人员。

(6) 煤层变湿、淋水加大。这表明已接近积水区。

(7) 矿压增大，顶板来压、片帮、底板鼓起。

(8) 水色发浑，有臭味。这是接近老空积水的征兆。

(9) 钻孔喷水、煤壁溃水。

(10) 裂缝出现渗水。若出水清净，则离积水区较远；若出水混浊，则离积水区较近。

(11) 煤层变潮湿、松软；煤帮出现滴水、淋水现象，且淋水可由小变大；有时煤帮出现铁锈色水迹。

(12) 工作面气温降低，或出现雾气及硫化氢气味。

(13) 有时可听到水的"嘶嘶"声。

2. 工作面底板灰岩含水层突水预兆

(1) 工作面压力增大，底板鼓起，底鼓量可达 500 mm 以上。

(2) 工作面底板产生裂隙，并逐渐增大。

(3) 沿裂隙或煤帮向外渗水，随着裂隙的增大，水量增加，当底板渗水量增大到一定程度时，煤帮渗水可能停止，此时水色时清时浊，底板活动时水变浑浊，底板稳定时水变清。

(4) 底板破裂，沿裂缝有高压水喷出，并有"嘶嘶"声或刺耳水声。

(5) 底板发生"底爆"，伴有巨响，水大量涌出，水色呈乳白或黄色。

3. 冲击层水的突水预兆

(1) 突水部位发潮、滴水，滴水逐渐增大，仔细观察可发现水中有少量细砂。

(2) 发生局部冒顶，水量突增并出现流砂，流砂常呈间歇性，水色时清时浑，总的趋势是水量、砂量增加，直至流砂大量涌出。

(3) 顶板发生溃水、溃砂，这种现象可能影响到地表，致使地表出现塌陷坑。

## 四、矿井发生突水事故时的应急避险

矿井发生突水事故时，要根据灾情迅速采取以下有效措施进行紧急避险：

(1) 在突水迅猛、水流急速的情况下,现场人员应立即避开出水口和泄水流,躲避到硐室内、拐弯巷道或其他安全地点。如情况紧急来不及转移躲避,可抓牢棚梁、棚腿或其他固定物体,防止被涌水冲倒和冲走。

(2) 当老空水涌出,使所在地点有毒有害气体浓度增高时,现场人员应立即佩戴好隔离式自救器。在未确定所在地点空气成分能否保证人员生命安全时,禁止任何人随意摘掉自救器的口具和鼻夹,以避免中毒窒息事故发生。

(3) 井下发生突水事故后,决不允许任何人以任何借口在不佩戴防护器具的情况下冒险进入灾区;否则,不仅达不到抢险救灾的目的,反而会造成自身伤亡、扩大事故。

(4) 水害事故发生后,在现场及附近地点工作的人员脱离危险后,应在可能情况下迅速观察和判断突水的地点、涌水的程度、现场被困人员的情况等,并立即报告矿井调度室。同时,应利用电话或其他联络方式及时向下部水平和其他可能受到威胁区域的人员发出警报通知。

**五、发生突水事故后撤离现场时的注意事项**

如果涌水来势凶猛、现场无法抢救或者将危及人员安全,井下职工应沿着规定的避灾路线和安全通道迅速撤退到上部水平或地面。在行动中应注意下列事项。

1. 井下发生水灾初期的自救

(1) 井下发生突水后,应立即用最快的方法通知附近区域的人员一起按照矿井灾害预防和处理计划中所规定的路线撤出。

(2) 突水初期,水势很猛,冲力很大,人员撤退时一定要注意向高处走,沿着上山方向进入上部水平,然后出井。

(3) 在撤退中,如出路已被水隔断,就要寻找井下位置最高、离井筒和大巷最近的地点暂时躲避;同时定时在钢轨和水管上敲打发出求救信号。

(4) 如突水区设立水闸门,在人员撤出后,要立即紧紧关死水闸门,把水流完全隔断。

(5) 水泵房人员在接到突水事故报警后,要立即关闭泵房两侧的密闭门，启动所有水泵，把突出的水尽快排出；没接到救灾领导人的撤退命令，绝对不可离开工作岗位。

（6）突水后，特别是老空积水突出以后，往往会从积水的空间放出大量有害气体，如瓦斯、硫化氢等，所以在避灾自救中要注意防止有害气体中毒和窒息。

2. 水灾现场处理

（1）应迅速判定水灾的性质，了解突水地点、影响范围、静止水位，估计突出水量、补给水源及有影响的地面水体。

（2）要掌握灾区范围、搞清事故前人员分布，分析被困人员可能躲避的地点以便迅速组织抢救。

（3）根据突水量的大小和矿井排水能力，积极采取排、堵、截水的技术措施。

（4）加强通风，防止瓦斯和其他有害气体的积聚和发生熏人等事故。

（5）在排水后进行侦察、抢险时，要防止冒顶、掉底和二次突水。

（6）在抢救和运送长期被困井下的人员时，要采取措施避免因突然改变他们已适应的环境和生存条件而造成不应有的伤亡。

3. 撤离注意事项

（1）撤离前，应当设法将撤退的避灾路线和目的地告知矿井负责人。

（2）透水后，应在可能的情况下，迅速观察和判断透水的地点、水源、涌水量、发生原因、危害程度等情况，根据预防水灾的避灾路线迅速撤至透水地点以上的水平，而不能进入突水点附近及下方独头巷道。

（3）行进中应靠近巷道一侧，抓牢支架或其他固定物体，尽量避开压力水头和泄水主流，并注意防止被水中滚动的矸石和木料撞伤。

（4）若透水破坏了巷道中的照明和路标，遇险人员应朝着有风流通过的上山巷道方向撤退。

（5）在撤退沿途和所经过的巷道交叉口，应留设指示行进方向的明显标志，以提示救护人员注意。

（6）人员撤退到竖井需从梯子间上去时，应遵守秩序，不要慌乱和争抢。行动中手要抓牢，脚要蹬稳，切实注意本人和他人安全。

（7）撤退过程中，若唯一出口被堵塞而无法撤退，应有组织地在独头工作面躲避，等待救护人员营救，严禁盲目潜水等冒险行为。

（8）被困期间断绝食物后，即使在饥饿难忍的情况下，也应努力克制自己，绝不嚼食杂物充饥。需要饮用井下水时，选择适宜的水源，并用纱布或衣服过滤。

（9）长时间被困井下，发现救护人员到来营救时，不可过度兴奋和慌乱。

# 安全素质基本要求三<br>煤矿火灾防治与应急避险

## 学习目标

1. 熟悉煤炭自燃的初期预兆。
2. 熟悉井下火灾的灭火方法。
3. 熟悉火灾事故的应急避险。
4. 熟悉发生火灾事故后安全撤离时的注意事项。

## 安全素质基本要求相关知识

凡发生在井下的火灾及发生在井口附近能够危害到井下安全的火灾，都叫作矿井火灾。发生矿井火灾的原因有两种：一是外部火源引起的火灾，二是煤炭本身的物理化学性质的内在因素引起的火灾。因此，矿井火灾分为两类：外因火灾和内因火灾。

外因火灾，又称外源火灾。在井下违章吸烟、拆卸矿灯、放明炮、电焊、气焊等，都可能引起井下火灾。内因火灾，又称煤炭自燃火灾。

### 一、煤炭自燃的初期预兆

煤矿内因火灾事故隐患主要表现为煤炭自然发火。煤炭自燃的初期预兆有如下几种：

（1）巷道内湿度增加，出现雾气、水珠。煤炭氧化初期生成水分，往往使巷道内湿度增加，出现雾气或在巷道壁上挂有水珠；浅部开采时，冬季在地面钻孔或塌陷处会发现水蒸气冒出或冰雪融化现象。

(2) 煤炭自燃放出焦油味。煤炭从“发烧”(自热)到自燃过程中,氧化时会产生多种碳氢化合物,并放出煤油味、汽油味、松节油味或焦油味等。当嗅到这些气味时,说明煤已自燃到了一定程度。

(3) 巷道内发热,气温升高。煤炭氧化自燃过程中要释放出大量热量。因此,从自然发火的地方流出的水和空气的温度比平时要高,人的皮肤可以直接感觉到。

(4) 人有疲劳感。煤炭氧化自燃过程中,会放出有害气体,如二氧化碳、一氧化碳、二氧化硫等,这些有害气体会使人感到头痛、闷热、精神不振、不舒服、有疲劳感。尤其是多数人有同感时,应提高警惕,查明原因,以防矿井火灾的发生。

## 二、井下火灾的灭火方法

煤矿灭火方法有直接灭火、隔绝灭火和封闭火区 3 种。

1. 直接灭火

(1) 采用灭火剂或挖出火源等方法把火直接扑灭,称为直接灭火法。常用的灭火剂有水、泡沫、干粉、二氧化碳、四氯化碳、卤代烷、惰气、砂子和岩粉等。

① 水。水是不燃液体,是消防上常用的灭火剂之一。使用水灭火的方法有水射流和水幕两种形式。

② 泡沫。泡沫是一种体积小,表面被液体围成的气泡群。泡沫的比重小,且流动性好,可实现远距离立体灭火,具有持久性和抗燃烧性,导热性能低,黏着力大。

③ 干粉。干粉灭火剂是目前公认的灭火效力较高的一种新型的化学灭火剂,应用范围比较广泛。

④ 卤代烃灭火剂。常用的卤代烃灭火剂是用氟、氯、溴取代甲烷和乙烷中的氢而制成的,因此也叫卤代烷灭火剂。

⑤ 砂子和岩粉。砂子和岩粉在煤矿广泛应用于扑灭电气火灾。

(2) 消除可燃物。直接灭火除了向火源喷射灭火剂以外,在有些条件下还可以清除可燃物,消除燃烧的物质基础。煤矿常用的是挖除火源。

(3) 用凝胶处理高温点和自燃火源。凝胶是近年来应用于煤矿井下防灭火较为广泛的材料，由基料[硅酸盐(水玻璃)]＋促凝剂(碳酸氢氨等盐类)＋水(90%左右)组成。

(4) 灌浆灭火。灌浆灭火是煤矿井下常用的灭火方法。灌浆灭火的方法因火源位置不同而异。常用的方法有井下巷道(钻窝)打钻灌浆、在火区密闭墙上插管灌浆和地面钻孔注浆3种。

2. 隔绝灭火

当不能直接将火扑灭时，为了迅速控制火势，使其熄灭，可在通往火源的所有巷道内砌筑密闭墙，使火源与空气隔绝。

3. 封闭火区

封闭火区的方法分为3种：

(1) 锁风封闭火区。从火区的进回风侧同时密闭，封闭火区时不保持通风。这种方法适用于氧气浓度低于瓦斯爆炸界限(小于12%)的火区。

(2) 通风封闭火区。在保持火区通风的条件下，同时构筑火区进回风两侧的密闭。

(3) 注惰气封闭火区。

**三、火灾事故的应急避险**

(1) 井下若发现烟气或明火等火灾灾情，应立即通知在附近工作的人员及调度室。

(2) 如果火灾范围不大，应立即组织力量扑灭。

(3) 如果火灾范围大或是火势凶猛，则应在撤出灾区人员、保证自身安全的前提下，采取稳定风流、控制火势发展、防止人员中毒和预防瓦斯或煤尘爆炸的措施，并随时保持与地面指挥部的联系，根据指挥部的命令行事。

(4) 见到火或突然接到火警通知，需要立即撤退人员，要在判明灾情和自己实际处境以及应采取的应急措施的前提下再采取行动。

**四、发生火灾事故后安全撤离时的注意事项**

发生火灾事故时，如果不能直接扑灭或控制灾情，应迅速撤离火灾现场，撤离时要注意以下事项：

（1）要尽最大可能迅速了解或判明事故的性质、地点、范围和事故区域的巷道情况、通风系统、风流、火灾烟气蔓延的速度和方向，以及与自己所处巷道位置之间的关系，并根据矿井灾害预防与事故处理计划和现场实际情况确定撤退路线和避灾自救方法。

（2）撤退时，任何人在任何情况下都不要惊慌、不能狂奔乱跑，应在现场负责人和有经验的老工人带领下有组织地撤退。位于火源进风侧的人员，应迎着新鲜风流撤退。位于火源回风侧的人员或是在撤退途中遇到烟气有中毒危险时，应迅速佩戴好自救器，尽快通过捷径绕到新鲜风流中去，或是在烟气没有到达之前顺着风流尽快从回风出口撤到安全地点；如果距火源较近而且越过火源没有危险时，也可迅速穿过火区撤到火源的进风侧。

（3）如果在自救器有效作用时间内不能安全撤出，应在设有存储备用自救器的硐室换用自救器后再行撤退，或是寻找有压风管路系统的地点以压缩空气供呼吸之用。

（4）撤退行动既要迅速果断又要快而不乱。撤退中应靠巷道有连通出口的一侧行进，避免错过脱离危险区的机会，同时还要随时注意观察巷道和风流的变化情况，谨防火风压可能造成的风流逆转。

（5）如果是逆风或顺风撤退都无法躲避着火巷道或火灾烟气造成的危害，则应迅速进入避难硐室，没有避难硐室时应在烟气袭来之前选择合适的地点就地利用现场条件快速构筑临时避难硐室，进行避灾自救。

# 安全素质基本要求四
# 煤矿瓦斯事故的防治与应急避险

## 学习目标

1. 熟悉瓦斯爆炸及其预防相关内容。

2. 熟悉煤与瓦斯突出及其预防相关内容。

## 安全素质基本要求相关知识

在煤矿事故中与瓦斯有关的事故有5种，即瓦斯爆炸事故、瓦斯燃烧事故、瓦斯窒息事故、瓦斯喷出事故和煤与瓦斯突出事故。这5种事故通常都会造成重大人员伤亡，其中，瓦斯爆炸事故和煤与瓦斯突出事故发生频繁，危害最大。

### 一、瓦斯爆炸及其预防

瓦斯爆炸就是瓦斯($CH_4$)在高温火源的作用下，与空气中的氧气发生剧烈的化学反应，生成二氧化碳和水蒸气，同时产生大量的热量，形成高温、高压，并以极高的速度向外冲击而产生的动力现象。

1. 瓦斯爆炸条件

瓦斯发生爆炸必须同时具备3个基本条件：一是瓦斯浓度在爆炸界限内，一般为5%～16%；二是混合气体中氧气的浓度不小于12%；三是有足够能量的点火源，温度在650～750 ℃。瓦斯爆炸的3个条件必须同时满足，缺一不可。

2. 预防瓦斯爆炸的措施

预防瓦斯爆炸应从瓦斯爆炸的3个条件入手，即设法防止瓦斯积聚和出现引燃火源；同时一旦出现瓦斯爆炸，还要设法防止爆炸事故扩大。

(1) 防止瓦斯积聚的措施。瓦斯积聚是指在0.5 $m^3$及以上空间中瓦斯浓度达到2%及以上的现象。防止瓦斯积聚应落实瓦斯防治"十二字方针"，即先抽后采、监测监控、以风定产，从源头上消除瓦斯的危害。防止瓦斯积聚的基本方法如下：① 加强通风；② 加强瓦斯浓度和通风情况的检查；③ 及时处理局部积聚的瓦斯。

(2) 防止瓦斯引燃的措施：① 防止明火；② 防止电火花；③ 防止爆破引燃瓦斯；④ 防止机械摩擦、冲击火花。

(3) 限制瓦斯爆炸范围扩大的措施：

① 实行分区通风。

② 通风系统力求简单。

③ 装有主要通风机的出风井口应安装防爆门，以防止发生爆炸时通风机被毁坏，造成救灾和恢复生产困难。

④ 开采有煤尘、瓦斯爆炸危险的矿井，都必须用水棚或岩粉棚隔开。

⑤ 每个矿井每年必须由矿技术负责人组织编制矿井灾害预防和处理计划。

3. 发生瓦斯爆炸事故时的应急避险

(1) 当灾害发生时一定要镇静清醒，不要惊慌失措、乱喊乱跑。当听到或感觉到爆炸声响和空气冲击波时，应立即背朝声响和气浪传来的方向、脸朝下、双手置于身体下面、闭上眼睛迅速卧倒。头部要尽量低，有水沟的地方最好趴在水沟边上或坚固的障碍物后面。

(2) 立即屏住呼吸，用湿毛巾捂住口鼻，防止吸入有毒的高温气体，避免中毒和灼伤气管和内脏。

(3) 用衣服将自己身上的裸露部分尽量盖严，以防火焰和高温气体灼伤皮肉。

(4) 迅速戴好自救器，以防止吸入有毒气体。

(5) 高温气浪和冲击波过后应立即辨别方向，通过最短的距离进入新鲜风流中，并按照避灾路线尽快逃离灾区。

(6) 已无法逃离灾区时，应立即选择进入避难硐室中，充分利用现场的一切器材和设备来保护人员和自身安全。进入避难硐室后要注意安全，最好找到离水源近的地方，设法堵好硐口，防止有害气体进入。注意节约矿灯电量、食品和水，室外要做好标记，有规律地敲打连接外部的管子、轨道等，发出求救信号。

**二、煤与瓦斯突出及其预防**

煤与瓦斯突出是指在压力作用下，破碎的煤与瓦斯由煤体内突然向采掘空间大量喷出，它是一种瓦斯特殊涌出。

1. 煤与瓦斯突出的预兆

(1) 无声预兆。工作面顶板压力增大，使支架变形、煤壁外鼓、片帮、掉渣、顶板下沉或底板鼓起，煤层层理紊乱，煤暗淡无光泽，煤质变软，瓦斯涌出量异常或忽大忽小，煤壁发凉，打钻时有顶钻卡钻、喷瓦斯等现象。

(2) 有声预兆。煤层在变形过程中发生劈裂声、闷雷声、机枪声、响煤炮，声音由远到近、由小到大，有短暂的、有连续的，间隔时间长短也不同，煤壁发生震动和冲击，顶板来压，支架发出断裂声。

特别注意：任何一次突出前，并不是所有预兆都出现，仅出现其中一种或数种，而且有的预兆还不明显；也有的预兆距发生突出的时间很短。因此，发现任何预兆，都要格外警惕，及时报告并躲避。

2. 煤与瓦斯突出的危害

大量的煤与瓦斯在短时间内向采掘空间突然喷出，突出的煤流或岩石流抛出会掩埋井下作业人员、堵塞巷道，造成风流逆转，破坏井下设施、设备和通风系统，井巷中充满高浓度瓦斯会引起人员缺氧窒息死亡。当突出瓦斯与新鲜风流汇合后，遇到火源还可能引发燃烧或爆炸使灾害事故扩大。

3. 煤与瓦斯突出事故的预防

防突工作必须坚持“区域综合防突措施先行、局部综合防突措施补充”的原则，按照“一矿一策、一面一策”的要求，实现“先抽后建、先抽后掘、先抽后采、预抽达标”。突出煤层必须采取两个“四位一体”综合防突措施，做到多措并举、可保必保、应抽尽抽、效果达标，否则严禁采掘活动。对于预防和治理煤与瓦斯突出的各种措施和方法，必须根据具体条件合理选择，并遵守以下各项规定：

(1) 在突出地点工作的人员，必须经过专门训练，掌握防治突出的基本知识，熟悉突出的各种预兆和井下的避灾路线。

(2) 突出煤层采掘工作面都必须有独立的通风系统，并设专人检查瓦斯。该区域要安设直通矿调度室的电话，发现有突出危险时，立即撤出人员。

(3) 在突出危险区工作的人员必须佩戴隔离式自救器。

(4) 在有突出危险的煤层中进行采掘作业时，在一个或相邻的两个采区中，同一煤层的同一区段禁止布置 2 个工作面同时相向回采、禁止 2 个工作面同时相向掘进。

(5) 在有突出危险煤层中的掘进工作面，应在其进风侧的巷道中设置 2 道坚固的反向风门，并保持回风巷道畅通无阻。

(6) 在突出煤层的采掘工作面附近的进风巷中，必须设置有供给压缩空气的避难硐室或压风自救装置。

4. 发生煤与瓦斯突出事故的应急避险

(1) 佩戴隔离式自救器保护自己。

(2) 寻找可避难的场所。

(3) 新鲜风流区域的人员主动、正确地参加救护工作。

5. "四位一体"综合防突措施

我国对煤与瓦斯突出的防治技术进行了长期的研究，总结出了一套行之有效的两个(区域、局部)"四位一体"综合防突措施，在煤矿生产实际应用中取得了较好的效果。

(1) 区域"四位一体"综合防突措施：区域突出危险性预测、区域防突措施、区域防突措施效果检验、区域验证。

(2) 局部"四位一体"综合防突措施：工作面突出危险性预测、工作面防突措施、工作面防突措施效果检验、安全防护措施。

# 安全素质基本要求五<br>煤矿煤尘事故的防治与应急避险

## 学习目标

1. 熟悉煤尘爆炸及其预防相关内容。
2. 熟悉煤尘爆炸预防措施。
3. 熟悉煤尘爆炸的应急避险相关内容。

## 安全素质基本要求相关知识

在采掘生产过程中，特别是采掘工作面在爆破、落煤、运输过程中都会产生大量煤尘。煤尘危害主要有两个方面：一是对人体的危害。二是煤尘爆炸危害。煤尘爆炸是煤矿最严重的灾害之一，严重威胁矿井安全生产。

## 一、煤尘爆炸及其预防

风速过高会引起采掘工作面和运输巷道煤尘飞扬，而风速过低会使产尘点产生的煤尘排不出去导致浮尘量增加。带式输送机、刮板输送机各转载点如不采取有效防尘措施，会造成煤尘飞扬。当煤尘含量达到爆炸临界点，遇电气设备漏电产生的火花、爆破产生的火焰等引爆火源时，就会发生煤尘爆炸事故。

1. 煤尘爆炸事故灾害类型

(1) 在采掘生产过程中，特别是采掘工作面在爆破、落煤、运输过程中都会产生大量煤尘，煤尘浓度可达到爆炸界限，当电气设备漏电产生火花、爆破产生火焰等引爆火源存在时，就会发生煤尘爆炸事故。

(2) 煤尘爆炸时会产生高温、高压、有毒有害气体，造成人员伤亡、机械设备和巷道的破坏，强大的冲击波会造成风流逆转、通风系统紊乱，还可能引起其他地点连续爆炸。

(3) 采掘工作面及其回风巷发生煤尘爆炸事故时，将影响本采区；当引起连续爆炸时，将扩大影响范围，直至影响整个矿井；进风井附近发生煤尘事故时，将影响其进风流中的所有工作地点，反风不及时将影响整个矿井。

2. 煤尘爆炸的条件

煤尘发生爆炸必须同时具备3个基本条件：一是煤尘本身具有爆炸性，而且浮游煤尘要达到一定浓度(下限为45 $g/m^3$，上限为1 500～2 000 $g/m^3$)；二是混合气体中氧气的浓度不小于18%；三是有足够能量的点火源，温度在610～1 050 ℃之间。

## 二、煤尘爆炸预防措施

(1) 矿井开采新水平、新煤层，要及时对煤层开展煤尘爆炸性鉴定工作，根据鉴定结果采取相应的安全措施，并将作业场所的煤尘降低到《煤矿安全规程》规定的浓度以下。

(2) 建立煤尘监测制度，加强采掘工作面和主要场所的煤尘监测，消除煤尘隐患。

(3) 加强巡查及管理，防止井下出现明火、爆破火焰、电气火花等引爆火源。

(4) 按照"源头治理、科学防治"的原则，认真落实减尘、捕尘、洗尘有关规定。完善防尘洒水系统，采取湿式钻眼，使用水炮泥，爆破前后冲洗煤壁，爆破时采用高压喷雾或压气喷雾降尘，采掘面回风巷按规定安设自动控制风流净化水幕，转载点采用自动喷雾降尘或密闭尘源除尘器抽尘净化等措施。

**三、煤尘爆炸的应急避险**

发生煤尘爆炸事故后的危险区域，救援人员只能在救人的情况下才能进入，且必须采取有效措施，保证救援人员的安全。

(1) 如果事故不能及时得到控制，或有扩大趋势，或抢救非常困难时，由指挥部决定是否请求外援。

(2) 井下发生煤尘爆炸事故时，一般有较大声响和较强的冲击波以及煤尘飞扬。如发生以上情况，立即采取如下措施：

① 无论任何人，凡发现灾害事故，不论灾害程度如何、波及范围大小，都应立即向矿调度室汇报，并详细说明事故发生的地点、时间、类别、事故现场情况、冲击波的方向及事故可能波及的地点。

② 事故现场的区队长或工程技术人员及通风、安检部门人员应立即组织在场人员采取一切有效措施进行自救和抢险救灾，将事故消灭在初发阶段。

③ 不能有效消除危险时，应立即组织灾区人员和受威胁区域的人员迅速沿避灾路线撤离。

④ 采煤工作面发生事故时，受灾人员要以事故区为中心，分别由上、下顺槽撤退，转入安全的进风巷道。

(3) 在发生煤尘爆炸事故灾区人员无法迅速撤离时，应考虑下述方法避灾：

① 避灾人员要戴上自救器或用湿毛巾堵住口鼻，以隔绝火焰和防止高温有害气体的伤害，待爆炸冲击波过去后，迅速撤到安全地点。

② 不能撤离的人员迅速转入独头巷道（最好是岩石巷道）等安全

地点，停止局部通风机，切断电源，断开风筒，堵住入口，防止有毒气体侵入，并在躲避地点巷道口悬挂矿灯、工具并定时敲打管子、铁轨等发出呼救信号，等待救援。

③ 避灾地点若有压风管，可设法打开压风管路，以便向避灾人员输送新鲜空气。

(4) 调度室接到井下灾情报告后，立即通知矿山救护队赶赴现场实施救援。

(5) 救护队伍到达现场后，要维持事故现场原状，经全面侦察后再采取措施。如果需要开动局部通风机供风，必须请示指挥部后再确定，不能贸然行事。

(6) 爆炸产生火灾，应同时进行灭火和救人，并应采取防止再次发生爆炸的措施。

(7) 井筒、井底车场或石门发生爆炸时，在侦察确定没有火源，无爆炸危险的情况下，应派遣1个小队救人，1个小队恢复通风。如果通风设施损坏不能恢复，2个小队应全部去救人。

(8) 爆炸事故发生在采煤工作面时，派1个小队沿回风侧、1个小队沿进风侧进入救人，在此期间必须维持通风系统原状。

(9) 井筒、井底车场或石门发生爆炸时，为了排除爆炸产生的有毒、有害气体，抢救人员应在查清确无火源的基础上，尽快恢复通风。如果有害气体严重威胁回风流方向的人员，为了紧急救人，在进风方向的人员已安全撤退的情况下，可采取区域反风。之后，矿山救护队应进入原回风侧引导人员撤离灾区。

(10) 在救灾过程中，应采取措施防止局部火灾或瓦斯爆炸点燃被扬起的沉积煤尘引起二次爆炸。

(11) 根据事故的变化情况，由指挥部决定及时改变处理方案。

(12) 严格停送电措施，防止事故扩大。

(13) 医院急救人员根据情况迅速带齐物品进行现场急救。

(14) 需要矿井反风时，由总指挥下达反风命令。

# 安全素质基本要求六
# 生产安全事故及其防治基础知识

## 学习目标

1. 了解生产安全事故的概念及类型。
2. 了解生产安全事故的原因及预防。
3. 了解事故处理“四不放过”原则。

## 安全素质基本要求相关知识

### 一、生产安全事故的概念及类型

生产安全事故，是指生产经营单位在生产经营活动中发生的伤害人身安全和健康，或者损坏设备设施，造成经济损失，导致原生产经营活动暂时中止或永远终止的意外事件，包括造成人员死亡、伤害、职业病、财产损失或其他损失的所有意外事件。

1. 按《生产安全事故报告和调查处理条例》分类

根据《生产安全事故报告和调查处理条例》规定，生产安全事故一般分为特别重大事故、重大事故、较大事故和一般事故。造成30人及以上死亡的事故属于特别重大事故，造成10～29人死亡的事故属于重大事故，造成3～9人死亡的事故属于较大事故，造成1～2人死亡的事故属于一般事故。

2. 煤矿事故分类

(1) 顶板事故，是指冒顶、片帮、顶板掉矸、顶板支护垮倒、冲击地压、露天煤矿边坡滑移垮塌等，底板事故视为顶板事故。

(2) 瓦斯事故，是指瓦斯(煤尘)爆炸、燃烧，煤(岩)与瓦斯突出，中毒、窒息事故。

(3) 机电事故，是指机电设备(设施)导致的事故，包括运输设备在安装、检修、调试过程中发生的事故。

(4) 运输事故,是指运输设备(设施)在运输过程中发生的事故。

(5) 爆破事故,是指爆破崩人、触响瞎炮造成的事故。

(6) 火灾事故,是指煤与矸石自然发火和外因火灾造成的事故,其中煤层自燃未见明火、逸出有害气体中毒视为瓦斯事故。

(7) 水害事故,是指地表水、老空水、地质水、工业用水造成的事故及透黄泥、流砂导致的事故。

(8) 其他事故,是指以上7类事故以外的事故。

## 二、生产安全事故的原因及预防

任何事故的发生都是有原因的,生产安全事故也不例外。一般来讲,发生生产安全事故的原因,主要包括人的不安全行为、物的不安全状态和管理上的缺陷等。

1. 人的不安全行为

(1) 麻痹、侥幸心理,工作蛮干,在"不可能意识"的支配下,发生了安全事故。

(2) 精神疲惫、酒后上班、班中睡觉、擅自离岗、干与本职工作无关的事以及工作时注意力不集中、思想麻痹。

(3) 未正确佩戴或使用安全防护用品。

(4) 操作和作业时,违反安全规章制度和安全操作规程,未制定或执行相应的安全措施。

(5) 机器在运转时进行检修、调整、清扫等作业。

(6) 在有可能出现坠落物、吊装物的地方冒险通过、停留。

(7) 在作业和危险场所随意走、攀、坐、靠。

(8) 违规使用非专用工具、设备或用手代替工具作业。

2. 物的不安全状态

(1) 防护、保险、警示等装置缺失或存在缺陷。

(2) 机械、电气设备维护检修不到位,带"病"运转。

(3) 物体的固有性质和建造设计使其存在不安全状态。

(4) 设备安装不规范,或超期使用、部件老化。

3. 管理上的缺陷

(1) 管理人员在思想上对安全工作的重要性认识不足,将其视为可有可无，日常以麻木的心态和消极的行为对待安全工作，安全法律责任意识淡薄。

（2）规章制度、安全技术操作规程、作业规程、安全技术措施、岗位责任制等，未建立、不健全或不完善。

（3）管理人员不学习、不理解、不彻底落实企业的各种安全规章制度，只注重生产指标，忽视安全检查、安全教育和隐患排查治理。

（4）管理人员安全知识不全面、安全管理能力差、安全管理执行力不强。

管理上的缺陷的主要预防措施为：

（1）严格贯彻落实"安全第一，预防为主，综合治理"的安全生产方针。安全生产工作应当以人为本，坚持安全发展，坚持"安全第一，预防为主，综合治理"的方针，强化和落实生产经营单位的主体责任，建立健全生产经营单位负责、职工参与、政府监管、行业自律和社会监督的机制。

（2）广泛开展安全教育和培训工作。通过安全教育和培训，不断提高从业人员的安全意识和安全素质，加强自主保安和相互保安，认真学习并贯彻落实《煤矿安全规程》、安全技术操作规程和作业规程等三大规程，杜绝违章指挥、违章作业、违反劳动纪律等"三违"行为。

（3）认真贯彻落实岗位责任制。岗位责任制是企业根据法律法规建立的针对所有从业人员保证安全生产责任层层落实的制度。所有从业人员都按照岗位责任制的要求上标准岗、干标准活，工作中各负其责，才能搞好安全生产工作。

（4）积极开展风险预控、隐患排查治理工作。煤矿作业过程中存在很多风险，因此要求作业人员在从事每项工作前，必须充分认识到作业过程中存在的各类风险，并提前采取有效措施，防止发生各类安全事故。同时，工作中还要经常进行隐患排查，发现问题立即解决或汇报，防止隐患演变成事故。

**三、事故处理"四不放过"原则**

发生事故后，必须按照"四不放过"的原则进行处理，其具体内容是：事故原因没有查清不放过，事故责任人没有受到处理不放过，事故责任人和广大群众没有受到教育不放过,没有采取防范措施不放过。

1. 事故原因没有查清不放过

发生事故后,必须查清事故的直接原因和间接原因,只有这样,才能根据事故原因制定相应的防范措施,杜绝类似事故再次发生。

2. 事故责任人没有受到处理不放过

发生事故后,或者对人员造成了伤害,或者造成了财产的损失,影响了生产经营单位的经济利益,因此必须严格按照安全事故责任追究的规定和有关法律法规的要求对事故责任人进行处理。对于触犯刑法的,还要依法追究其刑事责任。

3. 事故责任人和广大群众没有受到教育不放过

发生事故后,必须对事故责任者和广大群众进行安全教育,使事故责任者和广大群众了解事故发生的原因、造成的危害和防范措施,并认真吸取教训,防止类似事故在本岗位和其他相关岗位再次发生。

4. 没有采取防范措施不放过

发生事故后,必须根据事故原因,制定、采取相应的防范措施,以达到防止事故再次发生的目的。

# 模块五　自救、互救与现场急救

大量煤矿事故事实证明，当矿井发生灾害事故后，事故现场人员在万分危急的情况下，依靠自己的智慧和力量，积极正确地开展自救和互救工作，是最大限度地减少事故损失的重要环节。因此，每个入井人员都必须掌握自救、互救的基本方法。

## 安全素质基本要求一　自救器的使用

### 学习目标

1. 掌握化学氧自救器的使用。
2. 掌握压缩氧自救器的使用。

### 安全素质基本要求相关知识

自救器是入井人员在井下发生火灾，瓦斯、煤尘爆炸，煤与瓦斯突出等事故时防止有害气体中毒或缺氧窒息的一种随身携带的呼吸保护器具，其体积小、重量轻、便于携带。

煤矿必须使用隔离式自救器。隔离式自救器能防护所有的有害气体，它的作用包括提供氧气、防止窒息和防止有害气体中毒。隔离式自救器分类见表1-3。

表 1-3　隔离式自救器分类

| 分类 | 压缩氧 | 化学氧 |
|---|---|---|
| 气源 | 压缩氧气 | 化学生氧 |
| 周期 | 反复使用 | 一次性 |
| 维护保养 | 复杂 | 简单 |
| 适用范围 | 有毒有害气体、缺氧环境 | |

## 一、化学氧自救器的使用

化学氧自救器是指利用化学生氧物质产生氧气的隔离式呼吸保护器。它用于灾区环境大气中缺氧或存在有毒有害气体的环境，供一般入井人员使用，只能使用1次。

以ZH30D化学氧自救器为例，其中字母Z代表自救器，H代表化学氧，30代表防护时间为30 min，D代表设计序号。

1. 化学氧自救器结构

化学氧自救器的结构如图1-2所示。

自救器的操作与使用（微信扫码观看）

2. 防护特点

（1）提供人员逃生时所需的氧气。

（2）呼吸在人体与自救器之间循环进行，与外界空气成分无关，能防护各种有毒气体。

（3）用于从火灾、爆炸、突出的灾区中逃生。

3. 使用方法

（1）佩戴位置。将专用腰带穿入自救器腰带环内，固定在背部右侧腰间，如图1-3(a)所示。

（2）开启扳手。使用时先将自救器沿腰带转到右侧腹前，左手托底，右手拉护罩胶片，使护罩挂钩脱离壳体并丢掉，再用右手掰锁口带扳手至封印条断开后，丢开锁口带，如图1-3(b)所示。

（3）去掉上外壳。左手抓住下外壳，右手将上外壳用力拔下、扔掉，如图1-3(c)所示。

（4）套上挎带。将挎带套在脖子上，如图1-3(d)所示。

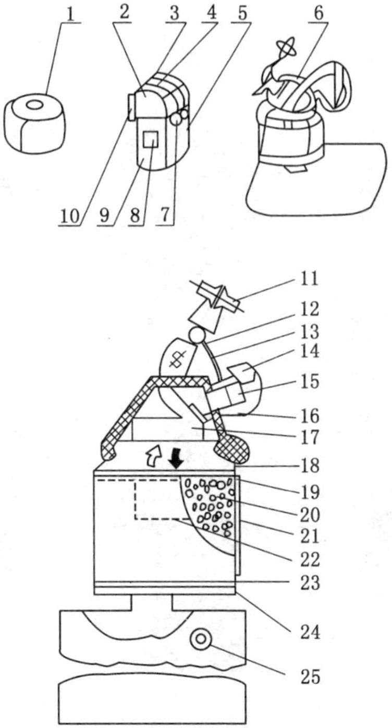


1—保护套；2—上外壳；3—前锁口带；4—封印条；5—使用注意牌；6—呼吸保护器；7—后封口带；8—铭牌；9—下外壳；10—皮带穿环；11—鼻夹；12—头带；13—鼻夹绳；14—口具；15—口具塞；16—降温网；17—口水挡板；18—生氧罐；19—上过滤装置；20—生氧剂；21—隔热底座；22—快速启动筒；23—下过滤装置；24—气囊；25—排气阀。

图 1-2　化学氧自救器结构图

(5) 提起口具并立即戴好。用力提起口具，此时气囊逐渐鼓起，立即拔掉口具塞并同时将口具塞入口中，口具片置于唇齿之间，牙齿紧紧咬住牙垫，紧闭嘴唇，如图 1-3(e)所示。若尼龙绳被拉断，气囊未鼓，可以直接拉启动环。

(6) 夹好鼻夹。两手同时抓住两个鼻夹垫的圆柱形把柄，将鼻夹拉开，此时佩戴人要憋住一口气，用鼻夹垫准确夹住鼻子。

(7) 调整挎带。如果挎带过长，抬不起头，可以拉动挎带上的大圆

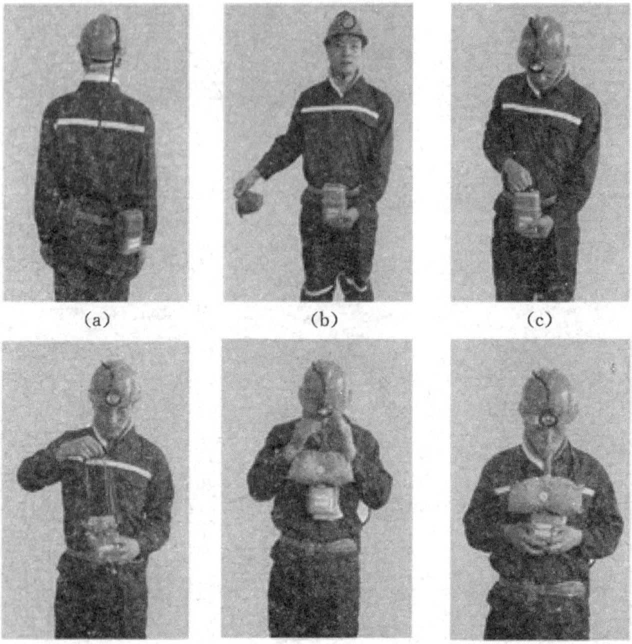

(a) (b) (c) (d) (e) (f)

图 1-3　化学氧自救器的使用方法

环,使挎带缩短,长度适宜后,系在小圆环上,如图 1-3(f)所示。

(8) 退出灾区。上述操作完成后,开始撤离灾区。途中感到吸气不足时不要惊慌,应放慢脚步,做深呼吸,待气量充足后再快步行走。

4. 使用注意事项

(1) 每班携带自救器前,应检查自救器外壳有无损伤或松动,如发现不正常现象,应及时将自救器送到发放室检查校验。

(2) 携带自救器时,应避免碰撞、跌落,禁止将自救器当坐垫用;禁止用尖锐的器具猛砸外壳或药罐;禁止自救器接触带电体或浸泡在水中。

(3) 携带自救器时,任何场所不准随意打开自救器上外壳;如果自救器上外壳已意外开启,应立即停止携带,做报废处理。

(4) 在井下工作时,一旦发现事故征兆,应立即佩戴自救器后迅速撤离。佩戴自救器要求操作准确、迅速。

（5）佩戴自救器撤离火区时，要冷静、沉着，最好匀速行走。

（6）在整个逃生过程中，要注意把口具、鼻夹戴好，保证不漏气，严禁从嘴中取下口具说话。

（7）吸气时，比平时正常吸气干、热一些，表明自救器在正常工作，对人体无害，此时千万不可取下自救器。

（8）当发现呼气时气囊瘪而不鼓，并渐渐缩小时，表明自救器的使用时间已接近终点，要做好应急准备。

**二、压缩氧自救器的使用**

压缩氧自救器是指利用压缩氧气供氧的隔离式呼吸保护器。它用于灾区环境大气中缺氧或存在有毒有害气体的情况，是一种可反复多次使用的自救器，每次使用后只需要更换吸收二氧化碳的吸收剂和重新充装氧气即可重复使用。

1. 压缩氧自救器的结构

压缩氧自救器的结构如图 1-4 所示。

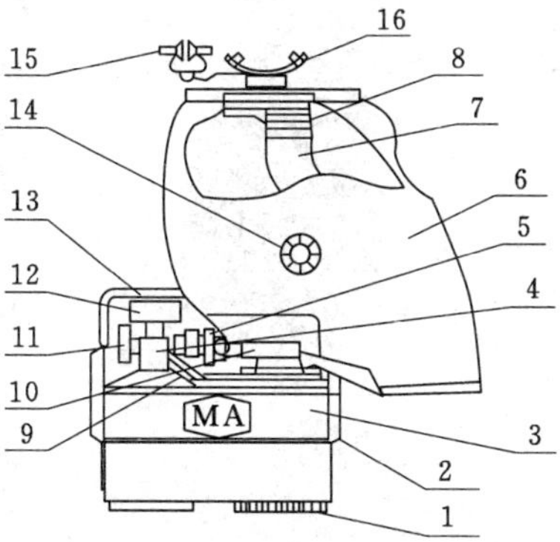


1—底盖；2—挂钩；3—清净罐；4—氧气瓶；5—减压阀；6—气囊；7—呼气软管；8—呼气阀；9—支架；10—补气压板；11—手轮开关；12—压力表；13—上盖；14—排气阀；15—鼻夹；16—口具。

图 1-4　压缩氧自救器的结构图

2. 防护特点

（1）提供人员逃生时所需的氧气，能防护各种毒气。

(2) 可反复多次使用。

(3) 用于有毒气或缺氧的环境条件下。

(4) 可用于压风自救系统的配套装备。

3. 使用方法

(1) 携带时,挎在肩膀上或者挂在专用皮带上,如图 1-5(a)、(b)所示。

(2) 使用时,先打开外壳封口带手把。

(3) 打开上盖,然后左手抓住氧气瓶,右手用力向上提上盖,如图 1-5(c)所示;此时氧气瓶开关即可自动打开,随后将主机从下壳中拽出,如图 1-5(d)所示。

(4) 摘下安全帽,挎上挎带,戴好安全帽。

(5) 拔开口具塞,将口具放入口腔里,牙齿咬住牙垫,如图 1-5(e)所示。

(a) (b) (c) (d) (e) (f)

图 1-5 压缩氧自救器的使用方法

(6) 将鼻夹夹在鼻子上，开始呼吸。

(7) 在呼吸的同时，按动补给按钮，1～2 s 气囊充满后立即停止(在使用过程中发现气囊供气不足时，也可按上述方法操作)，如图 1-5(f)所示。

(8) 挂上腰钩。

4. 使用注意事项

(1) 使用符合《隔绝式氧气呼吸器和自救器用氢氧化钙技术条件》(MT 454)要求的 $CO_2$ 吸收剂，每隔半年更换一次。

(2) 清净罐中的 $CO_2$ 吸收剂，无论是否使用到额定防护时间，都必须清空后重新换装新药。

(3) 用于充填自救器的氧气应符合《医用及航空呼吸用氧》(GB 8982)的规定。

(4) 每隔 3 年要对氧气瓶做水压试验。

(5) 每隔半年检查一次气密性和氧气压力。

(6) 使用中要养成经常观察氧气瓶压力表的习惯，以掌握耗氧情况。

(7) 高压氧气瓶储装有 20 MPa 的氧气，携带过程中要防止撞击、磕碰和摔落，也不许把压缩氧自救器当坐垫使用。

(8) 呼气和吸气时都要慢而深(即深呼吸)。口与自救器的距离不能过近，以免气囊内的呼气软管打折，增加呼气阻力。

(9) 使用中应防止利器刺伤、划伤气囊。

(10) 在未达到安全地点时严禁摘下自救器。

# 安全素质基本要求二<br>避难硐室的自救避灾

## 学习目标

1. 掌握永久避难硐室相关规定。
2. 掌握临时避难硐室相关规定。

3. 掌握在避难硐室避难时应注意的相关事项。

## 安全素质基本要求相关知识

避难硐室是井下发生灾害事故后，人员无法撤离灾区时的避难场所。避难硐室分为事先构筑好的永久避难硐室和由避灾人员用身边现有材料建造的临时避难硐室。

### 一、永久避难硐室

永久避难硐室预先设在井底车场附近或采区工作地点安全出口的路线上，距工作点不能太远（即在自救器的有效工作时间内可到达）。避难硐室的容积原则上应能容纳采区的全体人员。硐室内应备有供避灾人员呼吸用的供气装备（如压风自救装置）、通信设备、自救器、药品、食物等。需要注意两个问题：一是硐室内的供气装置要有保障，即空气气源能长时间供气，遇险人员使用的呼吸装置要佩戴方便、迅速，呼吸自如舒畅。二是硐室内要存放一定数量的自救器，其防护时间要长一些（如 30 min 以上的化学氧和压缩氧自救器），确保遇险人员在条件允许时，佩戴自救器从避难硐室撤到安全地点或井上。进入避难硐室的流程如图 1-6 所示。

### 二、临时避难硐室

临时避难硐室是一旦出现灾变事故，遇险人员在等待救援的过程中利用现场的材料临时搭建的设施。临时避难硐室是利用独头巷道、硐室或两道风门之间的巷道，由避灾人员临时修建的，所以应在这些地点事先准备好所需的木板、木桩、风筒、黏土、砂子或砖等材料，还应装有带阀门的压气管。避灾时，若无构筑材料，避灾人员就用衣服和身边现有的材料临时构筑避难硐室，以减少有害气体的侵入。密闭应该设置两道，设置密闭时人应站在里面。

### 三、在避难硐室避难时的注意事项

（1）进入避难硐室前，应在硐室外留有矿灯、衣服、工具等明显标志，以便矿山救护队及时发现。

（2）避难人员在避难硐室中应保持安静、不急躁，尽量俯卧于巷道底部，避免不必要的体力和氧气消耗，以便延长避难时间。

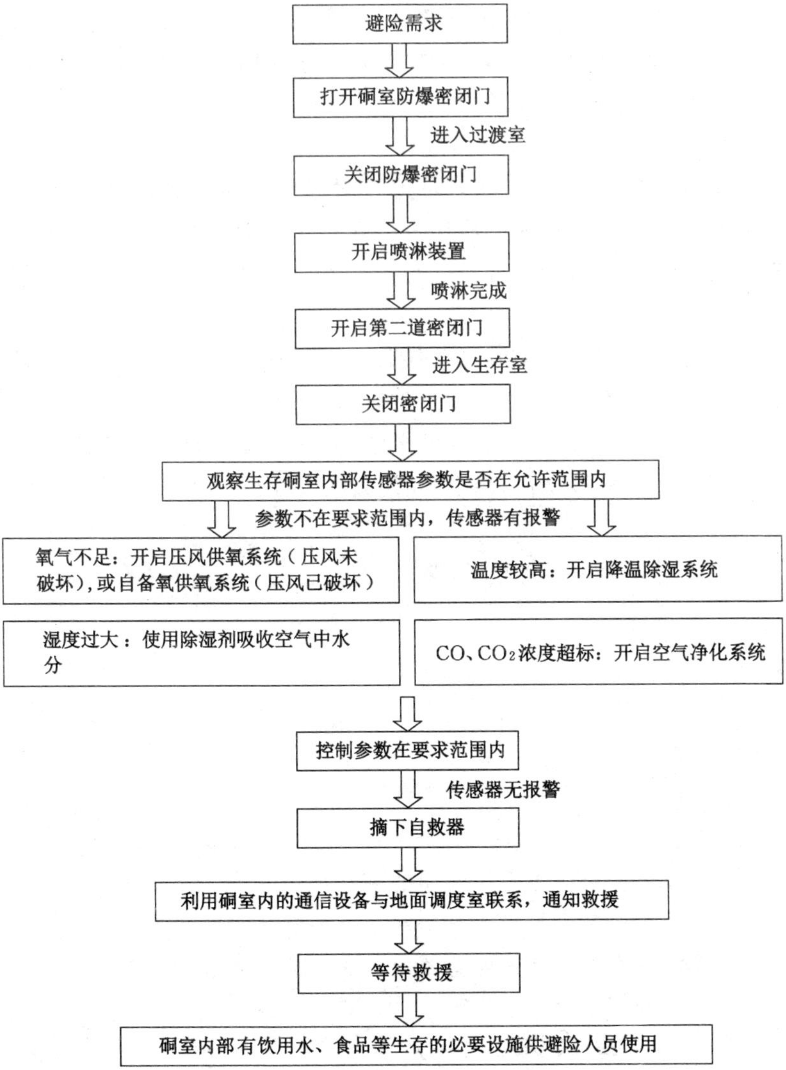


图 1-6　进入避难硐室的流程图

(3) 在避难中，要保持良好的精神状态和心理状态，坚持克服各种困难，坚定信心。

(4) 硐室内只留一盏矿灯照明,其余熄灭,以备人员撤离时使用。自救器、急救袋暂时可以不用的应尽量停止使用,一方面以备延长待救时间,另一方面以备重伤员抢救之用。

(5) 在避难硐室内可间断地敲打铁器、岩石等,发出呼救信号。

(6) 避难时要密切注意避难地点附近风流和瓦斯的情况,要不断改善争取待救时间(进入有压风管的避难硐室时应立即打开压风管)。若避难地点条件恶化,有可能危及人员生命安全时,应立即转移到附近安全地点。

(7) 被水堵在上山的人员,不要向下跑,不要盲目探险。水被排走露出顶板时,也不要急于出来,以防 $SO_2$、$H_2S$ 等气体中毒。

(8) 看到救护队员后不要过于激动,以防血管破裂。避难时间过长被救后,不能过多饮食和见到强烈光线,以防损伤消化器官和眼睛。

# 安全素质基本要求三　现场急救

## 学习目标

1. 掌握心肺复苏的方法和相关要求。
2. 掌握止血的方法和相关要求。
3. 掌握包扎的方法和相关要求。
4. 掌握骨折固定的方法和相关要求。
5. 掌握伤员搬运护送的方法和相关要求。
6. 掌握对不同伤员现场急救的方法和相关要求。

## 安全素质基本要求相关知识

现场急救的关键在于"及时",时间上突出一个"急"字,技术上突出一个"救"字。争取在最短的时间内有效地完成急救和安全转运任务。对伤员要快抢、快救和快运是事故伤员救治工作的第一步,这不但直接关系到伤员的生死,而且能为后续各级救治打下基础,必须及时、准确。

要做好伤员分类工作，优先抢救危重伤员，积极防止休克、感染等并发症。

现场互救必须遵守转运原则：初步确切止血、骨折简易固定、生命体征平稳、医护全程护送、边救边送、就近医院救治。

现场急救必须遵守“三先三后”的原则：

(1) 窒息(呼吸道完全堵塞)或心跳、呼吸骤停的伤员，必须先进行人工呼吸或心脏复苏后搬运。

(2) 对出血的伤员，先止血后搬运。

(3) 对骨折的伤员，先固定后搬运。

现场急救的方法包括心肺复苏、止血、创伤包扎、骨折临时固定和伤员搬运。

**一、心肺复苏**

煤矿井下每名职工都要掌握急救相关知识。一旦发现有人晕倒，应采取如下 4 个步骤措施：第一步判断意识；第二步呼救；第三步翻转体位；第四步胸外心脏按压。如图 1-7 所示。

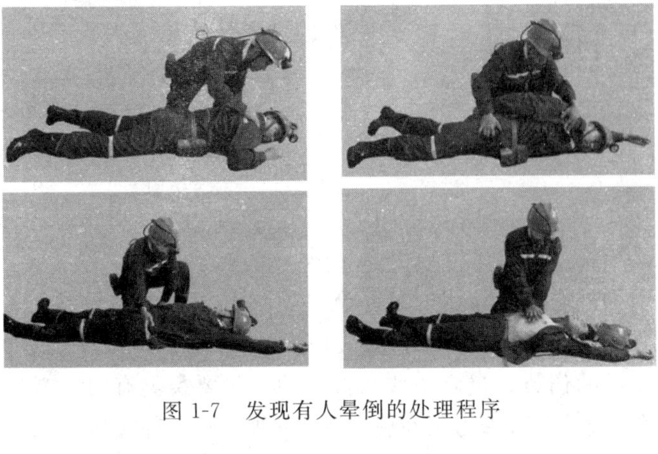

图 1-7　发现有人晕倒的处理程序

胸部正中，乳头连线水平(两乳头连线中点)，右手中、食指沿一侧肋弓向内上方滑动至胸骨下端，左手掌根靠紧食指，放于胸骨上，按压频率 100～120 次/min，按压深度 5～6 cm。如图 1-8(a)所示。

1. 胸外心脏按压

操作方法如下：

首先使伤员仰卧在木板上或地上，解开其上衣和腰带，脱掉其胶鞋。救护者位于伤员右侧，手掌面与前臂垂直，一手掌面压在另一手掌面上，使双手重叠置于伤员胸骨 1/3 处(其下方为心脏)，以双肘和臂肩之力有节奏地、冲击式地向脊柱方向用力按压，使胸骨下陷至少 5～6 cm；按压后，迅速抬手使胸骨复位，以利于心脏的舒张。按压次数以每分钟 100～120 次为宜。按压过快，心脏舒张不够充分，心室内血液不能完全充盈；按压过慢，动脉压力低，效果也不好，如图 1-8(b)所示。

心肺复苏操作步骤
(微信扫码观看)

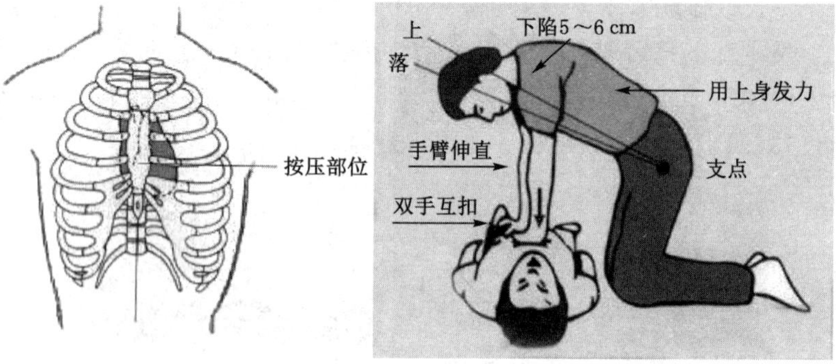


(a) (b)

图 1-8 胸外心脏按压部位示意图

使用胸外心脏按压术时的注意事项如下：

① 按压的力量应因人而异。对身强力壮的伤员按压力量可大些；对年老体弱的伤员力量宜小些。按压的力量要稳健有力、均匀规则，重力应放在手掌根部，着力仅在胸骨处，切勿在心尖部按压。同时注意用力不能过猛，否则可致肋骨骨折、心包积血或引起气胸等。

② 胸外心脏按压与口对口吹气法最好同时施行，无论单人心肺复苏还是双人心肺复苏，均为每按压心脏 30 次，做口对口人工呼吸 2 次。

③ 按压显效时，可摸到颈总动脉、股动脉搏动，散大的瞳孔开始缩

小，皮肤转为红润。

2. 人工呼吸

适用于休克、溺水、有害气体中毒、窒息或外伤窒息等引起的呼吸停止、假死状态者。

在施行人工呼吸前，先要将伤员运送到安全、通风良好的地点，将伤员领口解开，注意保持体温，腰背部垫上软的衣服等。先清除口中脏物，把舌头拉出或压住，防止堵住喉咙、妨碍呼吸。各种有效的人工呼吸都必须在呼吸道畅通的前提下进行。常用的方法有口对口吹气法、仰卧压胸法和俯卧压背法 3 种。

① 口对口吹气法。它是效果最好、操作最简单的一种人工呼吸方法。操作前使伤员仰卧，救护者在其头的一侧，一只手托起伤员下颌，并尽量使其头部后仰，另一只手将其鼻孔捏住，以免吹气时从鼻孔漏气；救护者深吸一口气，紧贴伤员的口将气吹入，迫使伤员吸气，然后松开捏鼻的手，并用手压其胸部以帮助伤员呼气。如此有节律、均匀地反复进行，每分钟应吹气 14～16 次。注意吹气时切勿过猛、过短，也不宜过长，以占一次呼吸周期的 1/3 为宜。

② 仰卧压胸法。让伤员仰卧，救护者跨跪在伤员大腿两侧，两手拇指向内，其余四指向外伸出，平放在其胸部两侧乳头之下，借半身重力压伤员胸部，挤出伤员肺内空气；然后救护者身体后仰，除去压力，伤员胸部依其弹性自然扩张，使空气吸入肺内。如此有节律地进行，要求每分钟压胸 16～20 次。

此法不适用于胸部外伤或 $SO_2$、$NO_2$ 中毒者，也不能与胸外心脏按压法同时进行。

③ 俯卧压背法。此法与仰卧压胸法操作大致相同，只是伤员俯卧，救护者跨跪在伤员大腿两侧。因为这种方法便于排出肺内水分，因而对溺水者急救较为适合。

**二、止血**

1. 少量出血的处理

表面伤口和擦伤，应用干净的水冲洗，用创可贴或干净的纱布、手绢包扎伤口。

2. 严重出血的止血方法

(1) 直接压迫止血,如图 1-9 所示。

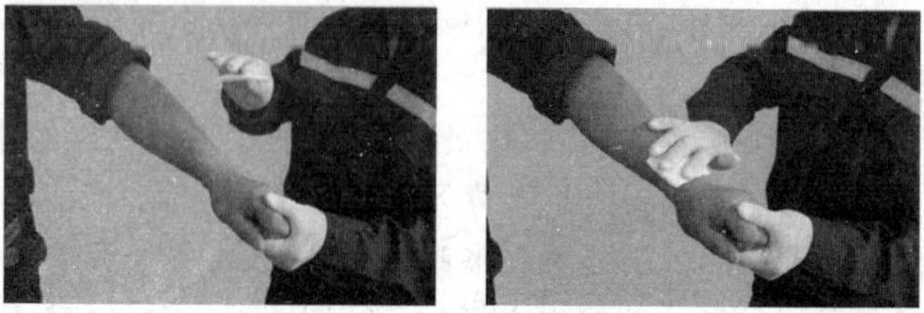

图 1-9　直接压迫止血示意图

(2) 加压包扎止血,如图 1-10 所示。

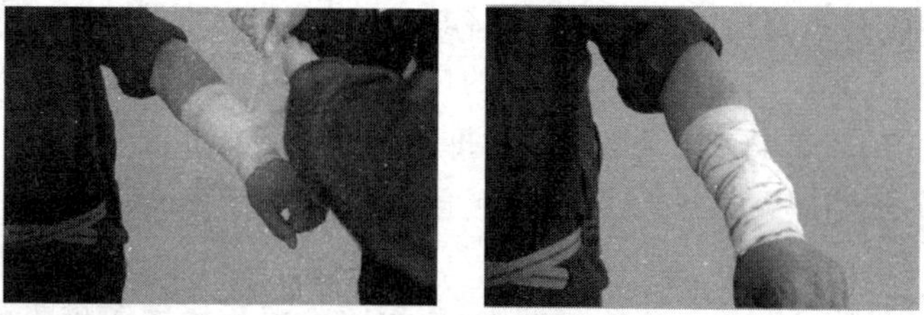

图 1-10　加压包扎止血示意图

(3) 止血带止血。

① 表带式止血带止血,如图 1-11 所示。

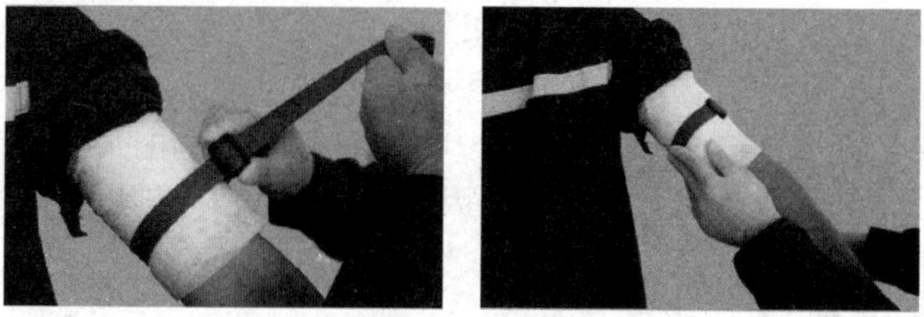

图 1-11　表带式止血带止血示意图

② 橡胶管止血带止血,如图 1-12 所示。

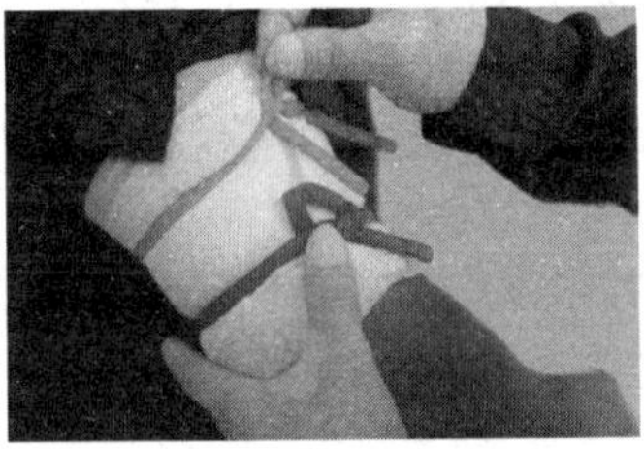

止血带止血法
（微信扫码观看）

图 1-12　橡胶管止血带止血示意图

③ 布带止血带止血，如图 1-13 所示。

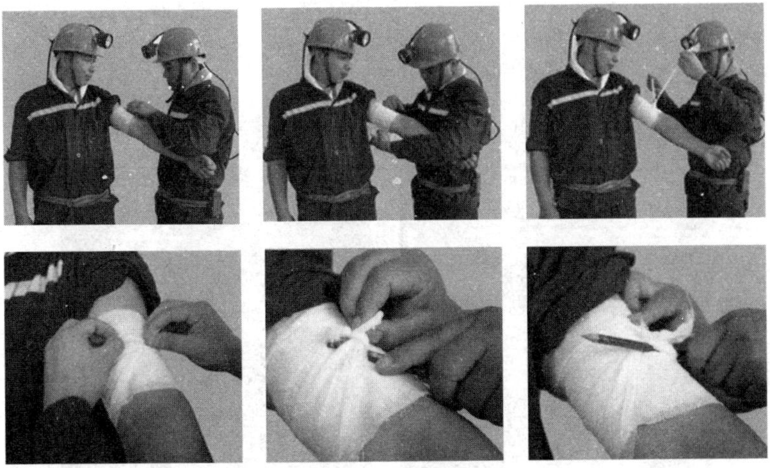

图 1-13　布带止血带止血示意图

上止血带的注意事项如下：

① 止血带不能直接缠在皮肤上。

② 上肢出血扎在上臂上 1/3 处，下肢出血扎在大腿中上部。

③ 松紧适度。

④ 做好明显标记。

⑤ 每隔 40～50 min 放松一次，每次放松 2～3 min。放松时，应采取指压止血。

⑥ 不能用铁丝、电线、绳索等代替止血带。

⑦ 结扎止血带的时间一般不应超过 2 h。

## 三、包扎

1. 包扎的目的

止血、保护伤口、防止感染、固定夹板和敷料。

2. 包扎的要求

轻、快、准、牢，先盖后包。

3. 包扎的材料

绷带、三角巾、四头带、多头带、就地取材。

4. 绷带包扎方法

(1) 环形包扎，如图 1-14 所示。

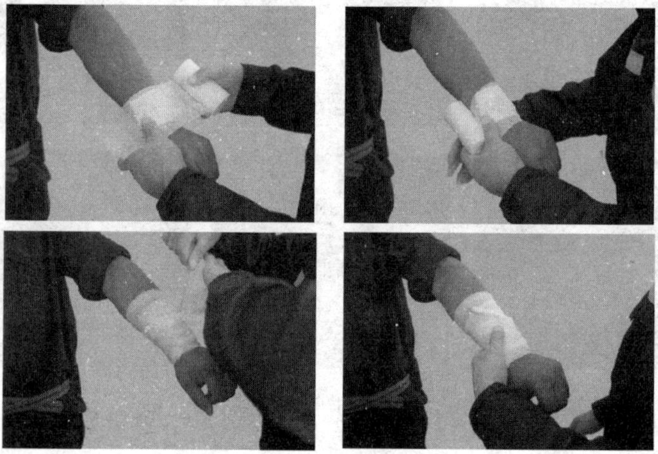

图 1-14 环形包扎示意图

(2) 螺旋包扎，如图 1-15 所示。

(3) 螺旋反折包扎，如图 1-16 所示。

(4) “8”字包扎，如图 1-17 所示。

(5) 三角巾包扎，如图 1-18 所示。

三角巾包扎法
(微信扫码观看)

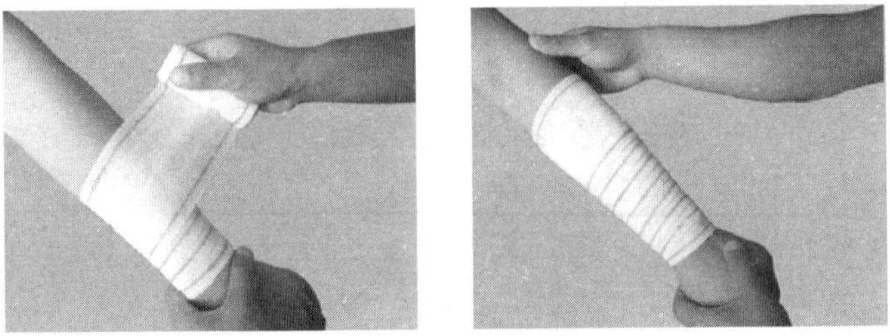

图 1-15　螺旋包扎示意图

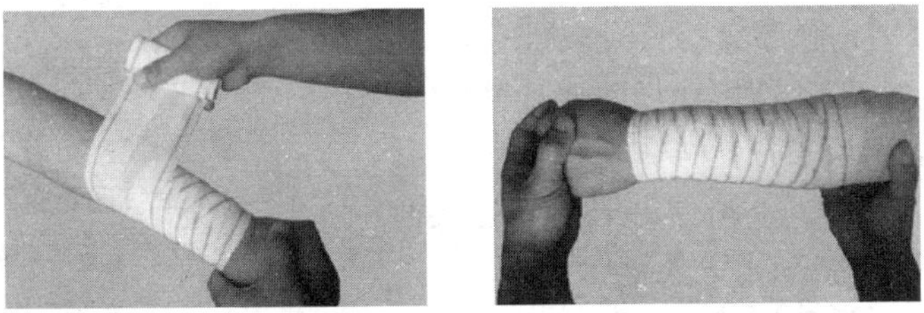

图 1-16　螺旋反折包扎示意图

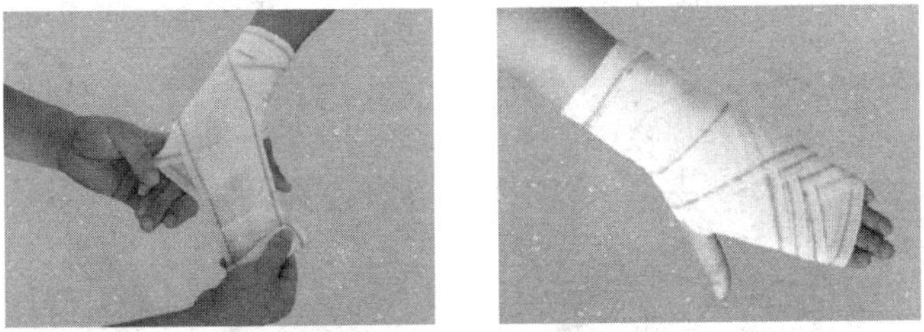

图 1-17　“8”字包扎示意图

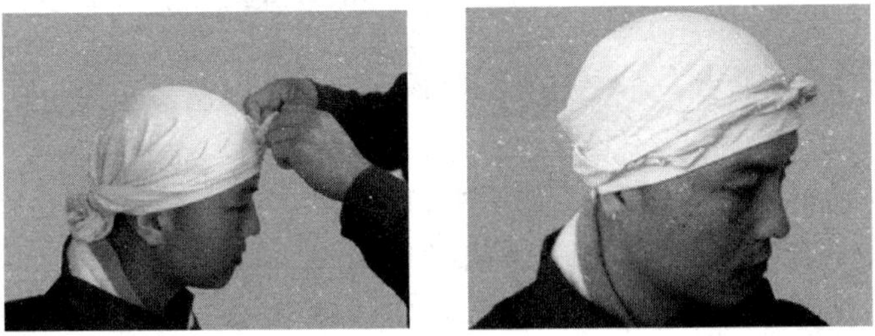

图 1-18　三角巾包扎示意图

## 四、骨折的固定

（1）骨折原因：外力导致。

（2）骨折判定：肿胀、疼痛、畸形、功能障碍。

（3）骨折固定目的：制动、避免再次损伤、利于搬运。

（4）骨折固定材料：夹板、充气夹板、固定架、健侧肢体、就地取材。

（5）骨折固定原则：

① 首先检查意识、呼吸、脉搏及处理严重出血。

② 夹板的长度应能将骨折处的上下关节一同加以固定。

③ 骨断端暴露，不要拉动，不要送回伤口内。

④ 开放性骨折现场不要冲洗、不要涂药，应该先止血包扎，再固定。

⑤ 暴露肢体末端，以便观察血液循环情况。

骨折固定操作步骤（微信扫码观看）

（6）骨折固定方法：

① 锁骨骨折固定方法，如图 1-19 所示。

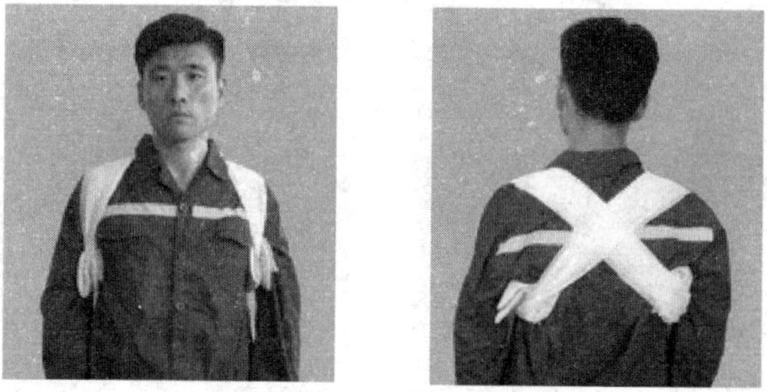

图 1-19　锁骨骨折固定方法

② 上肢（上臂）骨折、上臂下段（髁上）骨折固定方法，如图 1-20 所示。

③ 前臂骨折固定方法，如图 1-21 所示。

④ 下肢（大腿）骨折固定方法，如图 1-22 所示。

⑤ 下肢（小腿）骨折固定方法，如图 1-23 所示。

## 五、伤员的搬运护送

搬运时应尽量不增加伤员的痛苦，避免造成新的损伤及合并症。

图 1-20　上肢骨折固定方法

图 1-21　前臂骨折固定方法

图 1-22　下肢(大腿)骨折固定方法

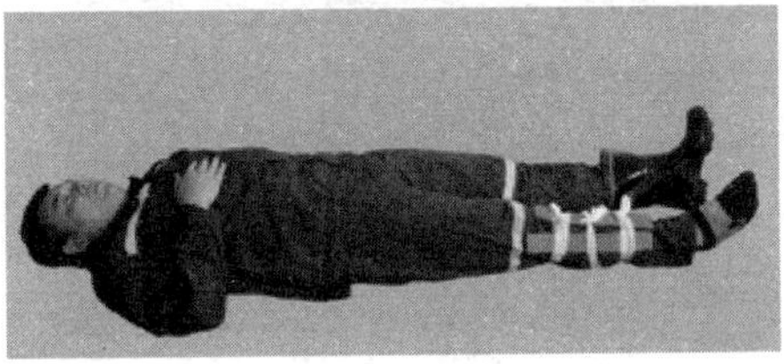

图 1-23　下肢(小腿)骨折固定方法

1. 单人徒手搬运法

（1）扶行法，如图 1-24 所示。

（2）背负法，如图 1-25 所示。

图 1-24　扶行法

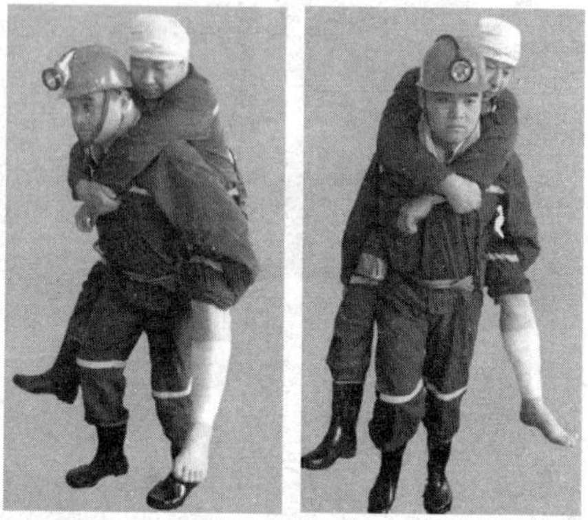

图 1-25　背负法

（3）拖行法（腋下拖行、衣服拖行、毛毯拖行），如图 1-26 所示。

图 1-26　拖行法

（4）爬行法，如图 1-27 所示。

图 1-27　爬行法

2. 双人徒手搬运法

(1) 轿杠式,如图 1-28 所示。

图 1-28 轿杠式

(2) 椅拖式,如图 1-29 所示。

图 1-29 椅拖式

3. 三人徒手搬运法

三人徒手搬运法如图 1-30 所示。

图 1-30 三人徒手搬运法

4. 四人徒手搬运法

四人徒手搬运法如图1-31所示。

图1-31　四人徒手搬运法

5. 担架搬运

担架搬运如图1-32所示。

图1-32　担架搬运

**六、对不同伤员的现场急救**

1. 对中毒或窒息人员的急救

(1) 立即将伤员从危险区抢运到新鲜风流中,取平卧位。

(2) 立即将伤员口、鼻内的黏液、血块、泥土、碎煤等除去,解开上衣和腰带,脱掉胶鞋。

(3) 用衣服覆盖在伤员身上保暖。

(4) 根据心跳、呼吸、瞳孔等特征和伤员的神智情况,初步判定伤情的轻重。

(5) 当伤员出现眼红肿、流泪、畏光、喉痛、咳嗽、胸闷现象时,说明是二氧化硫中毒。当出现眼红肿、流泪、喉痛及手指、头发呈黄褐色现象时，说明是二氧化氮中毒。一氧化碳中毒的显著特征是嘴唇呈桃红色，两颊有红斑点。对二氧化硫、二氧化氮的中毒者只能进行口对口的人工呼吸，不能进行压胸或压背法的人工呼吸。

(6) 人工呼吸持续的时间以恢复自主性呼吸或到伤员真正死亡时为止。当救护队来到后，转由救护人员用苏生器苏生。

2. 对外伤人员的急救

对外伤人员、烧伤人员、出血人员和骨折人员的急救，应分别采用包扎创面、止血和骨折临时固定等急救措施，然后迅速送往地面，到医院救治。

3. 对溺水者的急救

突水中，人员溺水时，可能造成呼吸困难而窒息死亡。对溺水者应采取如下措施急救：

(1) 转送：把溺水者从水中救出后，立即送到比较温暖和空气流动的地方，松开腰带，脱掉湿衣服，盖上干衣服保暖。

(2) 检查：检查溺水者的口鼻，如果有泥水和污物堵塞，应迅速清除，擦洗干净，以保持呼吸道通畅。

(3) 控水：将溺水者取俯卧位，用木料、衣服等垫在其肚子下面；施救者左腿跪下，把溺水者的腹部放在右侧大腿上，使其头朝下；按压其背部，迫使水从体内流出。

(4) 上述控水效果不理想时，应立即做俯卧压背法人工呼吸或口对口吹气，或胸外心脏按压。

4. 对触电者的急救

(1) 立即切断电源，或使触电者脱离电源。

(2) 迅速观察伤员有无呼吸和心跳。如发现已停止呼吸或心音微弱，应立即进行人工呼吸或胸外心脏按压。

(3) 若呼吸和心跳都已停止，应同时进行人工呼吸和胸外心脏按压。

(4) 对遭受电击者，若有其他损伤，如跌伤、出血等，应做相应的急救处理。

5. 对冒顶埋压人员现场急救

(1) 扒伤员时须注意不要损伤人体。靠近伤员身边时,扒掘动作要轻巧稳重,以免对伤员造成伤害。

(2) 如果确知伤员头部位置,应先扒去其头部煤岩块,以使头部尽早露出外面。头部扒出后,要立即清除口腔、鼻腔的污物。与此同时扒身体其他部位。

(3) 此类伤员常常发生骨折,因此在扒掘与抬离时必须十分小心。严禁用手去拖拉伤员双脚或用其他粗鲁动作拖扒伤员,以免增加伤势。

(4) 当伤员呼吸困难或停止呼吸时,可进行口对口人工呼吸。

(5) 有大出血者,应立即止血。

(6) 有骨折者,应用夹板固定。如怀疑有脊柱骨折者,应该用硬板担架转运,千万不能由人扶持或抬运。

(7) 转运时须有医务人员护送,以便对发生的危险情况给予急救。

6. 对长期被困在井下人员的急救

(1) 严禁用矿灯照射遇险者的眼睛,应用毛巾、衣服片、纸张等蒙住其眼睛。

(2) 用棉花或纸张堵住遇险者双耳。

(3) 注意保暖。

(4) 不能立即升井,应将其放在安全地点逐渐适应环境和稳定情绪。待情绪稳定,体温、脉搏、呼吸及血压等稍有好转后,方可升井送医院。

(5) 搬运时要轻抬轻放、缓慢行走,注意伤情变化。

(6) 升井后和治疗初期,劝阻亲属探视,以免伤员过度兴奋发生意外。

(7) 不能让伤员吃过量或硬的食物,限量吃一些稀软、易消化的食物,以使肠胃功能逐渐恢复。

# 模块六　风险分级管控与隐患排查治理

## 安全技术基础知识一<br>安全风险分级管控基础知识

### 学习目标

1. 了解风险的概念。
2. 了解风险控制方法相关内容。

### 安全技术基础知识相关知识

**一、风险的概念**

风险是指事故发生的可能性与事故后果严重性的组合。在煤矿作业中，存在着各种各样的风险。例如，入井人员乘罐笼过程中，存在着提升钢丝绳断裂同时防坠器失效、罐笼坠入井底的风险；立井提升过程中，存在过卷、松绳、断绳等各类风险；斜井串车提升过程中，存在矿车掉道、矿车撞人和跑车的风险；井下水平巷道机车运输过程中，存在触电、掉道、撞人或撞坏支护设施的风险。

在一定的条件下，对现场岗位中的风险进行预先辨识、风险评估，继而采取有效措施，消除、减少、控制风险，使风险降到人们可接受程度的一系列活动，称为风险预控管理。

风险预控管理的基本原理是运用风险管理的技术，通过探求风险发生、变化的规律，认识、估计和分析风险对安全生产所造成的危害，运用计划、组织、指导、管制等一系列手段，实现“一切意外均可避免”“一切风险皆可控制”的风险管理目标。

**二、风险控制方法**

煤矿风险预控管理体系的基本内涵，是指在煤矿整个运营过程中，对煤矿各个生产系统、生产环节中的各种危险源进行预先辨识，对各种风险进行评价分析，继而采取有效措施消除、减少和控制风险，并在一定经济、技术条件下，通过“人、机、环、管”（即人员、机电设备、环境、管理）的最佳匹配，防止风险转化为事故，实现本质安全，做到安全生产。

煤矿作业现场风险预控，可以从以下几个方面进行控制：

（1）提高安全意识和安全素质。员工按规定参加安全培训，贯彻落实“以人为本”的指导思想，通过安全培训，提高煤矿从业人员的安全意识和技术水平，变“要我安全”为“我要安全”。

（2）落实各项规章制度。主要以各种制度规范煤矿从业人员的行为，如操作人员的手指口述、现场班组长验收签字、安全检查工检查等。

（3）落实操作程序。在现有安全技术操作规程的基础上，对每一个工种作业中的每一道工序都制定出详细的操作程序，不论任何人，在同一岗位上完成某一工序时，都按照规定的操作程序执行，这就避免了违章操作和误操作的发生，在很大程度上减小了风险发生的可能性。

（4）执行操作标准。以《煤矿安全规程》、安全技术操作规程为依据，对每一项工作都制定出操作标准，提高操作水平，降低事故发生的概率。

# 安全技术基础知识二
# 事故隐患排查治理基础知识

## 学习目标

1. 了解隐患的概念。
2. 了解隐患的分类。
3. 了解隐患排查管理制度。
4. 了解常见事故隐患的治理措施。

## 安全技术基础知识相关知识

### 一、隐患的概念

隐患，是指在生产活动中存在的可能导致不安全事件或事故发生的问题，包括人的不安全行为、物的不安全状态和管理上的缺陷。隐患从性质上分为一般安全隐患和重大安全隐患。

在煤矿作业现场，事故隐患如未能得到及时消除，往往会导致事故发生，现场作业人员必须予以高度重视。

### 二、隐患的分类

(1) 按隐患危害程度分类。

一般隐患：危险性不大，事故影响或损失较小的隐患。

重大隐患：危险性大，可能造成较大事故，造成人身伤亡或财产损失的隐患。它是煤矿企业建设和生产过程中存在的可能导致重大人身伤亡或者重大经济损失的危险性因素。

(2) 按隐患表现形式分类。人的隐患(认识隐患、行为隐患)、物的隐患、环境隐患和管理隐患。

(3) 按煤矿安全生产的专业分为一通三防、顶板(采掘)、机电运输、地测防治水、安全管理、爆破和其他隐患。

### 三、隐患排查管理制度

煤矿企业应当建立和完善以下各项事故隐患排查管理制度：

(1) 制定事故隐患定期排查治理制度，落实具体的排查时间、方法、人员、措施以及事故隐患的种类、等级等。

(2) 制定事故隐患排查治理责任制度，明确事故隐患排查治理工作的组织领导，整改资金的落实，治理效果的检查；明确具体的事故隐患排查治理工作要求；明确具体的事故隐患排查治理的管理程序；明确具体的事故隐患排查治理人员。

(3) 制定事故隐患分级管理制度，并明确事故隐患的分级范围、治理措施、要求及责任。

(4) 制定事故隐患的报告制度，煤矿企业应当将难以排除的事故隐患按照隶属关系和管理权限向煤炭管理部门报告，并报煤矿安全监察机构备案，不得不报、谎报或者拖延迟报。

**四、常见事故隐患的治理措施**

作业现场的隐患排查治理是围绕消除人的不安全行为、物的不安全状态和环境的不安全因素展开的，针对作业现场的常见事故隐患，要采取以下措施：

(1) 规范操作人员的安全行为，结合班组的具体情况，以及国家的法律法规、相关规定和标准，制定规章制度和操作规程。

(2) 正确穿戴和使用劳动防护用具、用品。

(3) 严格执行煤矿安全规程、安全技术操作规程、作业规程的相关规定。

(4) 加强对作业场所的安全检查，及早发现问题，及时妥善地整改。

(5) 加强生产设备管理，尤其是设备的防爆管理，按规定做好设备、安全设施、防护装置的维护保养，使之始终保持完好状态。

(6) 保证各种保护和监测系统灵敏、可靠，井下设备、电缆完好。

(7) 设备布置、物料码放要尽可能地科学合理，保持通道畅通。

(8) 及时清扫垃圾、废料，整理现场的原材料、产品和工具。

# 模块七　岗位“双述”基础知识

## 学习目标

1. 熟悉岗位描述相关内容。
2. 熟悉手指口述相关内容。

## 安全操作技能相关知识

岗位“双述”是指煤矿生产中，为确保操作安全，各岗位的职工在作业操作前，对工作环境和操作对象进行设备与环境描述、岗位主要风险描述及安全确认。主要包括岗位描述和手指口述。

### 一、岗位描述

岗位描述是一种对自我状况、安全责任、作业标准、作业环境、工艺流程、设备工具性能特点、协作配合等内容进行描述，从而逐步达到岗位作业本质安全水平的综合性知行训练。

岗位描述主要内容包括自我状况描述、设备与环境描述、岗位风险与安全确认、操作程序和避灾路线等几方面。

岗位描述的根本目标是进一步清晰岗位责任制，培养行家能手，锤炼岗位专家型职工队伍，但具体岗位、具体工种也可不拘泥于上述岗位描述的内容，各集团、各公司、各矿可根据实际情况进行岗位描述。

### 二、手指口述

手指口述就是要求现场作业人员在作业和操作中，运用心想、眼看、手指、口述等一系列行为，对与安全有关的每一道关键工序、每一处关键部位、每一个关键环节进行确认，使人员的注意力高度集中，避免操作失误，从而减少事故，实现安全操作。

手指口述的动作要求是上身保持直立姿势，眼睛紧紧注视着需要确认的对象，右手用力挥动手臂由上向下，食指指向需要确认的对象，刺激大脑思考，把最关键的话大声说出来。

手指口述的作用是：

（1）促使操作者保持高度集中的注意力。

（2）增强操作者的定力和稳定性，使操作者强制自己排除各种干扰。

（3）快速启动作业，使操作者迅速进入作业状态，并把注意力稳定在作业状态。

（4）强化对操作程序的记忆再现，增强作业的系统性、条理性及完整性。

（5）实现记忆的清晰化，提高操作的精确度，减少误差。

（6）严密地分析当前的作业状况，及时准确地作出判断，进行正确的选择。

（7）提高作业者对操作行为的自信心。

（8）有利于对关键性操作或问题、错误多发点的提醒。

手指口述简单易学，实用操作性强。手指口述操作法让我们在工作中少出错误、少出纰漏，是风险预控管理的重要方法，可为安全生产打下良好的基础。

# 第二部分　通 防 作 业

通防作业安全技术基础知识
通防作业安全操作技能
通防作业典型事故案例

# 模块一　通防作业安全技术基础知识

## 安全技术基础知识一
## 专业技术基础知识

### 学习目标

1. 熟悉煤矿通风基本知识。
2. 掌握煤矿通风基本要求。
3. 熟悉煤矿测风基础知识。
4. 掌握煤矿防尘基础知识。
5. 掌握煤尘注水基础知识。
6. 掌握裱糊作业基础知识。
7. 掌握煤矿防灭火基础知识。
8. 掌握风筒移接基础知识。

### 安全技术基础知识相关知识

**一、煤矿空气**

1. 井下空气成分的组成

井下空气主要成分与地面空气相似，同时由于井下物理和化学变化等会导致其他气体和浮尘等混入。

(1) 物理变化

① 气体混入——瓦斯、二氧化碳和硫化氢等气体从地层中涌出到井下空气中。

② 固体混入——井下各种作业所产生的微小岩尘、煤尘和其他杂尘浮游在井下空气之中。

③ 气象变化——主要是由于井下空气的温度、气压和湿度的变化引起井下空气的体积和浓度的变化。

（2）化学变化

① 井下物质（煤、岩石、坑木等）的缓慢氧化、爆破工作、火区氧化（指采空区的煤炭被空气氧化而逐渐起火的自燃现象和人员的呼吸等）都会产生二氧化碳。

② 井下的爆破工作、火区氧化和机械润滑油高温分解等都能产生一氧化碳。

③ 井下火区氧化和含硫煤的水解都能产生硫化氢。

④ 井下火区氧化和含硫煤的缓慢氧化都能产生二氧化硫。

⑤ 井下爆破工作能产生氧化氮。

⑥ 井下充电硐室的电解能产生氢；井下火区氧化能产生氨（$NH_3$）。

氧是井下人员呼吸所必需的，且必须保持足够的浓度，其余气体（水蒸气除外）和浮尘，超过一定浓度时，对人体都是有害的。这几种气体又称为广义的矿井瓦斯，而狭义的矿井瓦斯则专指甲烷（$CH_4$）。甲烷是煤矿井下普遍存在的气体，在一定浓度范围内，具有爆炸性。所以，甲烷是煤矿井下最危险的气体。

2. 矿井空气的主要成分及基本性质

（1）新鲜空气。井巷中用风地点以前、受污染程度较轻的进风巷道内的空气。

（2）污浊空气。通过用风地点以后、受污染程度较重的回风巷道内的空气。

（3）氧气、氮气、二氧化碳。

① 氧气是维持人体正常生理机能所必需的气体，人体维持正常生命过程所需的氧气量，取决于人的体质、精神状态和劳动强度等。当空气中的氧浓度降低时，人体就可能产生不良的生理反应，出现种种不舒适的症状，严重时可能导致缺氧死亡。矿井空气中氧浓度降低的主要

原因有人员呼吸，煤岩和其他有机物的缓慢氧化，煤炭自燃，瓦斯、煤尘爆炸，此外，煤岩和生产过程中产生的各种有害气体，也会使空气中的氧浓度相对降低。

② 氮气是一种惰性气体，是新鲜空气的主要成分，它本身无毒、不助燃，也不供呼吸。但空气中含氮量升高，则势必造成氧含量相对降低，从而也可能造成人员的窒息性伤害。正因为氮气具有惰性，因此可将其用于井下防灭火和防止瓦斯爆炸。矿井空气中氮气主要来源包括：井下爆破和生物的腐烂，有些煤岩层中涌出的氮气，灭火人为注氮等。

③ 二氧化碳不助燃，也不能供人呼吸，略带酸臭味。二氧化碳比空气重（其比重为1.52），在风速较小的巷道底板附近浓度较大；在风速较大的巷道中，一般能与空气均匀地混合。矿井空气中二氧化碳的主要来源包括：煤和有机物的氧化，人员呼吸，碳酸性岩石分解，炸药爆破，煤炭自燃，瓦斯、煤尘爆炸等。

3. 矿井井下空气主要成分应满足的要求

① 采掘工作面进风流中的氧气浓度不得低于20%。

② 二氧化碳浓度不得超过0.5%，矿井总回风流中不得超过0.75%。

③ 当采掘工作面风流中二氧化碳浓度达到1.5%或采区、采掘工作面回风道风流中二氧化碳浓度超过1.5%时，必须停工处理。

## 二、井下气候条件

井下气候条件是指井下空气的温度、湿度和风速三者综合所给人的舒适感觉程度。

## 三、煤矿通风的作用

（1）煤矿通风最主要的作用就是通过通风井或者相应的通风通道，将新鲜的空气输送到井下，从而实现对井下有毒、有害气体和粉尘的稀释，并且利用通风井排出气体，这样就可以实现对井下环境的优化。

（2）把新鲜的空气送到井下作业地点供人员呼吸，维持生命需求，为作业人员提供安全保障。

(3) 为矿井生产地点提供充足风量，满足施工地点风量需求，保障矿井通风系统稳定可靠，确保矿井安全生产。

(4) 调节煤矿井下气候条件，给井下作业人员创造良好的生产工作环境，保证井下设备、仪表、仪器的正常运行。

**四、局部通风概述**

(1) 利用局部通风机或主要通风机产生的风压对井下独头巷道进行通风的方法称为局部通风，又称掘进通风。

(2) 在开采地下井巷时，为了供给新鲜空气，稀释并排出掘进工作面的烟、尘和有害气体，创造良好的作业环境，可采用全风压通风、扩散通风、引射器通风和局部通风机通风等局部通风方法。

**五、全风压通风**

(1) 全风压通风是指利用矿井主要通风机的风压，借助导风设施把主导风流的新鲜空气引入掘进工作面。其通风量取决于可利用的风压和风路风阻。

(2) 全风压通风按其导风设施不同可分为以下几类：

① 平行巷道导风。在掘进主巷的同时，在附近与其平行掘一条配风巷，每隔一定距离在主、配巷间开掘联络巷，形成贯穿风流；当新的联络巷沟通后，旧联络巷随即封闭。两条平行巷道的独头部分可用风幛或风筒导风，巷道的其余部分用主巷进风，配巷回风。

该方法常用于煤巷掘进，尤其是厚煤层的采区巷道掘进中，当运输、通风等需要开掘双巷时。此法也常用于解决长巷掘进独头通风的困难，适用于长距离的巷道掘进通风。

② 钻孔导风。离地表或邻近水平较近处掘进长巷反眼或上山时，可用钻孔提前沟通掘进巷道，以便形成贯穿风流。

该通风方法曾被应用于煤层上山的掘进通风，具有良好的排瓦斯效果。

③ 风幛导风。在巷道内设置纵向风幛，把风幛上游侧的新风引入掘进工作面，清洗后的污风从风幛下游侧排出。这种导风方法，构筑和拆除风幛工程量大，适用于短距离导风或无其他方法可用时。风幛的构筑可用砖、石风墙，木板墙及帆布、塑料等材料。后两种漏风大，只适

用于短距离的导风。砖、石风墙漏风小，导风距离可超过 500 m；风墙约有一砖至一砖半厚，并用砂浆勾缝。

## 六、引射器通风

(1) 引射器通风是指利用喷嘴喷出的高压流体（高压水或高压气）在喷嘴射流的周围造成负压而吸入空气，并在混合管口内混合，将能量传递给被吸入的空气，使之具有通风压力，达到通风的目的。引射器通风一般都采用压入式。

(2) 采用引射器通风的主要优点是：无电气设备、无噪声，比较安全。若采用水力引射器通风，还能起到降温、降尘的作用。

(3) 采用引射器通风的主要缺点是：供风量小，需要水源或压气。故引射器通风适用于需要风量不大的短距离掘进通风，一般用于煤与瓦斯突出的煤巷掘进中。

## 七、局部通风

(1) 局部通风设备组成

局部通风设备由局部通风动力设备、风筒及附属装置组成。

风筒是最常见的导风装置。对风筒的基本要求是漏风小、风阻小、重量轻、拆装简便。风筒按材料力学性质可分为刚性和柔性两种。刚性风筒是用金属板或玻璃钢材制成的。玻璃钢风筒比金属风筒轻便，抗酸、碱腐蚀性强，摩擦阻力系数小。柔性风筒是应用更广泛的一种风筒，通常由橡胶、塑料制成，其最大优点是轻便、可伸缩、拆装和搬运方便。

(2) 局部通风方式

① 压入式通风。压入式通风是指利用局部通风机将新鲜空气经风筒压入工作面，而污风则由巷道排出。压入式通风的风流从风筒末端以自由射流状态射向工作面，其风流的有效射程一般可达 7～8 m，易于排出工作面的污风和矿尘，通风效果好，局部通风机安装在新鲜风流中，污风不经过它，安全性较好。压入式通风是我国煤矿应用最广泛的一种通风方式。

② 抽出式通风。抽出式通风与压入式通风相反，新鲜空气由巷道进入工作面，污风经风筒由局部通风机抽出。由于污风经风筒排出，抽

出式通风保持巷道中为新鲜空气，故劳动卫生条件较好；但风流的有效吸程较短，一般为 3～4 m，如风筒末端距工作面较长，有效吸程以外的风流将形成涡流停滞区，通风效果不良。

③ 混合式通风。混合式通风就是同时使用上述两种通风方式。新风是利用压入式局部通风机和风筒压入工作面，而污风则由抽出式局部通风机和风筒排出。混合式通风兼有压入式通风和抽出式通风的优点，但其缺点也很多，如设备多、能耗大、管理复杂，有引起瓦斯、煤尘爆炸的危险。

**八、煤矿局部通风机**

煤矿局部通风机的类型主要有：BK4-72 型防爆离心通风机、BKJA 型防爆轴流通风机、BDJ67-12 型轴流通风机、YBT 型轴流通风机。分别介绍如下：

（1）BK4-72 型防爆离心通风机。适用于含有高浓度瓦斯的中小型煤矿井下通风换气，也可用于石油、化工系统厂房的易燃挥发性气体的通风换气。

（2）BKJA 型防爆轴流通风机。适用于煤矿井下局部排送含有瓦斯、煤尘或其他无腐蚀性气体的空气。

（3）BDJ67-12 型轴流通风机。适用于煤矿井下局部通风及其他含有瓦斯、煤尘或其他无腐蚀性气体的场合。

（4）YBT 型轴流通风机。适用于煤矿井下掘进工作通风换气，配用防爆电动机。有 YBT60-1No.5（一级叶轮）、YBT60-2No.5（二级叶轮）、YBT62-2No.6（二级叶轮）等三种机型。其系列选用性能范围为：全压 250～3 200 Pa，风量 145～390 $m^3/h$，电动机功率 5.5～28 kW。

**九、煤矿测风**

（1）《煤矿安全规程》规定，矿井必须建立测风制度，每 10 天至少进行 1 次全面测风。对采掘工作面和其他用风地点，应当根据实际需要随时测风，每次测风结果应当记录并写在测风地点的记录牌上。应当根据测风结果采取措施，进行风量调节。以上工作主要由矿井测风工完成。因此矿井测风工必须了解风流的基本规律，掌握测风仪器的基本性能和测风技能。

（2）矿井采掘工作面的布置情况在不断发生变化，需要及时调整通风系统和进行风量调节，以满足各用风地点的需风要求，保证正常安全生产。通过对矿井进行全面的通风测定，可以了解总进风量、总回风量，各个用风地点的风量、风速以及矿井的漏风、有效风量等现状及变化情况。所以，矿井必须建立测风制度。

（3）测量风速的方法：

① 烟雾法测风。对小于 0.2 m/s 的风速或检查密闭及采空区漏风时，可采用此方法。预先选定一段长 3～10 m 的巷道，一人在起点放出烟雾（利用吹烟管等），另一人在终点用秒表测定烟雾移动完这段距离所需要的时间；以烟雾流动的距离除以烟雾流动的时间，算出最大风速再乘上 0.8 的校正系数，即为平均风速。

② 用风表测定风速。风表的使用范围应符合不同类型风表规定的测量范围，低速风表 0.25～0.50 m/s，中速风表 0.5～10 m/s，高速风表 0.8～25 m/s。根据风速大小选择风表，以免损坏风表或造成较大的测量误差。根据单位时间内风表的转速，查阅风表校正曲线得出真实的风速。

a. 按测风员身体的相对位置，将风表测风法分为以下两种：

· 侧身法。测风时，测风员在测量断面内背向巷道壁站立，手持风表，手臂沿与风流垂直方向伸直；然后，在巷道测量断面内均匀移动，为消除人体对风速的影响，应将所测风速乘以校正系数 $K$。校正系数 $K=(S-0.4)/S$（式中 $S$ 为所测巷道断面面积，0.4 为人体在巷道中所占面积，按 0.4 $m^2$ 计算），从而获得真实风速。

· 迎身法。测风时，测风员在测量断面之内，手持风表，迎风方向把风表超前伸出 0.5～0.6 m；然后，在巷道测量断面内均匀移动，为消除人体对风速的影响，应将所测风速乘以校正系数 $K$（$K=1.14$），从而获得真实风速。

b. 按风表的移动方式，将风表测风法分为以下三种：

· 定点测风法。将测风断面均匀分成若干点（如 12 点），让风表在这些点等时停留（一般每点测定时间为 5 s），然后算出各点的平均风速。

· 线路测风法。风表在测风断面内按规定好的路线均匀移动，1 min内风表正好从路线的起点移动到终点。巷道断面积在7 $m^2$ 以下时采用三线法，7 $m^2$ 以上时采用四线法或五线法。

· 混合法。使用定点与线路测风方法混合的测风法。一般当断面积在3～7 $m^2$ 时，采用九点三线测风法，即每次测风时间为1 min，将测风断面分为9格，风表在每格的中心位置测定5 s，剩余15 s将风表逆原来移动路线返回原始位置停止。

(4) 测风操作注意事项：

① 测风时，必须迎着风流方向测定，风表刻度盘应背着风流，即测风员能看到刻度盘。

② 风表不能距人身太近，也不能距顶、底板两帮太近，一般应保持200 mm以上的距离。

③ 测风时，风表须配有不小于0.5 m长的手把，以保证测量路线位置准确。风表一定要始终与风流方向垂直，特别是在倾斜巷道中更要注意这一点。一定要待风表运转正常后再启动开关。

④ 在任何地点测风时，必须在风流稳定时进行，如遇列车通过时，必须在列车通过2～5 min后，风流稳定时，再进行测风。测风期间，测点附近禁止车辆和人员通过，并注意邻近风门的开启情况。

⑤ 每一测风地点风速至少测定两次，两次测定误差不得超过3%，并求其平均值。两次测定误差较大时，必须重新测定。测定风量的同时，要测定温度、湿度及氧气、甲烷、二氧化碳等气体含量。

⑥ 在有架线电机车的巷道测风时，要注意风表与架线保持至少100 mm以上的距离，防止触电。

⑦ 测风原始数据，包括巷道断面的长、高、宽尺寸，风表的读数，以及温度、湿度、甲烷和二氧化碳浓度等有关数据，并立即记入测风原始记录表中。

⑧ 每次测定结果应就地粗算，发现问题应重新测定，每次测风结束应及时将计算结果填入测风记录牌，并负责挂好牌板。

**十、煤矿防尘**

(1) 煤矿综合防尘措施：

① 通过综合运用煤体注水、采掘防尘、通风除尘、喷雾降尘、使用水泡泥、巷道洒水灭尘等措施，可以达到煤矿防尘、降尘的目的。

② 通过防尘、降尘洒水系统来实现防尘、降尘，需要用到洒水喷枪、防尘电磁阀、自动泄水阀、手自一体自动控制系统等工具，基本上都是自动操作，效果不错。

(2) 防尘工是矿井采掘区域、通风井巷粉尘治理的现场操作负责人，应积极学习业务知识，熟练操作各种测量仪器，做到准确测定各种参数。经过培训、考试合格后持证上岗，爱岗敬业，服从领导安排，协助区队工程技术人员做好内业资料工作。按期测定防尘系统的流量、粉尘浓度等参数，并做好原始记录，数据要准确，按规定如实整理填报。定期检查防尘系统、防尘设施使用情况，发现无水、喷嘴和管路堵塞要及时处理。熟悉矿井采掘动态，及时安装、移动、回收防尘设施。防尘工负责防尘系统的安装、维护和防尘设施的连接、拆除，隔爆设施安装、检查、维护和管理工作，以及巷道清扫、冲洗、刷白工作。同时检查工作面采掘防尘设施及爆破防尘、机械割煤防尘、运输防尘等工艺流程，以及转载点防尘使用情况。负责抓好防尘系统质量标准，合理安装防尘设施，及时解决设施隐患，保证防尘效果。

## 十一、煤层注水

(1) 煤层注水是通过钻孔，将压力水和水溶液注入煤体，增加煤的水分，改变煤的物理力学性质，减少煤尘的产生，降低冲击地压、煤与煤层气突出和自然发火。煤层注水是在回采前预先在煤层打若干钻孔，通过钻孔注入压力水，使其渗入煤体内部，破坏煤体内原有的煤-瓦斯两相体系的平衡，形成煤-瓦斯-水三相体系，体系内各个介质相互作用，使煤的物理化学性质、力学性质及热力学性质发生变化。煤层注水按钻孔深度可分为深孔注水和浅孔注水。深孔注水是在采煤工作面前方进风巷或回风巷沿煤层倾斜平行于工作面打孔，孔深一般为工作面斜长的2/3，孔径75～100 mm。用水泥浆或橡胶封孔器封孔后，即可开始注水。与浅孔注水相比，深孔注水成本较高，打钻较困难，只适用于中厚与厚煤层。优点是预湿范围大，能充分湿润，而且不影响采煤工作。但在有些矿区，由于煤层没有受到破坏，注水较困难，注水量小。

(2) 煤层注水是采煤工作面最有效的防尘措施。水的除尘机理包括以下 3 个方面:

① 湿润煤体内的原生煤尘,使其失去飞扬的能力。

② 有效地包裹煤体的每个细小部分,当煤体在开采中破碎时,避免细粒煤尘的飞扬。

③ 水的湿润作用使煤体塑性增强,脆性减弱。当煤体受外力作用时,许多脆性破碎变为塑性形变,因而大量减少了煤体被破碎为尘粒的可能性,降低了煤尘的产生量。

(3) 研究和试验考察表明,注水湿润煤体,可使煤的力学性质发生明显变化,煤的弹性和强度减小,塑性增大,从而使巷道前方的压力分布发生变化,即高压力向煤体深部转移,压力集中系数减小。煤体湿润后,其透气性也将大幅降低,水对瓦斯的运动起到明显的阻碍效应,煤体中瓦斯涌出量和涌出速度都在大幅下降。上述的各种变化,都表明注水湿润煤体,可以消除或降低煤层的突出危险,减小工作面回风流中的瓦斯浓度。煤层注水对治理瓦斯的作用,不仅表现在预防煤与瓦斯突出,而且也表现在减小工作面生产时回风流中的瓦斯浓度。煤层注水的作用主要有以下几点:

① 湿润煤体中的水分对瓦斯的运动起阻碍作用,使一部分瓦斯在煤体破坏后不涌入采掘空间而是随煤体被运出工作面。

② 打孔破坏了煤体内原有的煤-瓦斯体系的平衡,注水后则形成了新的煤-瓦斯-水三相体系,这些变化都会影响瓦斯涌出。

③ 防治冲击地压。煤层注水的卸压原理是在高压水流的冲击作用下,使高压水冲击进入煤体的层理、节理中,使煤体逐渐龟裂,产生较大裂隙,破坏煤体的整体性,使煤体脆性减弱,塑性增强,从而改变了煤体的物理力学性质,使煤体失去了冲击倾向性。煤体内部结构中注入大量水之后,煤体在水的浸泡作用下,促使煤体塑性变形区增加,实现高应力区向未注水软化的煤体侧转移,降低了煤体的应力集中程度,从而起到较好的防冲效果。

④ 分层法开采厚或特厚易燃煤层时,在放顶后向采空区注水,或在放顶前用水遍洒放顶步距条带,能起到防火作用。因为注水后煤体

的导热系数和热容量增大,使煤体的温度不易升高,如果顶板为泥质岩石,则此法效果更佳,注水(或洒水)后,冒落的矸石湿润,膨胀成再生顶板,覆盖浮煤,减少漏风,从而抑制了采空区的浮煤氧化。温度较低的冷水注入煤体后,由于水有较大的比热容和汽化潜热,对高温工作面的降温也是有利的。

**十二、裱糊(通风设施施工)**

(1) 裱糊工主要负责井下通风设施的构筑与拆除、管理与维护,通风设施施工工具、材料的领取和保管等工作。必须严格按照通风设施安全生产标准化要求进行施工,并加强维护,防止出现漏风等情况。

(2) 通风设施(指永久密闭、风门、风窗和风桥)的墙(桥)体采用不燃性材料构筑,其厚度不小于 0.5 m(防突风门、风窗墙体不小于 0.8 m),严密不漏风。

(3) 密闭、风门、风窗墙体周边按规定掏槽,墙体与煤岩接实,四周有不少于 0.1 m 的裙边,周边及围岩不漏风;墙面平整,无裂缝、重缝和空缝,并进行勾缝或者抹面、喷浆,抹面的墙面 1 m 内凹凸深度不大于 10 mm。

(4) 通风设施 5 m 范围内支护完好,无片帮、漏顶、杂物、积水和淤泥。设施统一编号,每道设施有规格统一的施工说明及检查维护记录牌。

(5) 密闭位置距全风压巷道口不大于 5 m,设有规格统一的瓦斯检查牌板和警标,距巷道口大于 2 m 的设置栅栏;密闭前无瓦斯积聚。所有导电体在密闭处断开(在用的管路采取绝缘措施处理除外)。密闭内有水时设有反水池或者反水管,采空区密闭设有观测孔、措施孔,且孔口设置阀门或者带有水封结构。

(6) 每组风门不少于 2 道,其间距不小于 5 m(通车风门间距不小于 1 列车长度),主要进、回风巷之间的联络巷设有反向功能的风门,其数量不少于 2 道;通车风门按规定设置和管理,并有保护风门及人员的安全措施;风门能自动关闭并连锁,使 2 道风门不能同时打开;门框包边沿口应有衬垫,四周接触严密,门扇平整不漏风;风窗有可调控装置,调节可靠;风门、风窗水沟处设有反水池或者挡风帘;轨道巷通车风门设有底槛，并将电缆、管路孔堵严；风筒穿过风门（风窗）墙体时，在墙上安装与胶质风筒直径匹配的硬质风筒。

## 十三、煤矿防灭火

1. 灭火原理

灭火的实质是破坏燃烧时必备的三个条件，故灭火原理主要有以下几个方面：

（1）冷却。把燃烧物质的温度降低到燃点以下。

（2）隔离和窒息。使燃烧反应体系与环境隔离，抑制参加反应的物质。

（3）稀释。降低参加反应物（液、气体）的浓度。

（4）中断链反应。现代燃烧理论认为，燃烧是由于可燃物分解成游离状态的自由基与氧原子相结合，发生链反应后形成的。因此，阻止链反应发生或不使自由基与氧原子结合，就可以抑制燃烧，达到灭火目的。

在实际灭火中，往往是综合应用以上几种原理。

2. 常用的灭火方法

（1）清除可燃物

消除可燃物就是将已经发热或者燃烧的煤炭以及其他可燃物挖出、清除、运出井外。这是扑灭矿井火灾最彻底的方法，但是采用这种方法的条件是：火灾处于初起阶段，涉及范围不大；火区无甲烷超限聚积、无煤尘爆炸危险；火源位于人员可直接到达的地点。

清除可燃物前要做好充分的准备工作，首先备好工具及运输车辆，备足消防用水和充填材料、支护材料，确定好运煤路线与回风路线，彻底查清瓦斯聚积与煤尘的积存情况。在清除工作进行中，要配合洒水以降温灭火，并随时检查煤温、气温情况，随时检测甲烷浓度，以防火源与超限聚积的甲烷相遇，挖出的热煤及其燃烧物要及时运往地面。遗留的空间要用不燃性材料，如河沙、矸石、黄土等予以充填。挖除的范围要超越煤炭发热区 1～2 m 之外，进入煤体温度不超过 40 ℃的地方。清除煤炭需要爆破时，应对炮眼采取注水降温措施、炮眼温度不得超过 45 ℃。

清除可燃物的灭火方法具有一定的危险性，要组织好力量，制定严格的安全措施，力求在最短的时间内一气呵成，不可干干停停。特别是在新投产的矿井或采区，如果是煤柱、煤壁内发生的第一次火灾，为了杜绝后患，应将该方法作为灭火的首选。

(2) 用水灭火

水是最有效、最经济、最广泛的灭火材料。水的灭火作用主要表现在以下几个方面：

① 热容量大。1 L 水转化成水蒸气时，能吸收 2 256.7 kJ 的热量，所以用水灭火吸热能力强，冷却作用大。

② 1 L 水全部汽化时可生成 1.7 $m^3$ 水蒸气，大量水蒸气具有冲淡空气中的氧浓度而包围、隔离火源，对火源起窒息作用。

③ 水枪射流具有强有力的压灭火焰的机械作用。

④ 浸透火源邻近燃烧物，能够阻止燃烧范围的扩大。

为了及时把水送到井下发火地点，应在各主要生产巷道中铺设供水管路，消防水管供水量不小于 400 L/min，水压 0.15～0.98 MPa，最好保持 0.6 MPa。消防水管沿程每隔一定距离安装消防三通支管与阀门。地面应有不小于 200 $m^3$ 水量的供水水源。

在井筒与主要运输巷道，尤其是带式输送机巷内安设水幕，当发生火灾时立即启动，能很快地限制火灾的蔓延与扩展。需要注意的是，用水淹没采区或矿井的方法，只能在万不得已时使用。

用水灭火应注意的问题：

① 要有足够的水量。水量不足不仅难以灭火，而且有可能贻误战机，造成火势发展。

② 用水灭火时，工作人员要站在上风侧工作。水流由火源的边缘逐渐地推向中心，以免产生过量的水蒸气伤人。

③ 必须保持一个畅通的排烟通道，以防高温的水蒸气和烟流返回伤人。

④ 不能用水扑灭带电的电气设备火灾，不宜扑灭油料火灾。

(3) 灌浆灭火

灌浆的材料可以是黄土、粉碎的风化页岩或矸石、电厂尘灰、河沙、石灰等。灭火方法根据矿井与火区的具体情况不同而定。如果在采深不大的矿井，火源距地面较浅时，而且地表又有黄土源，则可以从地表打钻把泥浆直接送入火区；如果矿井采深较大，火源距地面深，最好建立地面固定的灌浆站和通往井下的输浆管系统，在井下向火区打钻灌浆、埋管灌浆或密集短钻孔灌浆。

无论采用哪种灌浆灭火都要注意，对采空区内的火源要实行自上而下的浇灌，俗称"劈头浇"。因为只有这样方可最大限度地发挥灌浆效果，即降温、覆盖使火源熄灭。实现"劈头浇"的条件：一是摸清火源的确切位置；二是钻孔终点位置一定要落在火源的上方。

火源发生在煤壁裂隙内时，采取打钻(孔深 3～10 m)压注泥浆、石灰乳、阻化剂灭火降温方法也是可行的。

(4) 泡沫灭火

灭火泡沫有空气机械泡沫与化学泡沫两大类。前者是从军工系统引进的一项灭火新技术；后者是广泛应用于地面灭火的得力手段。空气机械泡沫就是用机械方法(风机)将空气鼓入含有泡沫的水溶液而产生泡沫。泡沫发生的倍数在 500～1 000 之间，由于它比化学反应产生的泡沫倍数(10～20)高得多，故又称高倍数空气机械泡沫。

泡沫灭火的机理是实质上增大了用水灭火的有效性，大量的泡沫送往火源地点起着覆盖燃烧物、隔绝空气的作用。与火源接触的泡沫破裂，水分蒸发吸热，产生大量水蒸气，具有降温、稀释氧浓度、抑制燃烧、熄灭火源的作用。另外，大量泡沫包围火源阻止热的传导，减弱了因对流与辐射引起的火势扩展与蔓延。

泡沫灭火在我国煤矿灭火中已经多次得到成功应用，其优点是灭火速度快、效果好、恢复生产容易，但是运用泡沫灭火也有失败的教训，关键是使用的条件应恰当。

## 十四、风筒移接

(1) 风筒移接工主要负责煤矿井下通风中风筒的维护、管理，及时回收不能用或者损坏的风筒，修补破损的风筒，保证井下风流按预定路线和流量流动，保障井下各作业地点用风。

(2) 风筒末端到工作面的距离和自动切换的交叉风筒接头的规

格、安设标准应符合作业规程规定。使用抗静电、阻燃风筒，实行编号管理。确保风筒接头严密，无破口（末端 20 m 除外），无反接头；软质风筒接头反压边，硬质风筒接头加垫并用螺钉紧固。

(3) 风筒吊挂平、直、稳，软质风筒逢环必挂，硬质风筒每节至少吊挂 2 处；风筒不被摩擦、挤压。风筒拐弯处用弯头或者骨架风筒缓慢拐弯，不拐死弯；异径风筒接头采用过渡节，无花接。

(4) 修补风筒时，黏补风筒的胶浆应按要求配制。根据破口大小裁剪补丁，补丁以圆形为好；补丁压边应大于破口尺寸 20 mm；为防止补丁补后翘边，补丁边应裁成斜面；补丁和破口应刷净至露出胶质风筒本色，晾干后方可涂上胶浆进行黏合，补丁黏合后应用木手锤砸实，使其黏合严密，保证不漏风；黏好的风筒应再涂上滑石粉。对 100 mm 以上的大破口，必须先用线缝合后再进行黏补。

# 安全技术基础知识二　本岗位安全责任制

## 学习目标

1. 掌握通风设施工岗位安全责任制。
2. 掌握风筒移接作业岗位安全责任制。
3. 掌握防尘作业岗位安全责任制。
4. 掌握煤层注水作业岗位安全责任制。
5. 掌握测风作业岗位安全责任制。
6. 掌握测尘作业岗位安全责任制。
7. 掌握制氮与注氮作业岗位安全责任制。
8. 掌握制浆与注浆作业岗位安全责任制。

## 安全技术基础知识相关知识

### 一、通风设施工岗位安全责任制

(1) 按要求准备齐全施工工具以及有关支护材料。

(2) 检查支护材料是否符合作业规程规定,水泥、黄沙、碎石是否符合规定。检查模板、碹胎的规格、质量是否符合作业规程规定,严禁使用不符合规定的模板、碹胎。砌筑钢筋混凝土碹时,还应检查钢筋排列、数量、直径、规格等是否符合设计要求。

(3) 检查施工所需的风、水、电情况。

(4) 掩护好风筒及风、水、电等管线设施,机电设备要安设在安全地点。

(5) 施工前应先检查施工段支架和顶帮的安全情况,发现隐患必须及时处理。

(6) 严格按照作业规程要求施工。

(7) 工作结束后,必须将施工中所剩余的材料、工具存放在指定地点,并分类、分层堆码整齐。

(8) 进行质量验收,对不合格的地方必须进行处理。

(9) 清理好现场,做到施工区域内文明生产。

## 二、风筒移接作业岗位安全责任制

(1) 认真执行队(矿)各项管理制度,做到个人不“三违”,身边无“三违”,保证安全生产。

(2) 负责井下局部通风机和风筒的拆、移、装工作,并保质保量完成各项任务。

(3) 风筒的安装、使用必须符合通风安全生产标准化的有关要求,并实行编号管理,专人负责。

(4) 严格按照规定进行风筒管理,保证分管范围内的局部通风安全生产标准化达标,认真搞好风机和风筒的移交工作。

(5) 升井的设备必须及时移交、清点入库,防止丢失、损坏。

(6) 服从领导安排,遵章守纪,不违章作业,积极参加矿组织的各项活动。

## 三、防尘作业岗位安全责任制

(1) 测尘员必须严格按照粉尘测定的有关要求,进行粉尘的测定工作。

(2) 粉尘测定的数据必须准确、真实地反映采掘工作面现场的实际粉尘浓度；发现粉尘浓度超过规定时，必须向矿总工程师进行汇报，采取措施进行处理。

(3) 每月制订下月测尘计划，每月对各产尘点至少测定两次，呼吸性粉尘测定一次，填写测尘记录台账。测尘员负责每半年粉尘分散度和游离二氧化硅的取样送检工作，及时将化验结果上报。

(4) 负责对采掘工作面的综合防尘设施进行监督检查。

(5) 对井下产尘浓度严重超标的地点要及时向有关领导汇报。

**四、煤层注水作业岗位安全责任制**

(1) 入井前穿戴好劳动保护用品，带齐注水及维护工具，在井下和上一班注水工认真做好交接班工作，对注水孔进行检查。

(2) 在打注水孔前必须认真检查工作面的支护情况、煤层情况及注水管、阀门、封孔器的安全情况，保证注水工作的安全顺利进行。

(3) 煤层注水钻孔位置、角度、孔径、孔深、孔距、封孔及注水压力、流速、流量等必须符合设计和作业规程的要求，以确保注水效果。

(4) 注水过程中，认真观察煤层注水情况，及时与泵站联系协调，确保注水质量。

(5) 熟悉现用钻机、注水泵及与其配套的各种仪器仪表、封孔器具等的结构、性能和维护方法，并能熟练地操作。

(6) 煤层注水工作应坚持执行“大压力、小流量、多循环”的注水工艺。

**五、测风作业岗位安全责任制**

(1) 在通风队长和通风队技术人员的领导下，搞好矿井测风工作，定期测定矿井风量、风压、漏风量，协助通风队技术人员做好通风技术管理工作。

(2) 按规定进行测风，填写测风日志，掌握矿井通风系统、通风设施、风量、温度和甲烷变化情况，对有效测点的合理性和有效风量的真实性负责。

(3) 负责收集矿井瓦斯等级鉴定资料，按规定进行风量测定、分析，并及时掌握其变化情况，保证矿井有效风量达到规定要求。

(4) 负责风量、通风系统调整等工作，对受影响地区进行全面检查，配合区领导搞好通风设施的标准化检查验收。

（5）协助技术员绘制、修改和报送通风系统图及有关图纸。管理好有关图纸、牌板，按要求做好技术资料的观测、收集、整理和分析工作。

（6）必须熟悉矿井通风系统，遵守《煤矿安全规程》，对各种报表、图纸、数据要准确填写，及时审批，按要求日期进行上报。

（7）接到技术部门下达的巷道贯通地点的通知联系单后，在贯通前要绘出贯通系统图及调改风后设施的建筑位置，合理调整风量，保证安全生产。

（8）每10天进行一次矿井全面测风，对主通风机和局部通风机的出风量，按规定要求时间进行测风；对主要巷道的风量每10天进行一次测风，并填写测风记录。

（9）按规定和要求做好反风演习工作，切实搞好瓦斯鉴定工作。

## 六、测尘作业岗位安全责任制

（1）严格执行《煤矿安全规程》规定，及时汇报工作情况。

（2）负责井下各井巷、采掘工作面、硐室和其他有人的工作场所产尘点空气中的粉尘浓度、粉尘分散度、游离二氧化硅含量及落尘的测定、采样、分析化验工作，并认真做好原始记录。

（3）负责编制测尘报表，分析整理测尘资料和管理防尘图、牌板。

（4）熟悉现用测尘仪表的原理、构造和维护方法，会正确使用。

（5）熟悉矿井防尘系统，发现不符合《煤矿安全规程》规定、设施标准和实际需要的问题，及时提出改进意见，向主管领导汇报，以确保粉尘防治工作有效、正常开展。

（6）掌握《煤矿安全规程》对粉尘浓度的规定和井下各处防尘设施的使用和管理状况、降尘效果，发现问题，及时提出改进意见。

（7）及时完成各级领导交办的其他工作。

## 七、制氮与注氮作业岗位安全责任制

（1）严格遵守各项劳动纪律，按章作业。

（2）熟练掌握本工种操作规程，负责操作注氮机和空压机。

（3）熟悉各种指示灯的作用，能熟练操作各种操作阀门和操作按钮。

（4）注氮前必须对注氮系统及管路做认真检查；发现问题及时解决并向领导汇报。

（5）严格按《煤矿安全规程》要求进行注氮。注氮时，必须经常观测仪表是否正常，倾听空压机运转声音是否正常；发现异常，应立即停机检查。

（6）认真做好注氮记录，包括注氮时间、注氮压力、注氮量等。

（7）在工作期间必须严守工作岗位，不得擅自离岗，并做好现场交接班。

（8）严禁脱岗、睡岗，出现异常情况时应及时停止注氮机运转，确保注氮安全。

（9）按规定每运行半小时填写一次运转记录。

（10）搞好文明生产，保持注氮机及作业场所的清洁卫生。

**八、制浆与注浆作业岗位安全责任制**

（1）熟悉注浆站的环境，了解设备构造、性能及操作程序，出现问题能够及时处理。

（2）严格遵守注浆操作工艺流程，在注浆过程中观察微机控制系统及设备的运转情况，确保正常运行。

（3）准确按照《煤矿安全规程》规定的挡位泵量操作设备。

（4）保持润滑部位不缺油，合理使用油脂，保持泵的清洁卫生。

（5）注浆期间，不准脱岗，严禁注浆泵无人看管。

（6）经常测试注浆泵安全阀是否灵敏、可靠。

（7）注浆过程中发现泵有异常声音、上水量小、水箱内变冷或溢水、漏水等情况时要及时检查处理。

（8）每次注浆结束前，对泵头部位要全部拆卸、清理，涂油装好，待泵上水正常后方可停泵。

（9）认真填写钻孔注浆数据。

（10）做好注浆设备日常维护工作，保持设备状况良好。

（11）严格执行交接班制度。

# 安全技术基础知识三　本岗位风险及控制

## 学习目标

掌握通防作业岗位风险及控制。

## 安全技术基础知识相关知识

### 一、作业环境存在的风险及控制

(1) 存在风险

① 作业区域内瓦斯积聚、超限;顶帮、底板等施工环境差。

② 作业使用的工器具或设备不完好。

③ 作业范围内有其他作业人员。

④ 作业范围内有其他设备、设施。

(2) 管控措施

① 在进行各类通防作业前,首先对作业区域内的瓦斯、顶帮、底板进行全面排查,确保作业环境瓦斯不超限,顶板、帮部完好,无掉顶、片帮危险,底板无影响作业的物件。

② 对作业所使用的工器具、设备进行全面检查,确保工器具完好可靠,设备运转正常。

③ 排查作业范围内的其他作业人员,尽量避免同一地点同时作业;如确实需同时作业的,要设置警示牌,提醒其他作业人员,作业期间要做好配合,避免相互影响。

④ 对作业范围内的其他设备、设施进行全面排查,检查其他设备、设施对自身作业是否产生影响并提前采取管控措施。

### 二、操作人员作业行为存在的风险及控制

(1) 存在风险

① 不按要求进行作业前检查。

② 不按施工措施作业。

③ 不按要求进行施工收尾。

(2) 管控措施

① 作业前,对作业环境、工器具、设备等严格进行检查。

② 作业前,提前编制详细完善的安全技术措施并传达到每名作业人员,严格按照安全技术措施组织施工,严禁违章作业,确保作业全过程安全。

③ 施工结束,对作业区域进行严格检查,消除此次作业所造成的各类安全问题。

# 安全技术基础知识四 本岗位事故隐患排查治理方法

## 学习目标

1. 掌握通风设施工事故隐患排查及治理。
2. 掌握风筒移节作业事故隐患排查及治理。
3. 掌握防尘作业事故隐患排查及治理。
4. 掌握煤层注水作业事故隐患排查及治理。
5. 掌握测风作业事故隐患排查及治理。
6. 掌握测尘作业事故隐患排查及治理。
7. 掌握制氮与注氮作业事故隐患排查及治理。
8. 掌握制浆与注浆作业事故隐患排查及治理。

## 安全技术基础知识相关知识

### 一、通风设施工事故隐患排查及治理

1. 存在隐患

(1) 未持证上岗。

(2) 劳保用品穿戴不齐全。

(3) 施工地点通风不好,瓦斯、二氧化碳等有害气体浓度超过《煤

矿安全规程》的规定。

(4) 施工人员随身携带的小型材料和工具未拿稳,利刃工具未装入套,材料未捆扎牢固。

(5) 密闭周边有漏风现象,风水管路、电缆、轨道等导电材料在密闭墙前 2 m 处未断开。

(6) 在有电缆、管路处施工时,未妥善保护好电缆、管路。

(7) 风门的墙体厚度(最上部)小于 800 mm,墙体前后裙边宽度小于 100 mm、厚度小于 5 mm。

(8) 调节风窗洞、溜子洞、风筒洞等防逆风装置不齐全、不灵活、不可靠。

(9) 密闭观察孔、措施孔、反水池未按标准要求留设。

(10) 密闭墙距巷道口大于 2 m 处未设置栅栏。

2. 隐患治理

(1) 持证上岗。

(2) 劳保用品穿戴齐全。

(3) 施工地点必须通风良好,瓦斯、二氧化碳等有害气体浓度不超过《煤矿安全规程》的规定。

(4) 施工人员随身携带的小型材料和工具要拿稳,利刃工具要装入套,材料要捆扎牢固,防止触碰到其他物品。

(5) 密闭周边无漏风,风水管路、电缆、轨道等导电材料在密闭墙前 2 m 处断开。

(6) 在有电缆、管路处施工时,要妥善保护好电缆、管路,防止碰坏。

(7) 风门的墙体厚度(最上部)不得小于 800 mm,墙体前后应抹有宽度不小于 100 mm、厚度不小于 5 mm 的裙边。

(8) 调节风窗洞、溜子洞、风筒洞等防逆风装置齐全、灵活、可靠。

(9) 密闭观察孔、措施孔、反水池按标准要求留设。

(10) 密闭墙距巷道口大于 2 m 的,应设置栅栏;栅栏上要吊挂禁止入内牌板。

## 二、风筒移节作业事故隐患排查及治理

1. 存在隐患

(1) 劳保用品穿戴不齐全。

(2) 风筒的吊挂未做到逢环必挂，未靠近巷道一帮，高度不符合《煤矿安全规程》要求，未做到平、直、稳、紧。

(3) 风筒的接头不严密漏风，胶质风筒未采用双向反压边接头。铁质风筒与胶质风筒，胶质风筒与局部通风机连接处都未加软质衬垫，未用铁丝箍紧。

(4) 同一巷道中风筒的直径不一致，异径风筒未使用过度节连接。

(5) 未经常检查在用风筒的质量。

(6) 风筒末端距工作面的距离，不符合《煤矿安全规程》的规定。

(7) 风筒拐弯处未缓慢拐弯。

(8) 风筒未做到"五不让"。

2. 隐患治理

(1) 劳保用品穿戴齐全。

(2) 风筒的吊挂要逢环必挂，尽量靠近巷道一帮，高度符合《煤矿安全规程》要求，做到平、直、稳、紧，避免风筒被刮破、挤扁、爆破崩破。

(3) 风筒的接头要严密不漏风，胶质风筒采用双向反压边接头。铁质风筒与胶质风筒，胶质风筒与局部通风机连接处都要加软质衬垫，并用铁丝箍紧，确保牢固可靠、不漏风。

(4) 同一巷道中风筒的直径要保持一致，异径风筒必须使用过度节连接，且要先大后小，不准花接。

(5) 经常检查在用风筒的质量，发现有破口、漏风，要及时修补。

(6) 风筒末端距工作面的距离，必须在作业规程中明确规定。原则上，低瓦斯工作面煤巷、半煤岩巷不大于10 m，岩巷不大于15 m；石门揭煤工作面或高瓦斯区域工作面煤巷、半煤岩巷不大于5 m，岩巷不大于10 m。

(7) 风筒拐弯处要缓慢拐弯，不得拐死弯。

(8) 风筒要做到"五不让"，即不让风筒落后工作面的距离超过作业规程的规定，不让风筒脱节破裂，不让别人改变风筒的位置和方向，

不让风筒堵塞不通,不让风筒浸在水中。

**三、防尘作业事故隐患排查及治理**

1. 存在隐患

(1) 劳保用品穿戴不齐全。

(2) 防尘管路、设备不完好,配套设施不齐全。

(3) 作业地点粉尘浓度超标,巷道内有粉尘堆积。

(4) 采掘工作面粉尘浓度监测探头吊挂地点不符合规定。

(5) 未按规定周期对巷道进行冲洗,无冲尘台账记录。

(6) 冲尘期间,抱喷头人员未穿戴绝缘靴及绝缘手套。

2. 隐患治理

(1) 劳保用品穿戴齐全。

(2) 防尘管路、设备完好,配套设施齐全。

(3) 作业地点粉尘浓度不超标,巷道内无粉尘堆积。

(4) 采掘工作面粉尘浓度监测探头吊挂地点应符合规定。

(5) 按规定周期对巷道进行冲洗,并做好冲尘台账记录。

(6) 冲尘期间,抱喷头人员必须穿戴绝缘靴及绝缘手套。

**四、煤层注水作业事故隐患排查及治理**

1. 存在隐患

(1) 劳保用品穿戴不齐全。

(2) 注水工具及维护工具未携带齐全。

(3) 打注水孔前未认真检查工作面的支护情况、煤层情况及注水管、阀门、封孔器的安全情况。

(4) 煤层注水钻孔位置、角度、孔径、孔深、孔距、封孔及注水压力、流速、流量等未按照设计和作业规程的要求执行。

(5) 注水过程中,未观察周围环境。

2. 隐患治理

(1) 劳保用品穿戴齐全。

(2) 注水工具及维护工具携带齐全,并确保完好。

(3) 打注水孔前必须认真检查工作面的支护情况、煤层情况及注水管、阀门、封孔器的安全情况,保证注水工作的安全顺利进行。

（4）煤层注水的钻孔位置、角度、孔径、孔深、孔距、封孔及注水压力、流速、流量等必须按照设计和作业规程的要求执行。

（5）注水过程中，注意观察周围环境，发现隐患及时处理。

## 五、测风作业事故隐患排查及治理

1. 存在隐患

（1）仪器仪表携带不齐全、不完好。

（2）未对矿井风量进行全面测定，巷道贯通、通风系统调整时未及时进行风量测定。

（3）测风地点选择不正确。

（4）测风方法选择不正确，未按操作规程要求进行操作。

（5）每一测风地点的测量次数低于 3 次，未取平均值。

（6）测风时，风表距人体及巷道顶、帮、底部的距离小于 200 mm。

（7）测风后，未及时测定瓦斯和二氧化碳浓度、温度等，所测结果未及时填入测风手册和测风牌板。

（8）测风手册和测风牌板数据内容填写不正确，测风牌板吊挂不规范。

（9）测风时，未注意测风地点过往车辆及行人。

2. 隐患治理

（1）仪器仪表携带齐全、完好。

（2）定期对矿井风量进行全面测定，当巷道贯通、通风系统调整时必须及时进行风量测定。

（3）正确选择测风地点。

（4）正确选择测风方法并按操作规程要求进行操作。

（5）每一测风地点的测量次数应不低于 3 次，然后取平均值；3 次测量的误差彼此不超过 5%。

（6）测风时，风表距人体及巷道顶、帮、底部的距离不小于 200 mm。

（7）测风后，应及时测定瓦斯和二氧化碳浓度、温度等，所测结果应及时填入测风手册和测风牌板。

（8）测风手册和测风牌板数据内容填写正确，测风牌板吊挂规范。

（9）测风时，注意测风地点的过往车辆及行人。

## 六、测尘作业事故隐患排查及治理

1. 存在隐患

(1) 未检查测尘仪器，仪器外表不清洁、附件不齐全、电键或旋转按钮不灵敏、不可靠。

(2) 未根据测尘地点和采样数量准备好仪表、工具及其附件。

(3) 未带全仪器、仪表、工具和记录本等；仪器未随身携带。

(4) 未观察采样地点、顶板、运输等情况。

(5) 测点的选择和布置不符合规定要求。

(6) 每个测尘地点连续测定的数据少于3个，未取其平均值。

(7) 采样地点未设在回风侧，仪器的采样口未迎向风流。

(8) 采样高度不符合1.5 m左右要求。

2. 隐患治理

(1) 检查测尘仪器，做到外表清洁、附件齐全、电键或旋转按钮灵敏、可靠。

(2) 根据测尘地点和采样数量准备好仪表、工具及其附件。

(3) 带全仪器、仪表、工具和记录本等；仪器必须随身携带，严禁碰撞挤压。

(4) 观察采样地点、顶板、运输等情况，以保证工作中的自身安全。

(5) 测点的选择和布置符合规定要求。

(6) 每个测尘地点连续测定的数据不少于3个，并取其平均值。

(7) 采样地点设在回风侧；仪器的采样口必须迎向风流。

(8) 采样高度以不妨碍工人操作为前提，一般为1.5 m左右。

## 七、制氮与注氮作业事故隐患排查及治理

1. 存在隐患

(1) 劳动防护用品穿戴不齐全。

(2) 操作阀门和操作按钮不灵活、不可靠。

(3) 注氮系统及管路不完好。

(4) 观测仪表不正常，空压机运转声音不正常。

(5) 注氮记录数据内容填写不正确。

(6) 未按规定每运行半小时填写一次运转记录。

2. 隐患治理

(1) 劳动防护用品穿戴齐全。

(2) 操作阀门和操作按钮灵活、可靠。

(3) 注氮系统及管路完好。

(4) 观测仪表正常，空压机运转声音正常。

(5) 做好注氮记录，数据内容填写正确。

(6) 按规定每运行半小时填写一次运转记录。

**八、制浆与注浆作业事故隐患排查及治理**

1. 存在隐患

(1) 劳动防护用品穿戴不齐全。

(2) 注浆站的顶板不完好，温度、有害气体浓度超标。

(3) 润滑部位缺油，注浆泵不清洁。

(4) 测试注浆泵安全阀不灵敏、不可靠。

(5) 注浆结束前，未对泵头部位进行全部拆卸、清理，涂油装好。

(6) 未填写钻孔注浆数据。

2. 隐患治理

(1) 劳动防护用品穿戴齐全。

(2) 注浆站的顶板完好，温度、有害气体浓度不超标。

(3) 润滑部位不缺油，注浆泵清洁卫生。

(4) 测试注浆泵安全阀，确保灵敏、可靠。

(5) 注浆结束前，对泵头部位要全部拆卸、清理，涂油装好。

(6) 填写钻孔注浆数据。

# 安全技术基础知识五
# 《煤矿安全规程》及安全生产标准化的相关规定

## 学习目标

1. 熟悉《煤矿安全规程》相关规定。

2. 熟悉安全生产标准化的相关要求。

# 安全技术基础知识相关知识

## 一、《煤矿安全规程》中的相关规定

### （一）通风、瓦斯和煤尘爆炸防治

（1）井下空气成分必须符合下列要求：采掘工作面的进风流中，氧气浓度不低于20%，二氧化碳浓度不超过0.5%。② 有害气体的浓度不超过表2-1的规定。

**表 2-1　井下有害气体浓度限值**

| 名　称 | 最高允许浓度/% |
|---|---|
| 一氧化碳 $CO$ | 0.002 4 |
| 氧化氮（换算成 $NO_2$） | 0.000 25 |
| 二氧化硫 $SO_2$ | 0.000 5 |
| 硫化氢 $H_2S$ | 0.000 66 |
| 氨 $NH_3$ | 0.004 |

甲烷、二氧化碳和氢气的允许浓度按《煤矿安全规程》的有关规定执行。矿井中所有气体的浓度均按体积的百分比计算。

（2）井巷中的风流速度应当符合表2-2的要求。

**表 2-2　井巷中的风流速度限值**

| 井 巷 名 称 | 允许风速/(m/s) | |
|---|---|---|
| | 最低 | 最高 |
| 无提升设备的风井和风硐 | | 15 |
| 专为升降物料的井筒 | | 12 |
| 风桥 | | 10 |
| 升降人员和物料的井筒 | | 8 |

表 2-2(续)

| 井巷名称 | 允许风速/(m/s) | |
|---|---|---|
| | 最低 | 最高 |
| 主要进、回风巷 | | 8 |
| 架线电机车巷道 | 1.0 | 8 |
| 输送机巷,采区进、回风巷 | 0.25 | 6 |
| 采煤工作面、掘进中的煤巷和半煤岩巷 | 0.25 | 4 |
| 掘进中的岩巷 | 0.15 | 4 |
| 其他通风人行巷道 | 0.15 | |

(3) 进风井口以下的空气温度(干球温度)必须在 2 ℃以上。

(4) 矿井需要的风量应当按下列要求分别计算,并选取其中的最大值:

① 按井下同时工作的最多人数计算,每人每分钟供给风量不得少于 4 $m^3$。

② 按采掘工作面、硐室及其他地点实际需要风量的总和进行计算。各地点的实际需要风量,必须使该地点的风流中的甲烷、二氧化碳和其他有害气体的浓度,风速、温度及每人供风量符合《煤矿安全规程》相关关规定。使用煤矿用防爆型柴油动力装置机车运输的矿井,行驶车辆巷道的供风量还应当按同时运行的最多车辆数增加巷道配风量,配风量不小于 4 $m^3$/(min·kW)。按实际需要计算风量时,应当避免备用风量过大或过小。煤矿企业应当根据具体条件制定风量计算方法,至少每 5 年修订 1 次。

(5) 矿井每年安排采掘作业计划时必须核定矿井生产和通风能力,必须按实际供风量核定矿井产量,严禁超通风能力生产。

(6) 矿井必须建立测风制度,每 10 天至少进行 1 次全面测风。对采掘工作面和其他用风地点,应当根据实际需要随时测风,每次测风结果应当记录并写在测风地点的记录牌上。应当根据测风结果采取措施，进行风量调节。

(7) 矿井必须有足够数量的通风安全检测仪表。仪表必须由具备相应资质的检验单位进行检验。

(8) 矿井必须有完整的独立通风系统。改变全矿井通风系统时，必须编制通风设计及安全措施，由企业技术负责人审批。

(9) 贯通巷道必须遵守下列规定：

① 巷道贯通前应当制定贯通专项措施。综合机械化掘进巷道在相距 50 m 前，其他巷道在相距 20 m 前，必须停止一个工作面作业，做好调整通风系统的准备工作。停掘的工作面必须保持正常通风，设置栅栏及警标，每班必须检查风筒的完好状况和工作面及其回风流中的瓦斯浓度；瓦斯浓度超限时，必须立即处理。掘进的工作面每次爆破前，必须派专人和瓦斯检查工共同到停掘的工作面检查工作面及其回风流中的瓦斯浓度；瓦斯浓度超限时，必须先停止在掘工作面的工作，然后处理瓦斯，只有在 2 个工作面及其回风流中的甲烷浓度都在1.0%以下时，掘进的工作面方可爆破；每次爆破前，2 个工作面入口必须有专人警戒。

② 巷道贯通时，必须由专人在现场统一指挥。

③ 巷道贯通后，必须停止采区内的一切工作，立即调整通风系统；风流稳定后，方可恢复工作。

(10) 进、回风井之间和主要进、回风巷之间的每条联络巷中，必须砌筑永久性风墙；需要使用的联络巷，必须安设 2 道联锁的正向风门和 2 道反向风门。

(11) 箕斗提升井或装有带式输送机的井筒兼作风井使用时，应遵守下列规定：

① 生产矿井现有箕斗提升井兼作回风井时，井上下装、卸载装置和井塔(架)必须有防尘和封闭措施，其漏风率不得超过 15%。装有带式输送机的井筒兼作回风井时，井筒中的风速不得超过 6 m/s，且必须装设甲烷断电仪。

② 箕斗提升井或装有带式输送机的井筒兼作进风井时，箕斗提升井筒中的风速不得超过 6 m/s，装有带式输送机的井筒中的风速不得

超过 4 m/s,并有防尘措施。装有带式输送机的井筒中必须装设自动报警灭火装置、敷设消防管路。

(12) 进风井口必须布置在粉尘、有害和高温气体不能侵入的地方。已布置在粉尘、有害和高温气体能侵入的地点的,应当制定安全措施。

(13) 新建高瓦斯矿井、突出矿井、煤层容易自燃矿井及有热害的矿井应当采用分区式通风或者对角式通风;初期采用中央并列式通风的只能布置一个采区生产。

(14) 矿井开拓新水平和准备新采区的回风,必须引入总回风巷中或主要回风巷中。在未构成通风系统前,可将此回风引入生产水平的进风中;但在有瓦斯喷出或者有突出危险的矿井中,开拓新水平和准备新采区时,必须先在无瓦斯喷出或者无突出危险的煤(岩)层中掘进巷道并构成通风系统,为构成通风系统的掘进巷道的回风,可以引入生产水平的进风中。上述 2 种回风流中的甲烷和二氧化碳浓度都不得超过 0.5%,其他有害气体浓度必须符合《煤矿安全规程》第一百三十五条的规定,并制定安全措施,报企业技术负责人审批。

(15) 生产水平和采(盘)区必须实行分区通风;采区进、回风巷必须贯穿整个采区,严禁一段为进风巷、一段为回风巷。

(16) 采、掘工作面应当实行独立通风,严禁 2 个采煤工作面之间串联通风。同一采区内 1 个采煤工作面与其相连接的 1 个掘进工作面、相邻的 2 个掘进工作面,布置独立通风有困难时,在制定措施后,可采用串联通风,但串联通风的次数不得超过 1 次。采区内为构成新区段通风系统的掘进巷道或者采煤工作面遇地质构造而重新掘进的巷道,布置独立通风有困难时,其回风可以串入采煤工作面,但必须制定安全措施,且串联通风的次数不得超过 1 次。构成独立通风系统后,必须立即改为独立通风。对于规定的串联通风,必须在进入被串联工作面的巷道中装设甲烷传感器,且甲烷和二氧化碳浓度都不得超过 0.5%,其他有害气体浓度都应当符合《煤矿安全规程》第一百三十五条的要求。开采有瓦斯喷出、有突出危险的煤层或在距离突出煤层垂距小于 10 m 的区域掘进施工时,严禁任何 2 个工作面之间串联通风。

(17) 井下所有煤仓和溜煤眼都应当保持一定的存煤,不得放空;有涌水的煤仓和溜煤眼,可以放空,但放空后放煤口闸板必须关闭,并设置引水管。溜煤眼不得兼作风眼使用。

(18) 煤层倾角大于12°的采煤工作面采用下行通风时,应当报矿总工程师批准,并遵守下列规定:

① 采煤工作面风速不得低于1 m/s。

② 在进、回风巷中必须设置消防供水管路。

③ 有突出危险的采煤工作面严禁采用下行通风。

(19) 采煤工作面必须采用矿井全风压通风,禁止采用局部通风机稀释瓦斯。

(20) 采空区必须及时封闭。必须随采煤工作面的推进逐个封闭通至采空区的连通巷道。采区开采结束后45天内,必须在所有与已采区相连通的巷道中设置密闭墙,全部封闭采区。

(21) 控制风流的风门、风桥、风墙、风窗等设施必须可靠。

(22) 新井投产前必须进行1次矿井通风阻力测定,以后每3年至少测定1次。生产矿井转入新水平生产、改变一翼或者全矿井通风系统后,必须重新进行矿井通风阻力测定。

(23) 矿井通风系统图必须标明风流方向、风量和通风设施的安装地点。必须按季绘制通风系统图,并按月补充修改。多煤层同时开采的矿井,必须绘制分层通风系统图。应当绘制矿井通风系统立体示意图和矿井通风网络图。

(24) 每季度应当至少检查1次反风设施,每年应当进行1次反风演习。矿井通风系统有较大变化时,应进行1次反风演习。

(25) 矿井开拓或者准备采区时,在设计中必须根据该处全风压供风量和瓦斯涌出量编制通风设计。掘进巷道的通风方式、局部通风机和风筒的安装和使用等应当在作业规程中明确规定。

(26) 掘进巷道必须采用矿井全风压通风或者局部通风机通风。

(27) 煤巷、半煤岩巷和有瓦斯涌出的岩巷掘进采用局部通风机通风时,应采用压入式,不得采用抽出式(压气、水力引射器不受此限)。如果采用混合式,必须制定安全措施。瓦斯喷出区域和突出煤层采用局部通风机通风时，必须采用压入式。

（28）安装和使用局部通风机和风筒时，应遵守下列规定：

① 局部通风机由指定人员负责管理。

② 压入式局部通风机和启动装置安装在进风巷道中，距掘进巷道回风口不得小于10 m；全风压供给该处的风量必须大于局部通风机的吸入风量，局部通风机安装地点到回风口间的巷道中的最低风速必须符合《煤矿安全规程》第一百三十六条的要求。

③ 高瓦斯、突出矿井的煤巷、半煤岩巷和有瓦斯涌出的岩巷掘进工作面正常工作的局部通风机必须配备安装同等能力的备用局部通风机，并能自动切换。正常工作的局部通风机必须采用“三专”（专用开关、专用电缆、专用变压器）供电，专用变压器最多可向4个不同掘进工作面的局部通风机供电。备用局部通风机电源必须取自同时带电的另一电源，当正常工作的局部通风机故障时，备用局部通风机能自动启动，保持掘进工作面正常通风。

④ 其他掘进工作面和通风地点正常工作的局部通风机可不配备备用局部通风机，但正常工作的局部通风机必须采用“三专”供电，或者正常工作的局部通风机配备安装一台同等能力的备用局部通风机，并能自动切换。正常工作的局部通风机和备用局部通风机的电源必须取自同时带电的不同母线段的独立电源，保证正常工作的局部通风机发生故障时，备用局部通风机能投入正常工作。

⑤ 采用抗静电、阻燃风筒。风筒口到掘进工作面的距离、正常工作的局部通风机和备用局部通风机自动切换的交叉风筒接头的规格和安设标准，应当在作业规程中明确规定。

⑥ 正常工作和备用局部通风机均失电停止运转后，在电源恢复时，正常工作的局部通风机和备用局部通风机均不得自行启动，必须人工开启局部通风机。

⑦ 使用局部通风机供风的地点必须实行风电闭锁和甲烷电闭锁，保证当正常工作的局部通风机停止运转或者停风后能切断停风区内全部非本质安全型电气设备的电源。正常工作的局部通风机发生故障，切换到备用局部通风机工作时，该局部通风机的通风范围内应停止工

作，排除故障；待故障被排除，恢复到正常工作的局部通风后方可恢复工作。使用2台局部通风机同时供风的，2台局部通风机都必须同时实现风电闭锁和甲烷电闭锁。

⑧ 每15天至少进行一次风电闭锁和甲烷电闭锁试验；每天应进行一次正常工作的局部通风机与备用局部通风机自动切换试验，试验期间不得影响局部通风，试验记录要存档备查。

⑨ 严禁使用3台及以上局部通风机同时向1个掘进工作面供风。不得使用1台局部通风机同时向2个及以上作业的掘进工作面供风。

(29) 使用局部通风机通风的掘进工作面，不得停风。因检修、停电、故障等原因停风时，必须将人员全部撤至全风压进风流处，切断电源，设置栅栏、警示标志，禁止人员入内。

(30) 井下爆炸物品库必须有独立的通风系统，回风风流必须直接引入矿井的总回风巷或者主要回风巷中。新建矿井采用对角式通风系统时，投产初期可利用采区岩石上山或者用不燃性材料支护和不燃性背板背严的煤层上山作爆炸物品库的回风巷。必须保证爆炸物品库每小时能有其总容积4倍的风量。

(31) 井下充电室必须有独立的通风系统，回风风流应当引入回风巷。井下充电室，在同一时间内，5 t及其以下的电机车充电电池的数量不超过3组、5 t以上的电机车充电电池的数量不超过1组时，可不采用独立通风，但必须在新鲜风流中。井下充电室风流中以及局部积聚处的氢气浓度，不得超过0.5%。

(32) 井下机电设备硐室必须设在进风风流中。采用扩散通风的硐室，其深度不得超过6 m、入口宽度不得小于1.5 m，并且无瓦斯涌出。井下个别机电设备设在回风流中的，必须安装甲烷传感器并实现甲烷电闭锁。

(33) 采区变电所及实现采区变电所功能的中央变电所必须有独立的通风系统。

### (二) 瓦斯防治

(1) 瓦斯矿井及矿井类别：

① 瓦斯矿井。一个矿井中只要有一个煤(岩)层发现瓦斯，该矿井

即为瓦斯矿井。

② 矿井瓦斯等级划分。瓦斯矿井必须依照矿井瓦斯等级进行管理。根据矿井相对瓦斯涌出量、矿井绝对瓦斯涌出量、工作面绝对瓦斯涌出量和瓦斯涌出形式，矿井瓦斯等级划分为低瓦斯矿井、高瓦斯矿井和突出矿井。

a. 同时满足下列条件的为低瓦斯矿井：矿井相对瓦斯涌出量不大于 10 $m^3/t$；矿井绝对瓦斯涌出量不大于 40 $m^3/min$；矿井任一掘进工作面绝对瓦斯涌出量不大于 3 $m^3/min$；矿井任一采煤工作面绝对瓦斯涌出量不大于 5 $m^3/min$。

b. 具备下列条件之一的为高瓦斯矿井：矿井相对瓦斯涌出量大于 10 $m^3/t$；矿井绝对瓦斯涌出量大于 40 $m^3/min$；矿井任一掘进工作面绝对瓦斯涌出量大于 3 $m^3/min$；矿井任一采煤工作面绝对瓦斯涌出量大于 5 $m^3/min$。

（2）每 2 年必须对低瓦斯矿井进行瓦斯等级和二氧化碳涌出量的鉴定工作，鉴定结果报省级煤炭行业管理部门和省级煤矿安全监察机构；上报时应包括开采煤层最短发火期和自燃倾向性、煤尘爆炸性的鉴定结果。高瓦斯、突出矿井不再进行周期性瓦斯等级鉴定工作，但应当每年测定和计算矿井、采区、工作面瓦斯和二氧化碳涌出量，并报省级煤炭行业管理部门、煤矿安全监管部门和煤矿安全监察机构。高瓦斯矿井应当测定可采煤层的瓦斯含量、瓦斯压力和抽采半径等参数。

（3）矿井总回风巷或者一翼回风巷中甲烷或者二氧化碳浓度超过 0.75%时，必须立即查明原因，进行处理。

（4）采区回风巷、采掘工作面回风巷风流中甲烷浓度超过 1.0%或二氧化碳浓度超过 1.5%时，必须停止工作，撤出人员，采取措施，进行处理。

（5）采掘工作面及其他作业地点风流中甲烷浓度达到 1.0%时，必须停止用电钻打眼；爆破地点附近 20 m 以内风流中甲烷浓度达到 1.0%时，严禁爆破。采掘工作面及其他作业地点风流中、电动机或者其开关安设地点附近 20 m 以内风流中的甲烷浓度达到 1.5%时，必须停止工作，切断电源，撤出人员，进行处理。

(6) 采掘工作面及其他巷道内，体积大于 0.5 $m^3$ 的空间内积聚的甲烷浓度达到 2.0%时，附近 20 m 内必须停止工作，撤出人员，切断电源，进行处理。对因甲烷浓度超过规定被切断电源的电气设备，必须在甲烷浓度降到 1.0%以下时，方可通电开动。

(7) 采掘工作面风流中二氧化碳浓度达到 1.5%时，必须停止工作，撤出人员，查明原因，制定措施，进行处理。

(8) 矿井必须从设计和采掘生产管理上采取措施，防止瓦斯积聚。当发生瓦斯积聚时，必须及时处理。当瓦斯超限达到断电浓度时，班组长、瓦斯检查工、矿调度员有权责令现场作业人员停止作业，停电撤人。矿井必须有因停电和检修主要通风机停止运转或通风系统遭到破坏以后恢复通风、排除瓦斯和送电的安全措施。恢复正常通风后，所有受到停风影响的地点，都必须经过通风、瓦斯检查人员检查，证实无危险后，方可恢复工作。所有安装电动机及其开关的地点附近 20 m 的巷道内，都必须检查瓦斯，只有甲烷浓度符合《煤矿安全规程》规定时，方可开启。临时停工的地点，不得停风；否则必须切断电源，设置栅栏、警标，禁止人员进入，并向矿调度室报告。停工区内甲烷或者二氧化碳浓度达到3.0%或者其他有害气体浓度超过《煤矿安全规程》第一百三十五条的规定不能立即处理时，必须在 24 h 内封闭完毕。恢复已封闭的停工区或者采掘工作接近这些地点时，必须事先排除其中积聚的瓦斯。排除瓦斯工作必须制定安全技术措施。严禁在停风或者瓦斯超限的区域内作业。

(9) 局部通风机因故停止运转，在恢复通风前，必须首先检查瓦斯，只有当停风区中甲烷最高浓度不超过 1.0%和二氧化碳最高浓度不超过 1.5%，且局部通风机及其开关附近 10 m 以内风流中的甲烷浓度都不超过 0.5%时，方可人工开启局部通风机，恢复正常通风。当停风区中甲烷浓度超过 1.0%或者二氧化碳浓度超过 1.5%，最高甲烷浓度和二氧化碳浓度不超过 3.0%时，必须采取安全措施，控制风流排放瓦斯。停风区中甲烷浓度或者二氧化碳浓度超过 3.0%时，必须制定安全排放瓦斯措施，报矿总工程师批准。在排放瓦斯过程中，排出的瓦斯与全风压风流混合处的甲烷和二氧化碳浓度均不得超过 1.5%，且混合风流经过的所有巷道内必须停电撤人,其他地点的停电撤人范围应在措施中明确规定。只有恢复通风的巷道风流中甲烷浓度不超过1.0%和二氧化碳浓度不超过1.5%时,方可人工恢复局部通风机供风巷道内电气设备的供电和采区回风系统内的供电。

(10) 井筒施工以及开拓新水平的井巷第一次接近各开采煤层时,必须按掘进工作面距煤层的准确位置,在距煤层垂距10 m以外开始打探煤钻孔,钻孔超前工作面的距离不得小于5 m,并有专职瓦斯检查工经常检查瓦斯。岩巷掘进遇到煤线或者接近地质破坏带时,必须有专职瓦斯检查工经常检查瓦斯,发现瓦斯大量增加或者其他异常时,必须停止掘进,撤出人员,进行处理。

(11) 有瓦斯或者二氧化碳喷出的煤(岩)层,开采前必须采取下列措施:

① 打前探钻孔或者抽排钻孔。

② 加大喷出危险区域的风量。

③ 将喷出的瓦斯或者二氧化碳直接引入回风巷或者抽采瓦斯管路。

(12) 在有油气爆炸危险的矿井中,应当使用能检测油气成分的仪器检查各个地点的油气浓度,并定期采样化验油气成分和浓度。对油气浓度的规定可按《煤矿安全规程》有关瓦斯的各项规定执行。

(13) 矿井必须建立甲烷、二氧化碳和其他有害气体检查制度,并遵守下列规定:

① 矿长、矿总工程师、爆破工、采掘区队长、通风区队长、工程技术人员、班长、流动电钳工等下井时,必须携带便携式甲烷检测报警仪。瓦斯检查工必须携带便携式光学甲烷检测仪和便携式甲烷检测报警仪。安全监测工必须携带便携式甲烷检测报警仪。

② 所有采掘工作面、硐室、使用中的机电设备的设置地点、有人员作业的地点都应纳入检查范围。

③ 采掘工作面的瓦斯浓度检查次数如下:低瓦斯矿井,每班至少2次;高瓦斯矿井,每班至少3次;突出煤层、有瓦斯喷出危险或者瓦斯涌出较大、变化异常的采掘工作面,必须有专人经常检查。

④ 采掘工作面二氧化碳浓度应当每班至少检查2次；有煤（岩）与二氧化碳突出危险或者二氧化碳涌出量较大、变化异常的采掘工作面，必须有专人经常检查二氧化碳浓度。对于未进行作业的采掘工作面，可能涌出或者积聚甲烷、二氧化碳的硐室和巷道，应当每班至少检查1次甲烷和二氧化碳浓度。

⑤ 瓦斯检查工必须执行瓦斯巡回检查制度和请示报告制度，并认真填写瓦斯检查班报。每次检查结果必须记入瓦斯检查班报手册和检查地点的记录牌上，并通知现场工作人员。甲烷浓度超过《煤矿安全规程》规定时，瓦斯检查工有权责令现场人员停止工作，并撤到安全地点。

⑥ 有自然发火危险的矿井，必须定期检查一氧化碳浓度、气体温度等变化情况。

⑦ 井下停风地点栅栏外风流中的甲烷浓度每天至少检查1次；密闭外的甲烷浓度每周至少检查1次。

⑧ 通风值班人员必须审阅瓦斯班报，掌握瓦斯变化情况，发现问题，及时处理，并向矿调度室汇报。通风瓦斯日报必须送矿长、矿总工程师审阅，一矿多井的矿必须同时送井长、井技术负责人审阅。对重大的通风、瓦斯问题，应制定措施，进行处理。

（14）突出矿井必须建立地面永久抽采瓦斯系统。有下列情况之一的矿井，必须建立地面永久抽采瓦斯系统或者井下临时抽采瓦斯系统。

① 任一采煤工作面的瓦斯涌出量大于5 $m^3$/min或者任一掘进工作面瓦斯涌出量大于3 $m^3$/min，用通风方法解决瓦斯不合理的。

② 矿井绝对瓦斯涌出量达到以下条件的：

a. 大于或者等于40 $m^3$/min的；

b. 年产量1.0～1.5 Mt的矿井，大于30 $m^3$/min的；

c. 年产量0.6～1.0 Mt的矿井，大于25 $m^3$/min的；

d. 年产量0.4～0.6 Mt的矿井，大于20 $m^3$/min的；

e. 年产量小于或者等于0.4 Mt的矿井，大于15 $m^3$/min的。

（15）抽采瓦斯设施应当符合下列要求：

① 地面泵房必须用不燃性材料建筑，并必须有防雷电装置，其距

进风井口和主要建筑物不得小于 50 m，并用栅栏或者围墙保护。

② 地面泵房和泵房周围 20 m 范围内，禁止堆积易燃物和有明火。

③ 抽采瓦斯泵及其附属设备，至少应当有 1 套备用；备用泵能力不得小于运行泵中最大一台单泵的能力。

④ 地面泵房内电气设备、照明和其他电气仪表都应采用矿用防爆型；否则必须采取安全措施。

⑤ 泵房必须有直通矿调度室的电话和检测管道瓦斯浓度、流量、压力等参数的仪表或自动监测系统。

⑥ 干式抽采瓦斯泵吸气侧管路系统中，必须装设有防回火、防回流和防爆炸作用的安全装置，并定期检查。抽采瓦斯泵站放空管的高度应当超过泵房房顶 3 m。泵房必须有专人值班，经常检测各参数，做好记录。当抽采瓦斯泵停止运转时，必须立即向矿调度室报告。如果利用瓦斯，在瓦斯泵停止运转后和恢复运转前，必须通知使用瓦斯的单位，取得同意后，方可供应瓦斯。

(16) 设置井下临时抽采瓦斯泵站时，必须遵守下列规定：

① 临时抽采瓦斯泵站应安设在抽采瓦斯地点附近的新鲜风流中。

② 抽出的瓦斯可引排到地面、总回风巷、一翼回风巷或分区回风巷，但必须保证稀释后风流中的瓦斯浓度不超限。在建有地面永久抽采系统的矿井，临时泵站抽出的瓦斯可送至永久抽采系统的管路，但矿井抽采系统的瓦斯浓度必须符合《煤矿安全规程》第一百八十四条的规定。

③ 抽出的瓦斯排入回风巷时，在排瓦斯管路出口必须设置栅栏、悬挂警戒牌等。栅栏设置的位置是上风侧距管路出口 5 m、下风侧距管路出口 30 m，两栅栏间禁止任何作业。

(17) 抽采瓦斯必须遵守下列规定：

① 抽采容易自燃和自燃煤层的采空区瓦斯时，抽采管路应当安设一氧化碳、甲烷、温度传感器，实现实时监测监控。发现有自然发火征兆时，应当立即采取措施。

② 井上下敷设的瓦斯管路，不得与带电物体接触并应当有防止砸坏管路的措施。

③ 采用干式抽采瓦斯设备时，抽采瓦斯浓度不得低于25%。

④ 利用瓦斯时，在利用瓦斯的系统中必须装设有防回火、防回流和防爆炸作用的安全装置。

⑤ 抽采的瓦斯浓度低于30%时，不得作为燃气直接燃烧。进行管道输送、瓦斯利用或排空时，必须按有关标准执行，并制定安全技术措施。

（三）瓦斯和煤尘爆炸防治

(1) 新建矿井或者生产矿井每延深一个新水平，应当进行1次煤尘爆炸性鉴定工作。鉴定结果必须报省级煤炭行业管理部门和煤矿安全监察机构。煤矿企业应当根据鉴定结果采取相应的安全措施。

(2) 开采有煤尘爆炸危险煤层的矿井，必须有预防和隔绝煤尘爆炸的措施。矿井的两翼相邻的采区、相邻的煤层、相邻的采煤工作面间，掘进煤巷同与其相连的巷道间，煤仓同与其相连的巷道间，采用独立通风并有煤尘爆炸危险的其他地点同与其相连的巷道间，必须用水棚或者岩粉棚隔开。必须及时清除巷道中的浮煤，清扫、冲洗沉积煤尘或者定期撒布岩粉，应当定期对主要大巷刷浆。

(3) 矿井应当每年制定综合防尘措施，预防和隔绝煤尘爆炸措施及管理制度，并组织实施。矿井应当每周至少检查1次隔爆设施的安装地点、数量、水量或者岩粉量及安装质量是否符合要求。

(4) 高瓦斯矿井、突出矿井和有煤尘爆炸危险的矿井，煤巷和半煤(岩)巷掘进工作面应当安设隔爆设施。

（四）煤（岩）与瓦斯（二氧化碳）突出防治

1. 一般规定

(1) 在矿井井田范围内发生过煤（岩）与瓦斯（二氧化碳）突出的煤（岩）层或者经鉴定、认定为有突出危险的煤（岩）层为突出煤（岩）层。在矿井的开拓、生产范围内有突出煤（岩）层的矿井为突出矿井。煤矿发生生产安全事故，经事故调查认定为突出事故的，发生事故的煤层直接认定为突出煤层，该矿井为突出矿井。有下列情况之一的煤层，应当立即进行煤层突出的危险性鉴定，否则直接认定为突出煤层；鉴定未完成前，应当按照突出煤层管理：① 有瓦斯动力现象的。② 瓦斯压力达到或者超过 0.74 MPa 的。③ 相邻矿井开采的同一煤层发生突出事故或者被鉴定、认定为突出煤层的。煤矿企业应当将突出矿井及突出煤层的鉴定结果报省级煤炭行业管理部门和煤矿安全监察机构。新建矿井应当对井田范围内采掘工程可能揭露的所有平均厚度在 0.3 m 以上的煤层进行突出危险性评估，评估结论作为矿井初步设计和建井期间井巷揭煤作业的依据。评估为有突出危险时，建井期间应当对开采煤层及其他可能对采掘活动造成威胁的煤层进行突出危险性鉴定或者认定。

(2) 新建突出矿井设计生产能力不得低于 0.9 Mt/a，第一生产水平开采深度不得超过 800 m。中型及以上的突出矿井延深水平开采深度不得超过1 200 m，小型的突出生产矿井开采深度不得超过 600 m。

(3) 突出矿井的防突工作必须坚持区域综合防突措施先行、局部综合防突措施补充的原则。区域综合防突措施包括区域突出危险性预测、区域防突措施、区域防突措施效果检验和区域验证等内容。局部综合防突措施包括工作面突出危险性预测、工作面防突措施、工作面防突措施效果检验和安全防护措施等内容。突出矿井的新采区和新水平进行开拓设计前，应当对开拓采区或者开拓水平内平均厚度在 0.3 m 以上的煤层进行突出危险性评估，评估结论作为开拓采区或者开拓水平设计的依据。对评估为无突出危险的煤层，所有井巷揭煤作业还必须采取区域或者局部综合防突措施；对评估为有突出危险的煤层，按突出煤层进行设计。突出煤层突出危险区必须采取区域防突措施，严禁在区域防突措施效果未达到要求的区域进行采掘作业。施工中发现有突出预兆或者发生突出的区域，必须采取区域综合防突措施。经区域验证有突出危险，则该区域必须采取区域或者局部综合防突措施。按突出煤层管理的煤层，必须采取区域或者局部综合防突措施。在突出煤层进行采掘作业期间必须采取安全防护措施。

(4) 突出矿井必须确定合理的采掘部署，使煤层的开采顺序、巷道布置、采煤方法、采掘接替等有利于区域防突措施的实施。突出矿井在编制生产发展规划和年度生产计划时，必须同时编制相应的区域防突措施规划和年度实施计划，将保护层开采、区域预抽煤层瓦斯等工程与矿井采掘部署、工程接替等统一安排，使矿井的开拓区、抽采区、保护层开采区和被保护层有效区按比例协调配置，确保采掘作业在区域防突措施有效区内进行。

(5) 有突出危险煤层的新建矿井及突出矿井的新水平、新采区的设计，必须有防突设计篇章。非突出矿井升级为突出矿井时，必须编制防突专项设计。

(6) 突出矿井的防突工作应当遵守下列规定：

① 配置满足防突工作需要的防突机构、专业防突队伍、检测分析仪器仪表和设备。

② 建立防突管理制度和各级岗位责任制，健全防突技术管理和培训制度。突出矿井的管理人员和井下作业人员必须接受防突知识培训，经培训合格后方可上岗作业。

③ 加强两个"四位一体"综合防突措施实施过程的安全管理和质量管控，实现质量可靠、过程可溯、数据可查。区域预测、区域预抽、区域效果检验等的钻孔施工应当采用视频监视等可追溯的措施，并建立核查分析制度。

④ 不具备按照要求实施区域防突措施条件，或者实施区域防突措施时不能满足安全生产要求的突出煤层、突出危险区，不得进行采掘活动，并划定禁采区。

⑤ 煤层瓦斯压力达到或者超过 3 MPa 的区域，必须采用地面钻井预抽煤层瓦斯，或者开采保护层的区域防突措施，或者采用井下顶(底)板巷道远程操控方式施工区域防突措施钻孔，并编制专项设计。

⑥ 井巷揭穿突出煤层必须编制防突专项设计，并报企业技术负责人审批。

⑦ 突出煤层采掘工作面必须编制防突专项设计。

⑧ 矿井必须对防突措施的技术参数和效果进行实际考察确定。

(7) 突出矿井的采掘布置应当遵守下列规定：

① 主要巷道应当布置在岩层或者无突出危险煤层内。突出煤层的巷道优先布置在被保护区域或者其他无突出危险区域内。

② 应当减少井巷揭开(穿)突出煤层的次数，揭开(穿)突出煤层的

地点应当合理避开地质构造带。

③ 在同一突出煤层的集中应力影响范围内，不得布置 2 个工作面相向回采或者掘进作业。

（8）突出煤层的采掘作业应当遵守下列规定：

① 严禁采用水力采煤法、倒台阶采煤法或者其他非正规采煤法。

② 容易自燃的突出煤层在无突出危险区或者采取区域防突措施有效的区域进行放顶煤开采时，煤层瓦斯含量不得大于 6 $m^3/t$。

③ 采用上山掘进时，上山坡度在 25°～45°的，应当制定包括加强支护、减小巷道空顶距等内容的专项措施，并经煤矿总工程师批准；当上山坡度大于 45°时，应当采用双上山掘进方式，并加强支护，减少空顶距和空顶时间。

④ 坡度大于 25°的上山掘进工作面采用爆破作业时，应当采用深度不大于 1.0 m 的炮眼远距离全断面一次爆破。

⑤ 预测或者认定为突出危险区的采掘工作面严禁使用风镐作业。

⑥ 掘进工作面与煤层巷道交叉贯通前，被贯通的煤层巷道必须超过贯通位置，其超前距不得小于 5 m，并且贯通点周围 10 m 内的巷道应当加强支护。在掘进工作面与被贯通巷道距离小于 50 m 的作业期间，被贯通巷道内不得安排作业，保持正常通风，并且在掘进工作面爆破时不得有人；在贯通相距 50 m 以前实施钻孔一次打透，只允许向一个方向掘进。

⑦ 在突出煤层的煤巷中安装、更换、维修或者回收支架时，必须采取预防煤体冒落引起突出的措施。

⑧ 突出矿井的所有采掘工作面使用安全等级不低于三级的煤矿许用含水炸药。

（9）有突出危险煤层的新建矿井或者突出矿井，开拓新水平的井巷第一次揭穿（开）厚度为 0.3 m 及以上煤层时，必须超前探测煤层厚度及地质构造、测定煤层瓦斯压力及瓦斯含量等与突出危险性相关的参数。

（10）在突出煤层顶、底板掘进岩巷时，必须超前探测煤层及地质构造情况，分析勘测验证地质资料，编制巷道剖面图，及时掌握施工动态和围岩变化情况，防止误穿突出煤层。

(11) 有突出矿井的煤矿企业应当填写突出卡片、分析突出资料、掌握突出规律、制定防突措施，在每年第一季度内，将上年度的突出资料报省级煤炭行业管理部门。

(12) 突出矿井必须编制并及时更新矿井瓦斯地质图，更新周期不得超过1年；图中应当标明采掘进度、被保护范围、煤层赋存条件、地质构造、突出点的位置、突出强度、瓦斯基本参数等，作为突出危险性区域预测和制定防突措施的依据。

(13) 突出煤层工作面的作业人员、瓦斯检查工、班组长应当掌握突出预兆。发现突出预兆时，必须立即停止作业，按避灾路线撤出，并报告矿调度室。班组长、瓦斯检查工、矿调度员有权责令相关现场作业人员停止作业，停电撤人。

(14) 煤与二氧化碳突出、岩石与二氧化碳突出、岩石与瓦斯突出的管理和防治措施参照规定执行。

2. 区域综合防突措施

(1) 突出矿井应当对突出煤层进行区域突出危险性预测(简称区域预测)。经区域预测后，突出煤层划分为无突出危险区和突出危险区。未进行区域预测的区域视为突出危险区。

(2) 具备开采保护层条件的突出危险区，必须开采保护层。选择保护层应当遵循下列原则：

① 优先选择无突出危险的煤层作为保护层。矿井中所有煤层都有突出危险时，应当选择突出危险程度较小的煤层作为保护层。

② 应当优先选择开采上保护层。选择下保护层开采时，不得破坏被保护层的开采条件。开采保护层后，在有效保护范围内的被保护层区域为无突出危险区；超出有效保护范围的区域仍然为突出危险区。

(3) 有效保护范围的划定及有关参数应当实际考察确定。正在开采的保护层采煤工作面，必须超前于被保护层的掘进工作面，其超前距离不得小于保护层与被保护层之间法向距离的3倍，并不得小于100 m。

(4) 对不具备保护层开采条件的突出厚煤层，在利用上分层或者上区段开采后形成的卸压作用保护下分层或者下区段时，应当依据实际考察结果来确定其有效保护范围。

(5) 开采保护层时，应当不留设煤(岩)柱。特殊情况需留煤(岩)柱时，必须将煤(岩)柱的位置和尺寸准确标注在采掘工程平面图和瓦斯地质图上；在瓦斯地质图上还应当标出煤(岩)柱的影响范围。在煤(岩)柱及其影响范围内采掘作业前，必须采取区域预抽煤层瓦斯防突措施。

(6) 开采保护层时，应当同时抽采被保护层和邻近层的瓦斯。开采近距离保护层时，必须采取防止误穿突出煤层和被保护层卸压瓦斯突然涌入保护层工作面的措施。

(7) 采取预抽煤层瓦斯区域防突措施时，应当遵守下列规定：

① 预抽区段煤层瓦斯区域防突措施的钻孔应当控制区段内整个回采区域、两侧回采巷道及其外侧如下范围内的煤层：倾斜、急倾斜煤层巷道上帮轮廓线外至少 20 m，下帮至少 10 m；其他煤层为巷道两侧轮廓线外至少各 15 m。以上所述的钻孔控制范围均为沿煤层层面方向(以下同)。

② 顺层钻孔或者穿层钻孔预抽回采区域煤层瓦斯区域防突措施的钻孔，应当控制整个回采区域的煤层。

③ 穿层钻孔预抽煤巷条带煤层瓦斯区域防突措施的钻孔，应当控制整条煤层巷道及其两侧一定范围内的煤层，该范围要求与①的规定相同。

④ 穿层钻孔预抽井巷(含石门、立井、斜井、平硐)揭煤区域煤层瓦斯区域防突措施的钻孔，应当在揭煤工作面距煤层最小法向距离 7 m 以前实施，并控制井巷及其外侧至少以下范围的煤层：揭煤处巷道轮廓线外 12 m(急倾斜煤层底部或者下帮 6 m)，且应当保证控制范围的外边缘到巷道轮廓线(包括预计前方揭煤段巷道的轮廓线)的最小距离不小于 5 m。当区域防突措施难以一次施工完成时可分段实施，但每一段都应当能够保证揭煤工作面到巷道前方至少 20 m 之间的煤层内，区域防突措施控制范围符合上述要求。

⑤ 顺层钻孔预抽煤巷条带煤层瓦斯区域防突措施的钻孔，应当控制的煤巷条带前方长度不小于 60 m，煤巷两侧控制范围要求与①的规定相同。钻孔预抽煤层瓦斯的有效抽采时间不得少于 20 天，如果在钻

孔施工过程中发现有喷孔、顶钻或者卡钻等动力现象的，有效抽采时间不得少于60天。

⑥ 定向长钻孔预抽煤巷条带煤层瓦斯区域防突措施的钻孔，应当采用定向钻进工艺施工，控制煤巷条带煤层前方长度不小于300 m和煤巷两侧轮廓线外一定范围，该范围要求与①的规定相同。

⑦ 厚煤层分层开采时，预抽钻孔应当控制开采分层及其上部法向距离至少20 m、下部10 m范围内的煤层。

⑧ 应当采取保证预抽瓦斯钻孔能够按设计参数控制整个预抽区域的措施。

⑨ 当煤巷掘进和采煤工作面在预抽防突效果有效的区域内作业时，工作面距前方未预抽或者预抽防突效果无效范围的边界不得小于20 m。

(8) 有下列条件之一的突出煤层，不得将在本巷道施工顺煤层钻孔预抽煤巷条带瓦斯作为区域防突措施。

① 新建矿井的突出煤层。

② 历史上发生过突出强度大于500 t/次的。

③ 开采范围内煤层坚固性系数小于0.3的；煤层坚固性系数为0.3～0.5，且埋深大于500 m的；煤层坚固性系数为0.5～0.8，且埋深大于600 m的；煤层埋深大于700 m的；煤巷条带位于开采应力集中区的。

(9) 保护层的开采厚度不大于0.5 m、上保护层与突出煤层间距大于50 m或者下保护层与突出煤层间距大于80 m时，必须对每个被保护层工作面的保护效果进行检验。采用预抽煤层瓦斯防突措施的区域，必须对区域防突措施效果进行检验。检验无效时，仍为突出危险区。检验有效时，无突出危险区的采掘工作面每推进10～50 m至少进行2次区域验证，并保留完整的工程设计、施工和效果检验的原始资料。

3. 局部综合防突措施

(1) 突出煤层采掘工作面经工作面预测后划分为突出危险工作面和无突出危险工作面。未进行突出预测的采掘工作面视为突出危险工作面。当预测为突出危险工作面时，必须实施工作面防突措施和工作面防突措施效果检验。只有经效果检验有效后，方可进行采掘作业。

（2）井巷揭煤工作面的防突措施包括预抽煤层瓦斯、排放钻孔、金属骨架、煤体固化、水力冲孔或者其他经试验证明有效的措施。

（3）井巷揭穿（开）突出煤层必须遵守下列规定：

① 在工作面距煤层法向距离 10 m（地质构造复杂、岩石破碎的区域 20 m）之外，至少施工 2 个前探钻孔，掌握煤层赋存条件、地质构造、瓦斯情况等。

② 从工作面距煤层法向距离大于 5 m 处开始，直至揭穿煤层全过程都应当采取局部综合防突措施。

③ 揭煤工作面距煤层法向距离 5 m 至进入顶（底）板 2 m 的范围，均应采用远距离爆破掘进工艺。

④ 厚度小于 0.3 m 的突出煤层，在满足①的条件下可直接采用远距离爆破掘进工艺揭穿。

⑤ 禁止使用震动爆破揭穿突出煤层。

（4）煤巷掘进工作面应当选用超前钻孔预抽瓦斯、超前钻孔排放瓦斯的防突措施或者其他经试验证实有效的防突措施。

（5）采煤工作面可以选用超前钻孔预抽瓦斯、超前钻孔排放瓦斯、注水湿润煤体、松动爆破或者其他经试验证实有效的措施。

（6）突出煤层的采掘工作面，应当根据煤层实际情况选用防突措施，并遵守下列规定：

① 不得选用水力冲孔措施；倾角在 8°以上的上山掘进工作面不得选用松动爆破、水力疏松措施。

② 突出煤层煤巷掘进工作面前方遇到落差超过煤层厚度的断层，应当按井巷揭煤的措施执行。

③ 采煤工作面采用超前钻孔预抽瓦斯和超前钻孔排放瓦斯作为工作面防突措施时，超前钻孔的孔数、孔底间距等应当根据钻孔的有效抽排半径确定。

④ 松动爆破时，应当按远距离爆破的要求执行。

（7）工作面执行防突措施后，必须对防突措施效果进行检验。如果工作面措施效果检验结果均小于指标临界值，且未发现其他异常情况，则措施有效；否则必须重新执行区域综合防突措施或局部综合防突措施。

(8) 在煤巷掘进工作面第一次执行局部防突措施或者无措施超前距时，必须采取小直径钻孔排放瓦斯等防突措施；只有在工作面前方，形成 5 m 以上的安全屏障后，方可进入正常防突措施循环。

(9) 井巷揭穿突出煤层和在突出煤层中进行采掘作业时，必须采取避难硐室、反向风门、压风自救装置、隔离式自救器、远距离爆破等安全防护措施。

(10) 在突出煤层的石门揭煤、煤巷和半煤(岩)巷掘进工作面进风侧，必须设置至少 2 道反向风门。爆破作业时，反向风门必须关闭。反向风门距工作面的距离，应根据掘进工作面的通风系统和预计的突出强度确定。

(11) 井巷揭煤采用远距离爆破时，必须明确起爆地点、避灾路线、警戒范围，制定停电、撤人等措施。井筒起爆及撤人地点必须位于地面距井口边缘 20 m 以外；暗立(斜)井及石门揭煤起爆及撤人地点必须位于反向风门外 500 m 以上全风压通风的新鲜风流中或 300 m 以外的避难硐室内。煤巷掘进工作面采用远距离爆破时，起爆地点必须设在进风侧反向风门之外的全风压通风的新鲜风流中或者避险设施内，起爆地点距工作面的距离必须在措施中明确规定。远距离爆破时，回风系统必须停电撤人。爆破后，进入工作面检查的时间应当在措施中明确规定，但不得小于 30 min。

(12) 突出煤层采掘工作面附近、爆破撤离人员集中地点、起爆地点必须设有直通矿调度室的电话，并设置有供给压缩空气的避险设施或者压风自救装置。工作面回风系统中有人作业的地点，也应当设置压风自救装置。

(13) 清理突出煤(岩)时，必须制定防煤尘、片帮、冒顶、瓦斯超限、出现火源，以及防止再次发生突出事故的安全措施。

(五) 防灭火

1. 一般规定

(1) 煤矿必须制定井上、下防火措施。煤矿的所有地面建(构)筑物、煤堆、矸石山、木料场等处的防火措施和制度，必须遵守《煤矿安全规程》《煤矿防灭火细则》的有关规定。

(2) 木料场、矸石山等堆放场距离进风井口不得小于 80 m。木料场距离矸石山不得小于 50 m。不得将矸石山设在进风井的主导风向上风侧、表土层 10 m 以浅有煤层的地面上和漏风采空区上方的塌陷范围内。

(3) 新建矿井的永久井架和井口房、以井口为中心的联合建筑，必须用不燃性材料建筑。对现有生产矿井用可燃性材料建筑的井架和井口房，必须制定防火措施。

(4) 矿井必须设地面消防水池和井下消防管路系统。井下消防管路系统应当敷设到采掘工作面，每隔 100 m 设置支管和阀门，但在带式输送机巷道中应当每隔 50 m 设置支管和阀门。地面的消防水池必须经常保持不少于 200 $m^3$ 的水量。消防用水同生产、生活用水共用同一水池时，应当有确保消防用水的措施。开采下部水平的矿井，除地面消防水池外，可以利用上部水平或者生产水平的水仓作为消防水池。

(5) 进风井口应当装设防火铁门，防火铁门必须严密并易于关闭，打开时不妨碍提升、运输和人员通行，并定期维修；如果不设防火铁门，必须有防止烟火进入矿井的安全措施。

(6) 井口房和通风机房附近 20 m 内，不得有烟火或者用火炉取暖。通风机房位于工业广场以外时，除开采有瓦斯喷出的矿井和突出矿井外，可用隔焰式火炉或防爆式电热器取暖。暖风道和压入式通风的风硐必须用不燃性材料砌筑，并至少装设 2 道防火门。

(7) 罐笼提升立井井口还应当采取下列措施：

① 井口操车系统基础下部的负层空间应当与井筒隔离，并设置消防设施。

② 操车系统液压管路应当采用金属管或者阻燃高压非金属管，传动介质使用难燃液，液压站不得安装在封闭空间内。

③ 井筒及负层空间的动力电缆、信号电缆和控制电缆应当采用煤矿用阻燃电缆，并与操车系统液压管路分开布置。

④ 操车系统机坑及井口负层空间内不得留存杂物和易燃物，应当

及时清理漏油，每天检查清理情况。

(8) 井筒与各水平的连接处及井底车场，主要绞车道与主要运输巷、回风巷的连接处，井下机电设备硐室，主要巷道内带式输送机机头前后两端各 20 m 范围内，都必须用不燃性材料支护。在井下和井口房，严禁采用可燃性材料搭设临时操作间、休息间。

(9) 井下严格实行明火管制，并符合下列规定：

① 严禁在采掘工作面进行电焊、气割等动火作业。

② 严禁携带烟草和点火物品，严禁穿化纤衣服入井。

③ 井下严禁使用灯泡取暖和使用电炉。

④ 井下爆破作业时，应当按照矿井瓦斯等级选用煤矿许用炸药和雷管，并严格按施工工艺进行爆破。

⑤ 井口和井下电气设备必须装设防雷击和防短路的保护装置。

(10) 井下和井口房内不得进行电焊、气焊和喷灯焊接等作业。如果必须在井下主要硐室、主要进风井巷和井口房内进行电焊、气焊和喷灯焊接等工作，每次必须制定安全措施，由矿长批准并遵守下列规定：

① 指定专人在场检查和监督。

② 电焊、气焊和喷灯焊接等工作地点的前后两端各 10 m 的井巷范围内，应当是不燃性材料支护，并有供水管路，有专人负责喷水，焊接前应当清理或者隔离焊渣飞溅区域内的可燃物。上述工作地点应当至少备有 2 个灭火器。

③ 在井口房、井筒和倾斜巷道内进行电焊、气焊和喷灯焊接等工作时，必须在工作地点的下方用不燃性材料设施接受火星。

④ 电焊、气焊和喷灯焊接等工作地点的风流中，甲烷浓度不得超过 0.5%，只有在检查证明作业地点附近 20 m 范围内巷道顶部和支护背板后无瓦斯积存时，方可进行作业。

⑤ 电焊、气焊和喷灯焊接等作业完毕后，作业地点应当再次用水喷洒，并有专人在作业地点检查 1 h，发现异常，立即处理。

⑥ 煤与瓦斯突出矿井井下进行电焊、气焊和喷灯焊接时，必须停止突出煤层的掘进、回采、钻孔、支护以及其他所有扰动突出煤层的作业。

⑦ 严禁不具备资质条件的电焊(气割)工入井动火作业。在井口和井筒内动火作业时,必须撤出井下所有作业人员。在主要进风巷动火作业时,必须撤出回风侧所有人员。

煤层中未采用砌碹或者喷浆封闭的主要硐室和主要进风大巷中,不得进行电焊、气焊和喷灯焊接等工作。

(11) 井下使用的汽油、煤油必须装入盖严的铁桶内,由专人押运送至使用地点,剩余的汽油、煤油必须运回地面,严禁在井下存放。井下使用的润滑油、棉纱、布头和纸等,必须存放在盖严的铁桶内。用过的棉纱、布头和纸,也必须放在盖严的铁桶内,并由专人定期送到地面处理,不得乱放乱扔。严禁将剩油、废油泼洒在井巷或硐室内。井下清洗风动工具时,必须在专用硐室进行,并必须使用不燃性和无毒性洗涤剂。

(12) 井上、下必须设置消防材料库,并符合下列要求:

① 井上消防材料库应当设在井口附近,但不得设在井口房内。

② 井下消防材料库应设在每一个生产水平的井底车场或者主要运输大巷中,并装备消防车。

③ 消防材料库储存的消防材料和工具的品种和数量应符合有关规定,并定期检查和更换;消防材料和工具不得挪作他用。

(13) 井下爆炸物品库、机电设备硐室、检修硐室、材料库、井底车场、使用带式输送机或液力偶合器的巷道以及采掘工作面附近的巷道中,必须备有灭火器材,其数量、规格和存放地点,应在灾害预防和处理计划中确定。井下工作人员必须熟悉灭火器材的使用方法,并熟悉本职工作区域内灭火器材的存放地点。井下爆炸物品库、机电设备硐室、检修硐室、材料库的支护和风门、风窗必须采用不燃性材料。

(14) 每季度应当对井上、下消防管路系统,防火门,消防材料库和消防器材的设置情况进行1次检查;发现问题,及时解决。

(15) 矿井防灭火使用的凝胶、阻化剂及进行充填、堵漏、加固用的高分子材料,应当对其安全性和环保性进行评估,并制定安全监测制度和防范措施。使用时,井巷空气成分必须符合《煤矿安全规程》第一百三十五条的要求。

2. 井下火灾防治

(1) 内因火灾是由于煤炭或者其他易燃物质自身氧化蓄热,发生燃烧而引起的火灾。煤的自燃倾向性分为容易自燃、自燃、不易自燃3类。

新建矿井或者改扩建矿井应当将平均厚度为0.3 m以上煤层的自燃倾向性鉴定结果报省级煤炭行业管理部门、煤矿安全监管部门和矿山安全监察机构。

生产矿井延深新水平时,必须对揭露的平均厚度为0.3 m以上煤层的自燃倾向性进行鉴定。

煤的自燃倾向性鉴定工作应当由具备鉴定能力的机构承担,承担单位对鉴定结果负责。

(2) 开采容易自燃和自燃煤层时,必须开展自然发火监测工作,建立自然发火监测系统,确定煤层自然发火标志气体及临界值,健全自然发火预测预报及管理制度。

(3) 对开采容易自燃和自燃的单一厚煤层或者煤层群的矿井,集中运输大巷和总回风巷应当布置在岩层内或者不易自燃的煤层内。布置在容易自燃和自燃的煤层内时,必须锚喷或者砌碹,碹后的空隙和冒落处必须用不燃性材料充填密实,或者用无腐蚀性、无毒性的材料进行处理。

(4) 开采容易自燃和自燃煤层时,采煤工作面必须采用后退式开采,并根据采取防火措施后的煤层自然发火期确定采(盘)区开采期限。在地质构造复杂、断层带、残留煤柱等区域开采时,应当根据矿井地质和开采技术条件,在作业规程中另行确定采(盘)区开采方式和开采期限。回采过程中不得任意留设设计外煤柱和顶煤。采煤工作面采到终采线时,必须采取措施使顶板冒落严实。

(5) 开采容易自燃和自燃的急倾斜煤层用垮落法管理顶板时,在主石门和采区运输石门上方,必须留有煤柱。禁止采掘留在主石门上方的煤柱。留在采区运输石门上方的煤柱,在采区结束后可以回收,但必须采取防止自然发火措施。

(6) 开采容易自燃和自燃煤层时,必须制定防治采空区(特别是工作面始采线、终采线、上下煤柱线和三角点)、巷道高冒区、煤柱破坏区自然发火的技术措施。当井下发现自然发火征兆时,必须停止作业,立即采取有效措施处理。在发火征兆不能得到有效控制时,必须撤出人员,封闭危险区域。进行封闭施工作业时,其他区域所有人员必须全部撤出。

(7) 采用灌浆防灭火时,应遵守下列规定:

① 采(盘)区设计应当明确规定巷道布置方式、隔离煤柱尺寸、灌浆系统、疏水系统、预筑防火墙的位置以及采掘顺序。

② 安排生产计划时,应当同时安排防火灌浆计划,落实灌浆地点、时间、进度、灌浆浓度和灌浆量。

③ 对采(盘)区始采线、终采线、上下煤柱线内的采空区,应当加强防火灌浆。

④ 应当有灌浆前疏水和灌浆后防止溃浆、透水的措施。

(8) 在灌浆区下部进行采掘前,必须查明灌浆区内的浆水积存情况。发现积存浆水,必须在采掘之前放出;在未放出前,严禁在灌浆区下部进行采掘作业。

(9) 采用阻化剂防灭火时,应遵守下列规定:

① 选用的阻化剂材料不得污染井下空气和危害人体健康。

② 必须在设计中对阻化剂的种类和数量以及阻化效果等主要参数作出明确规定。

③ 应当采取防止阻化剂腐蚀机械设备、支架等金属构件的措施。

(10) 采用凝胶防灭火时,编制的设计中应当明确规定凝胶的配方、促凝时间和压注量等参数。压注的凝胶必须充填满全部空间,其外表面应当喷浆封闭,并定期观测;发现老化、干裂时重新压注。

(11) 采用均压技术防灭火时,应当遵守下列规定:

① 有完整的区域风压和风阻资料以及完善的检测手段。

② 有专人定期观测与分析采空区和火区的漏风量、漏风方向、空气温度、防火墙内外空气压差等状况,并记录在专用的防火记录簿内。

③ 改变矿井通风方式、主要通风机工况以及井下通风系统时,对均压地点的均压状况必须及时进行调整,保证均压状态的稳定。

④ 经常检查均压区域内的巷道中的风流流动状态,并有防止瓦斯

积聚的安全措施。

(12) 采用氮气防灭火时,应当遵守下列规定:

① 氮气源稳定可靠。

② 注入的氮气浓度不小于97%。

③ 至少有1套专用的氮气输送管路系统及其附属安全设施。

④ 有能连续监测采空区气体成分变化的监测系统。

⑤ 有固定或者移动的温度观测站(点)和监测手段。

⑥ 有专人定期进行检测、分析和整理有关记录,发现问题及时报告处理等规章制度。

(13) 采用全部充填采煤法时,严禁采用可燃物作充填材料。

(14) 开采容易自燃和自燃煤层时,在采(盘)区开采设计中,必须预先选定构筑防火门的位置。当采煤工作面通风系统形成后,必须按设计构筑防火门墙,并储备足够数量的封闭防火门的材料。

(15) 矿井必须制定防止采空区自然发火的封闭及管理专项措施。采煤工作面回采结束后,必须在45天内进行永久性封闭,每周1次抽取封闭采空区气样进行分析,并建立台账。开采自燃和容易自燃煤层,应当及时构筑各类密闭并保证质量。与封闭采空区连通的各类废弃钻孔必须永久封闭。

(16) 发现井下火灾时,应当视火灾性质、灾区通风和瓦斯情况,立即采取一切可能的方法直接灭火,控制火势,并迅速报告矿调度室。矿调度室在接到井下火灾报告后,应立即按灾害预防和处理计划通知有关人员组织抢救灾区人员和实施灭火工作。矿值班调度和在现场的区、队、班组长应当依照灾害预防和处理计划的规定,将所有可能受火灾威胁区域中的人员撤离,并组织人员灭火。电气设备着火时,应当首先切断其电源;在切断电源前,必须使用不导电的灭火器材进行灭火。抢救人员和灭火过程中,必须指定专人检查甲烷、一氧化碳、煤尘、其他有害气体浓度和风向、风量的变化,并采取防止瓦斯、煤尘爆炸和人员中毒的安全措施。

(17) 封闭火区时,应当合理确定封闭范围,必须指定专人检查瓦斯、氧气、一氧化碳、煤尘以及其他有害气体浓度以及风向、风量的变化，并采取防止瓦斯、煤尘爆炸和人员中毒的安全措施。

3. 井下火区管理

（1）煤矿必须绘制火区位置关系图，注明所有火区和曾经发火的地点。每一处火区都要按形成的先后顺序进行编号，并建立火区管理卡片。火区位置关系图和火区管理卡片必须永久保存。

（2）永久性密闭墙的管理应当遵守下列规定：

① 每个密闭墙附近必须设置栅栏、警标，禁止人员入内，并悬挂说明牌。

② 定期测定和分析密闭墙内的气体成分和空气温度。

③ 定期检查密闭墙外的空气温度、瓦斯浓度，密闭墙内外空气压差以及密闭墙墙体。发现封闭不严、有其他缺陷或者火区有异常变化时，必须采取措施及时处理。

④ 所有测定和检查结果，必须记入防火记录簿。

⑤ 矿井做大幅度风量调整时，应当测定密闭墙内的气体成分和空气温度。

⑥ 井下所有永久性密闭墙都应编号，并在火区位置关系图中注明。密闭墙的质量标准由煤矿企业统一制定。

（3）封闭的火区，只有经取样化验证实火已熄灭后，方可启封或者注销。火区同时具备下列条件时，方可认为火已熄灭：

① 火区内的空气温度下降到 30 ℃以下，或者与火灾发生前该区的日常空气温度相同。

② 火区内空气中的氧气浓度降到 5.0％以下。

③ 火区内空气中不含有乙烯、乙炔，一氧化碳浓度在封闭期间内逐渐下降，并稳定在 0.001％以下。

④ 火区的出水温度低于 25 ℃，或者与火灾发生前该区的日常出水温度相同。

⑤ 上述 4 项指标持续稳定 1 个月以上。

（4）启封已熄灭的火区前，必须制定安全措施。启封火区时，应当逐段恢复通风，同时测定回风流中一氧化碳、甲烷浓度和风流温度。发现复燃征兆时，必须立即停止向火区送风，并重新封闭火区。启封火区和恢复火区初期通风等工作，必须由矿山救护队负责进行，火区回风风流所经过巷道中的人员必须全部撤出。在启封火区工作完毕后的3天内，每班必须由矿山救护队检查通风工作，并测定水温、空气温度和空气成分。只有在确认火区完全熄灭、通风良好后，方可进行生产工作。

（5）不得在火区的同一煤层的周围进行采掘工作。在同一煤层同一水平的火区两侧、煤层倾角小于35°的火区下部区段、火区下方邻近煤层进行采掘时，必须编制设计，并遵守下列规定：

① 必须留有足够宽（厚）度的隔离火区煤（岩）柱，回采时及回采后能有效隔离火区，不影响火区的灭火工作。

② 掘进巷道时，必须有防止误冒、误透火区的安全措施。煤层倾角在35°以上的火区下部区段严禁进行采掘工作。

## 二、煤矿安全生产标准化的相关要求

煤矿通风标准化评分表见表2-3。

**表2-3 煤矿通风标准化评分表**

| 项目 | 项目内容 | 基本要求 | 标准分值 | 评分方法 | 得分 |
|---|---|---|---|---|---|
| 一、通风系统（100分） | 系统管理 | （1）全矿井、一翼或者一个水平通风系统改变时，编制通风设计及安全措施，经企业技术负责人审批；巷道贯通前应当制定贯通专项措施，经矿总工程师审批；井下爆炸物品库、充电硐室、采区变电所、实现采区变电所功能的中央变电所有独立的通风系统 | 20 | 查现场和资料。改变通风系统（巷道贯通）无审批措施的扣10分；其他不符合要求1处扣5分 | |
| | | （2）井下没有违反《煤矿安全规程》规定的扩散通风、采空区通风和利用局部通风机通风的采煤工作面；对于允许布置的串联通风，制定安全措施，其中开拓新水平和准备新采区的开掘巷道的回风引入生产水平的进风中的安全措施，经企业技术负责人审批，其他串联通风的安全措施，经矿总工程师审批 | 20 | 查现场和资料。不符合要求1处扣10分；安全措施有缺陷或与《煤矿安全规程》不符1处扣2分 | |

表 2-3(续)

| 项目 | 项目内容 | 基本要求 | 标准分值 | 评分方法 | 得分 |
| --- | --- | --- | --- | --- | --- |
| 一、通风系统(100分) | 系统管理 | (3) 采区专用回风巷不用于运输、安设电气设备，突出区不行人；专用回风巷道维修时制定专项措施，经矿总工程师审批 | 5 | 查现场和资料。不符合要求 1 处扣 2 分 | |
| | | (4) 装有主要通风机的井口防爆门等反风设施每季度至少组织检查维修 1 次，有记录；制定年度全矿性反风技术方案，按规定审批，实施有总结报告，并达到反风效果 | 10 | 查现场和资料。未制定年度全矿性反风技术方案、少 1 台主要通风机的反风试验或者反风效果不符合要求1 项扣 5 分；其他不符合要求 1 处扣 2 分 | |
| | 风量配置 | (1) 新安装、技术改造及更换叶片的主要通风机投入使用前，进行 1 次通风机性能测定和试运转工作，投入使用后每 5 年至少进行 1 次性能测定；矿井通风阻力测定符合《煤矿安全规程》规定 | 10 | 查资料。通风机性能或者通风阻力未测定的不得分，其他不符合要求 1 处扣 1 分 | |
| | | (2) 矿井每年进行 1 次通风能力核定；井下测风站(点)布置齐全、合理，并有测风记录牌板，填写所需风量、现场实际风量等参数；每 10 天至少进行 1 次井下全面测风，井下各硐室和巷道的供风量满足计算所需风量 | 10 | 查现场和资料。未进行通风能力核定不得分，其他不符合要求 1 处扣 5 分 | |
| | | (3) 矿井有效风量率不低于 85%；矿井外部漏风率每年至少测定 1 次，外部漏风率在无提升设备时不得超过 5%，有提升设备时不得超过 15% | 10 | 查资料。未测定扣 5 分，有效风量率每低或外部漏风率每高 1 个百分点扣 1 分 | |

表 2-3(续)

| 项目 | 项目内容 | 基本要求 | 标准分值 | 评分方法 | 得分 |
| --- | --- | --- | --- | --- | --- |
| 一、通风系统(100分) | 风量配置 | (4) 采煤工作面进、回风巷实际断面不小于设计断面的 2/3;其他全风压通风巷道实际断面不小于设计断面的 4/5;矿井通风系统的阻力符合《煤矿井工开采通风技术条件》(AQ 1028—2006)规定;矿井内各地点风速符合《煤矿安全规程》规定 | 10 | 查现场和资料。巷道断面1处(长度按5 m计)不符或者阻力超规定扣2分;风速不符合要求1处扣5分 | |
| | | (5) 矿井主要通风机安设监测系统,能够实时准确监测风机运行状态、风量、风压等参数 | 5 | 查现场。未安监测系统的不得分,其他不符合要求1处扣1分 | |
| 二、局部通风(100分) | 装备措施资料台账 | (1) 采用局部通风机供风的掘进巷道应安设同等能力的备用局部通风机,实现自动切换。局部通风机的安装、使用符合《煤矿安全规程》规定,实行挂牌管理,由指定人员上岗签字并进行切换试验,有记录;不发生循环风;不出现无计划停风,有计划停风前制定专项通风安全技术措施 | 35 | 查现场和资料。1处发生循环风扣15分;无计划停风1次扣10分;其他不符合要求1处扣2分 | |
| | | (2) 局部通风机有消音装置,进气口有完整防护网和集流器,高压部位有衬垫,各部件连接完好,不漏风。局部通风机及其启动装置安设在进风巷道中,地点距回风口大于 10 m,且 10 m 范围内巷道支护完好,无淋水、积水、淤泥和杂物;局部通风机离巷道底板高度不小于 0.3 m | 15 | 查现场。局部通风机及其启动装置安设位置不当1处扣10分,其他不符合要求1处扣2分 | |
| | 风筒敷设 | (1) 风筒口到工作面的距离符合作业规程规定;自动切换的交叉风筒与使用的风筒筒径一致,交叉风筒不安设在巷道拐弯处且与2台局部通风机方位相一致,不漏风 | 10 | 查现场和资料。不符合要求1处扣5分 | |

表 2-3(续)

| 项目 | 项目内容 | 基本要求 | 标准分值 | 评分方法 | 得分 |
|---|---|---|---|---|---|
| 二、局部通风(100分) | 风筒敷设 | (2) 风筒实行编号管理。风筒接头严密,无破口(末端 20 m 除外),无反接头;软质风筒接头反压边,无丝绳或者卡箍捆扎,硬质风筒接头加垫、螺钉紧固 | 15 | 查现场。1 处不符合要求扣 0.5 分 | |
| | | (3) 风筒吊挂平、直、稳,软质风筒逢环必挂,硬质风筒每节至少吊挂 2 处;风筒不被摩擦、挤压 | 15 | 查现场。不符合要求 1 处扣 0.5 分 | |
| | | (4) 风筒拐弯处用弯头或者骨架风筒缓慢拐弯,不拐死弯;异径风筒接头采用过渡节,无花接 | 10 | 查现场。不符合要求 1 处扣 1 分 | |
| 三、通风设施(100分) | 设施管理 | (1) 有构筑通风设施(指永久密闭、风门、风窗和风桥)设计方案及安全措施,设施墙(桥)体采用不燃性材料构筑,其厚度不小于 0.5 m(防突风门、风窗墙体不小于 0.8 m),严密不漏风 | 15 | 查现场和资料。应建未建或者构筑不及时不得分;其他不符合要求1 处扣 10 分 | |
| | | (2) 密闭、风门、风窗墙体周边按规定掏槽,墙体与煤岩接实,四周有不少于 0.1 m的裙边,周边及围岩不漏风;墙面平整,无裂缝、重缝和空缝,并进行勾缝或者抹面或者喷浆,抹面的墙面 1 $m^2$ 内凸凹深度不大于 10 mm | 7 | 查现场。不符合要求 1 处扣 5 分 | |
| | | (3) 设施 5 m 范围内支护完好,无片帮、漏顶、杂物、积水和淤泥 | 4 | 查现场。1 处不符合要求不得分 | |
| | | (4) 设施统一编号,每道设施有规格统一的施工说明及检查维护记录牌,风门及采空区密闭每周、其他设施每月至少检查 1 次设施完好及使用情况,有设施检修记录及管理台账 | 4 | 查现场和资料。1 处不符合要求不得分 | |

表 2-3(续)

| 项目 | 项目内容 | 基本要求 | 标准分值 | 评分方法 | 得分 |
|---|---|---|---|---|---|
| 三、通风设施(100分) | 密闭 | (1) 密闭位置距全风压巷道口不大于5 m,设有规格统一的瓦斯检查牌板和警标,距巷道口大于2 m的设置栅栏;密闭前无瓦斯积聚。所有导电体在密闭处断开(在用管路采取绝缘措施处理的除外) | 10 | 查现场。不符合要求1处扣5分;不设置栅栏1处扣2分,栅栏设置不合格1处扣1分(最多扣2分) | |
| | | (2) 密闭内有水时设有反水池或者反水管,采空区密闭设有观测孔、措施孔,且孔口设置阀门或者带有水封结构 | 10 | 查现场。不符合要求1处扣5分 | |
| | 风门风窗 | (1) 每组风门不少于2道(含主要进、回风巷之间的联络巷设的反向风门),其间距不小于5 m[通车风门间距不小于1列(辆)车长度];通车风门设有发出声光信号的装置,且声光信号在风门两侧都能接收 | 10 | 查现场。不符合要求1处扣5分 | |
| | | (2) 风门能自动关闭并连锁,使2道风门不能同时打开;门框要有包边,沿口要有衬垫,四周接触严密,门扇平整不漏风;风窗有可调控装置,调节可靠 | 10 | 查现场。不符合要求1处扣5分 | |
| | | (3) 风门、风窗水沟处设有反水池或者挡风帘,轨道巷通车风门设有底槛,电缆、管路孔堵严,风筒穿过风门(风窗)墙体时,在墙上安装与胶质风筒直径匹配的硬质风筒 | 10 | 查现场。不符合要求1处扣5分 | |
| | 风桥 | (1) 风桥两端接口严密,四周为实帮、实底,用混凝土浇灌填实;桥面规整不漏风 | 10 | 查现场。不符合要求1处扣5分 | |
| | | (2) 风桥通风断面不小于原巷道断面的4/5,呈流线型,坡度小于30°;风桥上、下不安设风门、调节风窗等 | 10 | 查现场。不符合要求1处扣5分 | |

表 2-3(续)

| 项目 | 项目内容 | 基本要求 | 标准分值 | 评分方法 | 得分 |
|---|---|---|---|---|---|
| 四、瓦斯管理(100分) | 鉴定及措施 | (1) 按《煤矿安全规程》和《煤矿瓦斯等级鉴定办法》进行煤层瓦斯含量、瓦斯压力等参数测定和矿井瓦斯等级鉴(认)定及瓦斯涌出量测定 | 10 | 查资料。未鉴定或测定不得分 | |
| | | (2) 编制年度瓦斯治理技术方案及安全技术措施,并严格落实 | 15 | 查资料。未编制1项扣5分;其他不符合要求1处扣1分 | |
| | 瓦斯检查 | (1) 矿长、总工程师、爆破工、采掘区(队)长、通风区(队)长、工程技术人员、班长、流动电钳工安全监测工、瓦斯检查工等下井时,携带便携式甲烷检测报警仪并开机使用;瓦斯检查工下井时还应携带光学瓦斯检测仪 | 10 | 查现场或者资料。不符合要求1处扣2分 | |
| | | (2) 瓦斯检查地点、周期符合《煤矿安全规程》规定;瓦斯检查工在井下指定地点交接班,有记录 | 15 | 查现场或者资料。不符合要求1处扣5分 | |
| | | (3) 瓦斯检查做到井下记录牌、瓦斯检查手册、瓦斯检查班报(台账)相一致;通风瓦斯日报及时上报矿长、总工程师签字,并有记录 | 10 | 查现场和资料。不符合要求1处扣1分 | |
| | 现场管理 | (1) 采掘工作面及其他地点的瓦斯浓度符合《煤矿安全规程》规定;瓦斯超限立即停止工作,撤出人员,按规定切断电源;查明瓦斯超限原因,落实防治措施 | 15 | 查现场和资料。1年内瓦斯超限1次扣3分;其他不符合要求1处扣1分 | |

表 2-3(续)

| 项目 | 项目内容 | 基本要求 | 标准分值 | 评分方法 | 得分 |
|---|---|---|---|---|---|
| 四、瓦斯管理(100分) | 现场管理 | (2) 临时停风地点停止作业、切断电源、撤出人员、设置栅栏和警标;长期停风区在24 h内封闭完毕。停风区内甲烷或者二氧化碳浓度达到3.0%或者其他有害气体浓度超过《煤矿安全规程》规定不能立即处理时,在24 h内予以封闭,并切断通往封闭区的管路、轨道和电缆等导电物体 | 15 | 查现场和资料。未按规定执行1项扣10分 | |
| | | (3) 瓦斯排放按规定编制专项措施,经矿总工程师批准,并严格执行,且有记录;采煤工作面不使用局部通风机稀释瓦斯 | 10 | 查资料。无措施或者未执行不得分;其他不符合要求1处扣5分 | |
| 五、防灭火(100分) | 防治措施 | (1) 按《煤矿安全规程》规定进行煤层的自燃倾向性鉴定,制定矿井防灭火措施,建立防灭火系统,并严格执行 | 10 | 查现场和资料。未鉴定不得分,其他不符合要求1处扣5分 | |
| | | (2) 开采自燃、容易自燃煤层的采掘工作面作业规程有防止自然发火的技术措施,并严格执行 | 10 | 查现场和资料。不符合要求1处扣2分 | |
| | | (3) 井下易燃物存放符合规定,进行电焊、气焊和喷灯焊接等作业符合《煤矿安全规程》规定,每次焊接制定安全措施,经矿长批准,并严格执行 | 10 | 查现场和资料。不符合要求1处扣2分 | |
| | | (4) 每处火区建有火区管理卡片,绘制火区位置关系图;启封火区有计划和安全措施,并经企业技术负责人批准 | 10 | 查资料。不符合要求1处扣5分 | |

表 2-3(续)

| 项目 | 项目内容 | 基本要求 | 标准分值 | 评分方法 | 得分 |
|---|---|---|---|---|---|
| 五、防灭火(100分) | 设施设备 | (1) 按《煤矿安全规程》规定设置井上、下消防材料库，配足消防器材，且每季度至少检查1次 | 10 | 查现场和资料。缺消防材料库不得分，其他不符合要求1处扣1分 | |
| | | (2) 按《煤矿安全规程》规定井下爆炸物品库、机电设备硐室、检修硐室、材料库等地点的支护和风门、风窗采用不燃性材料，并配备有灭火器材，其种类、数量、规格及存放地点，均在灾害预防和处理计划中明确规定 | 10 | 查现场和资料。不符合要求1处扣2分 | |
| | | (3) 矿井设有地面消防水池和井下消防管路系统，每隔100 m(在带式输送机的巷道中每隔50 m)设置支管和阀门，并正常使用。地面消防水池保持不少于200 $m^3$的水量，每季度至少检查1次 | 10 | 查现场和资料。无消防水池或者水量不足不得分；缺支管、阀门，1处扣2分；其他不符合要求1处扣0.5分 | |
| | | (4) 开采容易自燃和自燃煤层，确定煤层自然发火标志气体及临界值，开展自然发火预测预报工作，建立监测系统；在矿井防止自然发火设计中明确选定自然发火观测站或者观测点，每周进行1次观测分析，发现异常，立即采取措施处理 | 15 | 查现场和资料。无监测系统不得分，1处预测预报不符合要求扣5分，其他不符合要求1处扣2分 | |

表 2-3(续)

| 项目 | 项目内容 | 基本要求 | 标准分值 | 评分方法 | 得分 |
| --- | --- | --- | --- | --- | --- |
| 五、防灭火(100分) | 控制指标 | 无一氧化碳超限作业,采空区密闭内及其他地点无超过 35 ℃的高温点(因地温和水温影响的除外) | 10 | 查现场和资料。有超限作业不得分;其他不符合要求1处扣2分 | |
| | 封闭时限 | 及时封闭与采空区连通的巷道及各类废弃钻孔;采煤工作面回采结束后 45 天内进行永久性封闭 | 5 | 查现场和资料。1处不符合要求扣2分 | |
| 六、粉尘防治(100分) | 鉴定及措施 | 按《煤矿安全规程》规定鉴定煤尘爆炸性;制定年度综合防尘、预防和隔绝煤尘爆炸措施,并组织实施 | 10 | 查现场和资料。未鉴定或者无措施不得分;其他不符合要求1处扣2分 | |
| | 设备设施 | (1) 按照《煤矿井下粉尘综合防治技术规范》(AQ 1020—2006)规定建立防尘供水系统;防尘管路吊挂平直,不漏水;管路三通阀门便于操作 | 15 | 查现场。未建立系统不得分,缺管路1处扣5分,其他不符合要求1处扣2分 | |
| | | (2) 运煤(矸)转载点设有喷雾装置,采掘工作面回风巷至少设置2道风流净化水幕,净化水幕和其他地点的喷雾装置符合《煤矿井下粉尘综合防治技术规范》(AQ 1020—2006)规定 | 15 | 查现场。缺装置1处扣5分;其他不符合要求1处扣1分 | |
| | | (3) 按《煤矿安全规程》要求安设隔爆设施,且每周至少检查1次,隔爆设施安装的地点、数量、水量或者岩粉量及安装质量符合《煤矿井下粉尘综合防治技术规范》(AQ 1020—2006)规定 | 10 | 查现场和资料。未设隔爆设施,1处扣5分;其他不符合要求1处扣2分 | |

表 2-3(续)

| 项目 | 项目内容 | 基本要求 | 标准分值 | 评分方法 | 得分 |
| --- | --- | --- | --- | --- | --- |
| 六、粉尘防治(100分) | 防除尘措施 | (4) 液压支架和放顶煤工作面的放煤口安设喷雾装置，降柱、移架或者放煤时同步喷雾，采煤机、掘进机内外喷雾压力符合《煤矿安全规程》要求；破碎机安装有防尘罩和喷雾装置或者除尘器 | 10 | 查现场。缺喷雾装置或者喷雾效果不好1处扣2分；其他不符合要求1处扣1分 | |
| | | (1) 采用湿式钻孔或者孔口除尘措施，爆破使用水炮泥，爆破前后冲洗煤壁巷帮；炮掘工作面安设有移动喷雾装置，爆破时开启使用 | 10 | 查现场。未用湿式钻孔或者无孔口除尘措施扣5分；其他不符合要求1处扣2分 | |
| | | (2) 喷射混凝土时，采用潮喷或者湿喷工艺，并装设除尘装置；在回风侧100 m范围内至少安设2道净化水幕 | 10 | 查现场。不符合要求1处扣5分 | |
| | | (3) 采煤工作面按《煤矿安全规程》规定采取煤层注水措施，注水设计符合《煤矿井下粉尘综合防治技术规范》(AQ 1020—2006)规定 | 10 | 查现场和资料。采煤工作面未注水1处扣5分；其他不符合要求1处扣2分 | |
| | | (4) 定期冲洗巷道积尘或者撒布岩粉。主要大巷、主要进回风巷每月至少冲洗1次，其他巷道冲洗周期或者撒布岩粉由矿总工程师确定。巷道中无连续长5 m、厚度超过2 mm的煤尘堆积 | 10 | 查现场和资料。煤尘堆积超限1处扣5分；其他不符合要求1处扣2分 | |

得分合计：

# 模块二　通防作业安全操作技能

## 安全操作技能一<br>本岗位“双述”知识

### 学习目标

1. 了解测风工岗位“双述”内容。
2. 了解冲尘工岗位“双述”内容。
3. 了解测尘工岗位“双述”内容。
4. 了解通风设施工岗位“双述”内容。
5. 了解局部通风工岗位“双述”内容。
6. 了解煤层注水工岗位“双述”内容。
7. 了解制氮与注氮工岗位“双述”内容。
8. 了解制浆与注浆工岗位“双述”内容。

### 安全操作技能相关知识

#### 一、测风工岗位“双述”内容

1. 岗位描述

我是通风队测风工×××，我的岗位职责是测定井下巷道及工作面的风量、风速、温度，检查通风设施的完好情况。

2. 手指口述

(1) 通风设施完好，确认完毕。

(2) 测风数据记录完毕，确认完毕。

（3）工作面风量正常，风速、温度符合规定，确认完毕。

（4）测风记录牌板已填写，确认完毕。

## 二、冲尘工岗位“双述”内容

1. 岗位描述

我是通风队冲尘工×××，我的岗位职责是负责井下主要进、回风大巷的冲尘和刷白工作。

2. 手指口述

（1）冲尘、刷白工具准备齐全，确认完毕。

（2）作业地点无安全隐患，确认完毕。

（3）劳动防护用品穿戴齐全，确认完毕。

（4）冲尘、刷白符合标准，无积尘，确认完毕。

（5）冲尘、刷白记录齐全，确认完毕。

## 三、测尘工岗位“双述”内容

1. 岗位描述

我是通风队测尘工×××，我的岗位职责是按照测尘标准，负责井下产尘点的粉尘测定工作，熟悉防尘系统，掌握粉尘产生情况，对井下采掘工作面、运输系统各转载点及其他扬尘地点等每半个月测定一次全尘及呼吸性粉尘，做好原始记录，并编制报表上报有关领导和部门，做到数字准确、可靠。

2. 手指口述

（1）仪器仪表完好，电量充足，确认完毕。

（2）测尘地点环境安全，确认完毕。

（3）测尘采样数据记录符合要求，确认完毕。

（4）测尘数据记录实验符合要求，确认完毕。

（5）粉尘测定结果报告表符合要求，确认完毕。

## 四、通风设施工岗位“双述”内容

1. 岗位描述

我是通风队通风设施工×××，我的岗位职责主要是负责井下通风设施的构筑及拆除工作，以及对井下通风设施的管理和维护。

2. 手指口述

(1) 工具材料准备齐全,确认完毕。

(2) 通风设施无隐患,确认完毕。

(3) 通风设施管理牌板数据内容填写齐全、无误,确认完毕。

(4) 通风设施前后文明卫生、清洁干净,确认完毕。

(5) 通风设施已全面管理和维护,符合安全生产标准化要求,确认完毕。

**五、局部通风工岗位“双述”内容**

1. 岗位描述

我是通风队局部通风工×××,我的岗位职责主要是负责井下局部通风地点风筒的延接和回收,及风筒的管理和维护。

2. 手指口述

(1) 工具材料准备齐全,确认完毕。

(2) 风筒吊挂平直、无破口、无折深,确认完毕。

(3) 风筒出风口到工作面的距离,不超过规定要求,确认完毕。

(4) 风筒编号牌吊挂齐全,确认完毕。

(5) 局部通风机管理牌板数据内容已填写,确认完毕。

**六、煤层注水工岗位“双述”内容**

1. 岗位描述

我是×队煤层注水工×××,我的岗位职责主要是负责熟练掌握煤层注水工艺,负责注水设备的日常维护,完成井下开采煤层的注水工作。

2. 手指口述

(1) 工具材料准备齐全,确认完毕。

(2) 封孔器已放好,连接完毕。

(3) 高压胶管、封孔器已连接好,连接完毕。

(4) 注水阀门已打开,操作完毕。

(5) 不漏水,检查完毕。

(6) 压力表、流量表一切正常,验收完毕。

(7) 注水×升,注水压力×MPa,注水孔×个,记录汇报完毕。

**七、制氮与注氮工岗位"双述"内容**

1. 岗位描述

我是×队制氮与注氮工×××，我的岗位职责主要是负责熟练掌握制氮与注氮工艺，负责制氮与注氮设备的日常维护，完成制氮及井下向火区、采空区注氮工作。

2. 手指口述

(1) 工具材料准备齐全，确认完毕。

(2) 制氮机组状况已检查，并满足要求。

(3) 工作场所巷道顶板完好，气体无异常。

(4) 制氮、注氮压力表、流量表一切正常，验收完毕。

(5) 制氮、注氮×升，压力×MPa，记录汇报完毕。

**八、制浆与注浆工岗位"双述"内容**

1. 岗位描述

我是×队制浆与注浆工×××，我的岗位职责主要是负责矿井围岩松散区、局部冒顶的注浆及巷道充填。

2. 手指口述

(1) 工具材料准备齐全，确认完毕。

(2) 制浆、注浆设备状况已检查，并满足要求。

(3) 工作场所巷道顶板完好。

(4) 制浆、注浆压力表、流量表一切正常，验收完毕。

(5) 制浆、注浆×升，压力×MPa，记录汇报完毕。

## 安全操作技能二　本岗位安全技术操作规程

### 学习目标

1. 掌握通风设施工岗位安全技术操作规程。
2. 掌握风筒移接作业岗位安全技术操作规程。
3. 掌握防尘作业岗位安全技术操作规程。
4. 掌握煤层注水作业岗位安全技术操作规程。

5. 掌握测风作业岗位安全技术操作规程。

6. 掌握测尘作业岗位安全技术操作规程。

7. 掌握制氮与注氮作业岗位安全技术操作规程。

8. 掌握制浆与注浆作业岗位安全技术操作规程。

9. 掌握局部通风工岗位安全技术操作规程。

## 安全操作技能相关知识

### 一、通风设施工岗位安全技术操作规程

（1）负责永久风门、临时风门、永久密闭、临时密闭、调节风窗、栅栏等井下通风设施的构筑、安设、维修、拆除等工作。

（2）根据构筑计划和生产安排，提前备齐材料。

（3）材料要靠巷帮码放整齐，并悬挂材料牌。码放的高度、宽度等不能影响通风、运输、行人。

（4）施工前检查施工地点的瓦斯、二氧化碳等有害气体的浓度。施工地点必须通风良好，瓦斯、二氧化碳等有害气体浓度不超过《煤矿安全规程》的规定。

（5）由外向里逐步检查施工地点前后 5 m 范围内的支架、顶板、巷帮的支护情况，发现问题及时汇报、处理，处理完毕后方可施工。

（6）施工期间其他安全注意事项：

① 通风设施的施工，必须按照规定和要求，在指定的位置施工。施工人员随时携带的小型材料和工具要拿稳，利刃工具要装入套，材料要捆扎牢固，防止触碰到其他物品。

② 构筑密闭（永久密闭和临时密闭）时，必须切断密闭位置处及其前方 2 m 范围内的导电材料，做到轨道、电缆、管线“三断开”。

③ 在有电缆、管路处施工时，要妥善保护好电缆、管路，防止碰坏。需要移动高压电缆时，要事先与责任单位取得联系。在运输巷道中施工风门时，要设专人观察车辆，做到安全施工。

④ 每个风门、密闭前 5 m 范围内支护要完好。密闭前要按规定打设栅栏，通车风门间距不少于一列车长度，行人风门间距不小于 5 m；风门必须能够自动关闭，两道风门之间要安设闭锁装置，确保不能同时

打开。

⑤ 在刮板输送机、带式输送机巷道中运料时要注意安全，不准用刮板输送机运送材料。

⑥ 密闭、风门等通风设施的位置应尽量选择在顶帮坚硬、支护完好、未遭破坏的煤岩巷道内，尽量避免设在动压区。若顶板破碎、片帮等，则在采取措施加固以后方可施工。

⑦ 掏槽只能用大锤、钎子、手镐、风镐施工，不准采用爆破法，要有专人监护。在高度超过 1.6 m 的地点施工时，必须佩戴保险带，并搭建可靠的操作平台或脚手架，保证安全牢靠。

⑧ 维修通风设施时，应至少 2 人一组，一人施工，一人看护。维修风门时，必须在风门两侧 3～5 m 范围内各设置一道警示标志，提醒人员小心通过。密闭维修时，首先要检查密闭周围的瓦斯、二氧化碳等有害气体浓度及氧气浓度是否符合规定，查看顶、帮是否完好，做好安全确认。维修人员必须站在密闭外的安全地点进行作业。若维修地点处于通风不畅或有害气体浓度较高的区域，则在作业地点 5 m 范围内悬挂便携式甲烷检测报警仪、便携式氧气测定仪等仪器。

⑨ 整体移动、拆除永久通风设施（包括永久密闭、永久风门）时，必须按照自上而下的顺序，拆除临时通风设施（包括临时密闭、临时风门）时，可按照自下而上的顺序进行，拆除密闭时必须使用专用工具（铜钎、铜锤），以上操作必须制定专项安全措施，经总工程师批准方可施工。

(7) 防突反向风门管理标准。

① 防突反向风门设置要求如下：

a. 突出矿井在突出煤层的石门揭煤和煤巷掘进工作面进风侧，必须设置至少 2 道牢固可靠的防突风门。风门之间的距离不得小于 4 m。反向风门距工作面的距离和反向风门的组数，应当根据掘进工作面的通风系统和预计的突出强度确定[参考《煤与瓦斯突出矿井反向风门设置技术条件》(MT 1066)]，但反向风门距工作面回风巷不得小于 10 m，与工作面的最近距离一般不得小于 70 m，如小于 70 m 时应设置至少 3 道反向风门。

b. 当需要设置第三道防突风门时，第三道风门可不设正向风门。

c. 突出煤层的石门揭煤和煤巷掘进工作面实行远距离爆破或无人时，反向风门必须关闭。

d. 根据《煤与瓦斯突出矿井反向风门设置技术条件》要求，防突风门不应设置调节风窗；如需要设置风窗，应增加防逆风隔断装置，不应跨带式输送机构筑防突风门。

② 防突风门的设计及施工标准如下：

a. 防突风门的构筑纳入采区、采掘工作面的设计之中。设计人员必须查阅矿井通风系统图、瓦斯地质图、突出危险区划分情况、采区范围的实测煤层最大瓦斯压力和煤层瓦斯含量、预计突出强度等基础资料，在采区、采掘工作面设计中明确防突风门的构筑位置、组数、构筑期限、防逆风隔断装置留设等内容。

b. 防突风门的设计（加工、安设位置、防逆风隔断装置、构筑标准）由矿井防突管理部门负责，由矿井通风队严格按照设计施工。

c. 通过防突风门墙体的风筒、水沟、刮板运输机中部槽通道、风窗等，必须设有防逆风隔断装置。远距离爆破时应人为将刮板输送机通道、水沟的防逆风挡板放下，爆破结束后恢复原状。

d. 通过风门墙体的风筒必须采用直径相近或直径配套的铁风筒，铁风筒的钢板厚度 3～5 mm。

e. 风门构筑地点前后 5 m 范围内的巷道应支护完好，无片帮、冒顶现象，无杂物、积水、淤泥。当巷道围岩破碎、压力较大，不能满足风门正常使用条件时，有必要采取围岩注浆、锚索梁联合加固或墙体与巷道连体加固等措施。

f. 防突风门的墙体厚度（最上部）不得小于 800 mm，根据现场巷道高度和墙面与垂线成 3°～5°的夹角计算墙体下部厚度。

g. 风门墙体可用砖（或料石）、水泥砂浆或混凝土砌筑。巷道周边的掏槽深度可根据岩石性质确定，且不得小于 0.2 m。在煤巷构筑防突风门时，风门墙体四周必须掏槽，掏槽深度见硬帮、硬底后再进入实体煤不小于 0.5 m；砌碹巷道必须破碹，接实帮、实顶。

h. 风门的门框采用不小于 120 mm×120 mm 的坚实木料加工。门框要包边沿口，有衬垫，四周与门扇接触严密。门框安设时要与墙体的倾角一致，在门扇自重下能自动关闭。

i. 风门的门扇规格（包含防突反向风门）可根据实际情况确定，门扇采用坚实木料加工，其厚度不小 50 mm；木板拼制时要压茬、接缝咬合，外层包制铁皮（正向风门、反向风门的向外侧，即朝向开启方向），保证门扇平整不漏风。门扇、门带（内、外侧门带）、门轴的尺寸见普通永久风门要求。反水池见永久密闭要求。

j. 通车风门必须设置底坎，底坎高出道面 30～50 mm，防突反向风门门扇底端距离轨面高度不大于 20 mm，门扇下部设挡风帘（可采用废旧皮带加工），门扇下底边必须低于底坎上平面 10 mm 以上，倾斜运输巷的通车风门前必须设置防撞装置。

k. 构筑风门时要预留足够的过线孔、过管孔，并封堵严密。其留设要求见普通风门管理标准。预留在墙体上不用的风水管，一律采用同管径堵头封闭，并上紧螺栓。不用的电缆过线孔用黄泥堵实。

l. 构筑墙体，要求墙面平整（1 $m^2$ 范围内凹凸不大于 10 mm），无裂缝（雷管脚线不能插入）、重逢和空缝，严密不漏风（手触无感觉、耳听无声音）。

m. 风门墙体前后要求抹有宽度不小于 100 mm 的裙边，厚度不小于 10 mm。墙体表面刷成红色，裙边涂成白色；在墙体表面应绘制白色的砖缝（300 mm×130 mm）图形，线条做到横平竖直。

n. 每组风门不少于两道，并安装风门闭锁装置（闭锁装置安在风门中间或第二道风门墙后，固定牢固，上半截刷白漆，下半截刷红漆，固定锁舌螺栓的螺丝帽朝外并刷漆），通车风门间距不少于一列车长度，行人风门间距不少于 5 m（受条件限制的除外）；风门完全敞开后能自动关闭；其中一道正向风门打开，另一道正向风门打开宽度不大于 300 mm；连锁绳用 $\phi$9.2 mm 钢丝绳，不能出现断股，接头处使用两个卡子，接头长度不大于 8 mm。

③ 防突风门的验收及日常管理标准：

a. 防突风门的竣工验收必须由防突管理科室组织安监科、施工单位联合进行（通车风门，机电科参与验收），对不组织验收或验收不合格的，应停止该工作面掘进。通风队根据验收情况如实登记通风设施管理台账[在“通风(反风)设施检查及维修记录”上体现]。

b. 验收标准包括永久风门的相关验收内容,除此之外还包括防逆风隔断装置的验收内容。

c. 责任单位和责任人每天对防突风门进行一次检查,发现问题及时汇报、处理。矿井每旬检查一次防突风门(由测风人员负责检查),确保其正常使用。

④ 牌板管理:

a. 每组防突风门前必须设置风门施工说明牌(与普通风门施工说明牌相同);没有设置调节风窗的,在风门中间悬挂瓦斯检查记录牌。牌板须悬挂、固定在巷道壁上,在有明确腰线的巷道,牌板下边缘距离腰线上边缘 300 mm;在无明确腰线的巷道,牌板下边缘距离巷道底板 1 200～1 400 mm。牌板距离第一道防突风门墙不超过 5 m(没有设置风窗的,和瓦斯检查记录牌一起悬挂在风门中间巷道内)。

b. 风门施工说明牌和瓦斯检查记录牌的数字、文字必须字体端正、清晰,内容填写齐全。

(8) 普通风门(永久风门、永久调节风门、临时风门)管理标准。

① 普通风门设置要求:

a. 进、回风井之间和主要进、回风巷之间的每个联络巷中,必须砌筑永久性风墙,包含永久密闭、永久风门、永久调节风门(带调节风窗的风门);需要使用的联络巷,必须安设两道闭锁的正向风门和两道反向风门。

b. 控制风流的风门、风墙、风窗等设施必须可靠。

c. 不应在倾斜运输巷中设置风门;如果必须设置风门,应安设自动风门或设专人管理,并有防止矿车或风门碰撞人员以及矿车碰坏风门的安全措施。

d. 矿井主要进回风巷和采区主要进回风巷中的主要风门必须设置风门开关传感器。当两道正向风门同时打开时,发出声光报警信号(声光报警器设在两道风门之间)。

e. 采用木板、风筒布等材料构筑的临时风门,仅限于通风系统大调整时(新风机挂网运行、进回风井数量增减、主要进风或主要回风的大贯通）临时构筑，永久设施形成后应及时拆除临时风门。

f. 禁止在安装有电机车架空线巷道内构筑永久风门或临时风门。

g. 在有机车运输的巷道中构筑永久风门，必须设有当列车通过时能够发出在风门两侧都能接收到声光信号的装置（声光报警装置位于第一道风门的正向风门前和第二道风门的反向风门后）。

h. 木质风门有易维护、封堵漏风容易、不产生撞击火花、门框有一定塑性等优点；铁质风门则有封堵漏风困难、变形后修复需要动用电气焊、安全性差的缺点。永久风门、永久调节风门应采用木质风门，尽可能减少铁质风门。

i. 高瓦斯、突出矿井的采掘工作面、主要进回风巷之间的联络巷禁止使用无压风门。

j. 自动风门必须设专人维护，确保使用可靠。

② 普通风门（永久风门、永久调节风门、临时风门）的设计及施工标准如下。

a. 普通风门的设计要求如下：

——在巷道设计时，要考虑风门位置，位置选择要合理并满足构筑条件。

——永久风门、永久调节风门、临时风门的门墙设计由矿井通风管理部门负责，矿井通风工负责施工。

——永久风门、永久调节风门可采用机砖（或水泥砖）、料石、水泥砂浆砌筑。永久风门、永久调节风门门墙厚度不小于 500 mm（最上部）。永久风门门扇木板可采用厚度 50 mm、宽 200～300 mm 的松木板，长度根据设计确定，木板要求厚薄均匀、四边刮净、呈矩形；临时风门木板可采用厚度 15～25 mm、宽 200～300 mm 的松木，长度根据需要确定，木板要求厚薄均匀、四边刮净、呈矩形、一端斜抹。构筑临时风门的立柱高度根据巷高确定，可采用 100 mm×100 mm 方木或直径不小于 150 mm 的半圆木。风门包边沿口木条可采用废旧风筒布或（1 600～2 000）mm（长）×15 mm（宽）×（5～10）mm（厚）松木条，松木条要求厚薄均匀、四面刮平。施工所用水泥砂浆配比为 1（水泥）：3（砂）。

——风门门扇、门带、门轴、门把手、杠杆式开启把手、调节风窗、风门闭锁装置的设计可参考相关图样，防撞装置由矿机电管理部门设计。

——门墙设计图内容包括风门编号、构筑位置与风门间距（采用巷道投影图，标注风门距离交叉点或测点距离）、门墙结构（正视图与剖面图结合，标注门扇与门墙倾角、门墙上下部宽度、过墙孔布置位置、调节窗尺寸及位置）、门扇尺寸及安装位置（巷道断面图上注明门框距巷帮距离、轨道位置、左右门框距轨道中线距离）、反水池尺寸等。

——永久风门、永久调节风门、临时风门每组不少于两道。

——永久风门、永久调节风门的反向风门、闭锁装置、开关状态传感器的安设必须符合《煤矿安全规程》及其他标准的规定。一般情况下，临时风门不设反向风门。永久风门、永久调节风门、临时风门应安设连锁装置（见《煤矿安全生产标准化管理体系基本要求及评分方法（试行）》要求）。

——永久风门、永久调节风门、临时风门的安设位置必须选择在风门前后 5 m 范围内支护良好的巷道，且无杂物、无积水、无淤泥。

——通车巷道的两道风门间距不少于一列车长度，行人巷道的两道风门间距不少于 5 m。

b. 风门门扇及其他材料运输要求。

——入井材料在装车前，必须检查其质量、数量和规格是否符合设计要求；否则，必须及时更换或重新加工。辅助材料（如稳门框的临时支撑方木、高处作业的脚手架、跳板、铁丝、风绳、气动风镐、手镐、包边沿口材料等）要备齐、备足。

——门扇采用花车（或材料专用车）运输，采用钢丝绳（或铁丝）固定时，要求门扇上下着力点采用废旧皮带作为缓冲垫，防止勒坏门扇。

——卸料时，所有物料分类码放、挂牌管理，物料尽量放置在巷道同一侧，码放地点不得影响行人、行车。块状物料码放成长方体或正方体，边缘整齐，码放不超过巷道断面的 1/5。水泥袋码放下部必须垫高、防潮。门扇斜靠巷道帮，上部采用铁丝与巷帮固定以防倾倒。

c. 永久风门、永久调节风门构筑施工要求。

——通风工必须经过培训、考核合格才能上岗，要求掌握各类通风设施的施工标准。因风门构筑工程量较大，施工质量关系到通风系统的稳定性，问题整改难度大、材料浪费大，构筑风门必须严格执行安全技术措施并按设计要求施工。

——构筑风门时，首先要处理构筑地点的风、水、瓦斯管路及电缆，采取保护措施。电缆可提前套上过墙套管。

——构筑永久风门、永久调节风门的门墙时，必须在门墙四周掏槽，深度符合规定，见硬帮、硬顶、硬底，门墙与煤岩接实。架棚巷道掏槽在拆除套棚支架时，必须先加固前后两组支架；如顶板破碎，应先采取托棚稳住支架梁，再拆棚腿，禁止空顶作业。掏槽采取先上后下原则，禁止采用爆破方式掏槽。

——需要留设反水池的，应先砌反水池，再构筑门墙。

d. 临时风门构筑施工要求。

——先固定巷道两帮立柱，立柱下部掏 200 mm 柱窝，上部与顶板接实；再固定巷道中部两根立柱，同样要求立柱下部掏 200 mm 柱窝，上部与顶板接实，中间立柱间隔根据巷道内带式输送机、刮板输送机、风门的安装位置确定。四根立柱要求在一个平面内。

——稳门框与上下门槛，采用临时方木支设。上下门槛平行，门框与上下门槛呈直角。风门两侧风压大时，上门槛过梁处要设横梁（墙体靠回风侧），并牢固嵌入巷道两帮。防止倾倒的撑木打在中间立柱上。

——钉木板一律在进风侧施工，采用鱼鳞搭接，施工要求见临时性密闭。木板斜抹端紧贴巷道两帮。

——到风水管线位置时，需留设过墙管线的过墙孔，其间距要求与永久风门、永久调节风门相同。

——墙面抹缝材料采用黄泥和石灰混合泥浆（或水泥砂浆）。如采用风筒布封堵漏风，要求进风侧整面墙均采用风筒布钉严密，确保墙面、四周不漏风。

——门墙施工完后，门墙的四周要用水泥砂浆抹裙边，封堵漏风。

——门扇高度要求不低于 1.5 m，门扇采用双层木板，中间加风筒布做衬垫，门扇与门框采用合页固定。

——临时风门也要进行编号、挂牌管理。

e. 防突风门的验收及日常管理标准。

——永久风门、永久调节风门、临时风门的竣工验收必须由矿井通风管理部门组织安监科、施工单位联合进行(通车风门验收,矿井机电科必须参加)。验收内容包括设施质量、工作量、现场文明卫生管理等。

——在用的风门(包含未及时拆除的)均要进行编号管理、登记建账[在"通风(反风)设施检查及维修记录"上体现],所有在用风门必须及时上图。

——服务期结束后,风门和门墙必须及时拆除。

——验收标准:

• 现场工完料净。剩余材料要码放整齐或装车,符合材料管理现场标准及装车运输标准。

• 风门构筑位置及两道风门之间的间距应符合设计要求。

• 永久风门、永久调节风门。反水池符合要求,水池内无淤积,水池四壁规则。掏槽深度符合要求。墙面平整($1\ m^2$ 内凸凹不大于 10 mm),无裂缝(雷管脚线不能插入)、无重缝、无空缝,严密不漏风(手触无感觉,耳听无声音)。门框包边沿口有衬垫,四周接触严密(以不透光为准,通车风门除外);门扇平整不漏风,与门框四周接触严密(漏风率不大于 2%)。风门开启灵活,门扇(含反向风门)不下坠、不扭歪,在自身重力下能自动关闭。风门闭锁装置固定在风门中间巷道帮,固定牢固;闭锁绳在门扇上固定可靠、紧固(大门扇上套小门扇,闭锁绳必须固定在小门扇上,与大门扇一起形成闭锁);钢丝绳张弛合适;三角形锁舌摆动灵活,不卡、不锁死;钢丝绳接头均采用绳卡固定。调节风窗位置设置合理,风窗开启灵活,滑道折叠式风窗的下滑道内无杂物,百叶式风窗能固定百叶角度,能实现调节,风窗上要有表明过风面积的可调整刻度。风门开关状态传感器、声光报警装置安装齐全,固定牢固,电缆布线标准。所有过墙孔封堵严密,过墙管在风墙两端出露长度合格。风门底坎符合规定。倾斜运输巷道的风门前后设置防撞装置,距风门墙距离大于 1.5 m;蓄电池电机车运输巷道或倾斜运输巷道通车风门实现自动控制。

• 临时风门。门墙四周接触严密,木板鱼鳞式搭接,规整有序,搭接长度符合要求。墙面灰浆抹缝到位，墙面平整。防倾倒撑木支撑有力，固定立柱牢固。门扇的双层木板与中间衬垫钉合牢固，门扇与门框接触严密，开启方便，不剐蹭门框。风门连锁装置符合要求。

• 实现挂牌管理，牌板内容填写齐全。

——日常管理标准：

• 每道风门应有明确的管理责任单位和责任人。

• 风门前后 5 m 范围内无杂物、无积水、无淤泥。

• 通风工要定期检查分包范围内的风门运行状况；发现问题及时处理，经常维护风门闭锁装置。

• 每道在用风门均建有台账，有记录可查。风门投入使用或拆除，及时修改图纸。

• 调节风窗要定期测风，及时核准过风面积，在风窗说明牌上及时填写测风记录。

• 临时风门要定期检查立柱是否牢靠，防倾倒支撑木是否失效以及风墙漏风情况等。

③ 牌板的管理。

每组风门前必须设置风门施工说明牌。牌板须悬挂、固定在巷道壁上，在有明确腰线的巷道，牌板下边缘距离腰线上边缘 300 mm，在无明确腰线的巷道，牌板下边缘距离巷道底板 1 200～1 400 mm；牌板距离进风侧风门墙前不超过 5 m 范围内（巷道长度不够，设置在两道风门之间）。调节风窗说明牌可固定在进风侧第 1 道风门墙上，如巷道压力较大、门墙需要经常随风门施工说明牌一起吊挂。说明牌的数字、文字必须字体端正、清晰，内容填写齐全。

(9) 永久密闭与临时密闭管理标准。

① 密闭设置地点。

a. 报废的巷道必须设置密闭。报废的暗井和倾斜巷道下口的密闭墙必须留设泄水孔。

b. 采空区必须及时封闭。随采煤工作面的推进逐个封闭通至采空区的连通巷道。采区开采结束后 45 天内（以该采区最后一个采煤工作面回撤结束计算），必须在所有与已采区相连通的巷道中设置密闭墙，全部封闭采区。

c. 抽采采空区瓦斯的高位钻场深度超过 6 m 的，必须设置密闭；采用沿空留巷及沿空预埋抽采管抽采采空区瓦斯的巷道口，必须设置密闭（采用沿空留巷 Y 型通风的除外）。

d. 矿井进风井、回风井之间，主要进风巷、回风巷之间不行人、不通车的联络巷必须设置密闭（即永久性挡风墙）。

② 密闭类型选定原则。

a. 密闭时间超过 6 个月的，砌筑永久性密闭；密闭时间小于 6 个月的，构建临时性密闭（指木板墙密闭）。

b. 长期不用或已报废巷道，砌筑永久性密闭；临时停风、短期内还要使用的巷道，构建临时性密闭。

c. 采煤工作面的探煤巷与联络巷、高位钻场可构建临时性密闭。

d. 突出矿井与回风系统相连的密闭必须按永久性密闭砌筑。

③ 密闭的设计及施工标准。

a. 永久密闭应采用砖（或料石）、水泥砂浆砌筑。一般情况下，墙体厚度为 500 mm（标准砖、49 墙）；巷道断面积大于 18 $m^2$ 以上，墙体厚度应选择 800～1 000 mm。

b. 临时密闭应采用木板、方木、铁钉、黄泥等构建。禁止使用木板、皮带帘构建简易密闭。构筑临时密闭的立柱高度根据巷高确定，可采用 80 mm×80 mm 方木或直径不小于 150 mm 的半圆木；木板采用干木料加工，厚 10～20 mm、宽 200～300 mm、长 2 000 mm 以上，并要求厚薄均匀、四面刮净、呈矩形、一端斜抹。

c. 密闭的位置距离巷道口不得超过 5 m，以便扩散通风时能带走密闭墙的有毒、有害气体。

d. 构筑密闭位置前后 5 m 范围内巷道应支护良好，无淋水、无片帮、无冒顶、无积煤。

e. 风水管路、电缆、轨道等导电材料在密闭墙前 2 m 处断开，严禁风水管路、电缆、轨道进入密闭内。需抽采密闭内瓦斯（如埋管抽放）时，必须在密闭处采取管路绝缘措施，密闭墙前钢管法兰处必须设置完好接地。构筑永久密闭位置有自流、导水的排水管通过时，必须在密闭墙前加设闸阀，以便水流减小或断流后能及时关闭闸阀。

f. 永久密闭施工要求：

——永久密闭周边要掏槽(岩巷、锚喷、砌碹巷道除外)，掏槽深度符合规定，要见硬顶、硬帮，墙体与煤(岩)接实。

——施工前要保证安全出口畅通；坚持敲帮问顶，处理帮、顶活矸；套棚巷道掏槽，拆除支架前必须先加固前后两组支架，如顶板破碎，应先采取托棚稳住支架梁，再拆棚腿，禁止空顶作业；坚持先上后下的掏槽原则。

——根据现场需要确定是否留设反水池或反水管。需留设反水池的，在砌墙体前，必须先砌反水池。反水池过水断面大小根据水流量确定水池的宽度、深度，并确保墙体反水池的上平面位于两侧水沟的水平面之下，不得使水沟内的水流溢出水沟外。水池四壁规则，清淤方便；反水池上部托梁可采用水泥板、砖块、钢板等，不得采用木质等易腐烂材料。反水管制成U形，设在巷道底部，利用水封防止水管漏风。

——砌筑墙体前必须拉好水平线及垂线，做好施工前的基础工作。一般情况下，永久密闭墙按垂直墙(墙面在一个垂面内)设计，如巷道压力较大、两侧风压较大，可按3°～5°倾斜设计(与铅垂线呈3°～5°夹角，以下同)，施工时按照设计确定墙体下部宽度。断面较大时要施工基座。

——构筑时，砖块排列和砌体灰缝要均匀，做到横平竖直、砂浆饱满、上下错缝、内外搭接，禁止重缝、空缝。

——需要启封的永久密闭，必须在密闭墙中间上部位置(巷道高度2/3处)留设观察孔，以便启封密闭时检查瓦斯、二氧化碳等气体。观察孔采用直径30～60 mm的钢管，且在墙外带有闸阀，钢管垂直墙面，观察孔及闸阀的出墙长度在150～200 mm之间。

——墙体砌筑完成后，采用水泥砂浆压实、抹光，墙体与巷道接缝周边要抹有宽度不小于100 mm的裙边，厚度不小于10 mm。

——墙面水泥凝固后，墙面刷成红色，裙边刷成白色。

g. 临时密闭施工要求：

——在构建临时密闭位置要处理巷帮、顶板变形突起部分，临时密闭墙与煤岩体接实。

——先固定巷道两帮立柱，立柱下部掏深度 200 mm 的柱窝（煤巷掏柱窝，岩巷必须清理浮煤或浮矸见硬底），上部与顶板接实；再固定巷道中部两根立柱，其要求同两帮立柱，中间立柱间隔根据巷道宽度均匀布置。四根立柱要求在一个平面内。

——钉木板一律采用鱼鳞搭接，木板斜抹端紧贴巷道两帮（或插入煤墙），四周要求接触严密。木板搭接长度 20～25 mm，要求自上而下施工。每块木板采用铁钉固定（立柱上采用双排铁钉固定）。

——墙面要抹缝，抹缝材料可采用黄泥和石灰（或者黄泥和水泥）混合泥浆，抹缝要到位，确保密闭墙体不漏风。不应采用风筒布封堵漏风（不易检查风筒布后面的板墙是否开裂、受压变形）。采用水泥砂浆抹裙边，宽度不小于 100 mm、厚度不小于 10 mm。

h. 临时密闭、永久密闭墙前巷道长度小于 2 m（以巷道中线计算），可不设栅栏；长度超过 2 m 的，需设置栅栏。

④ 密闭的验收与日常管理标准。

a. 密闭的竣工验收由矿井通风管理部门组织安监科、施工单位联合进行，通风队根据验收结果如实登记通风设施管理台账［在“通风（反风）设施检查及维修记录”上体现］。

b. 所有密闭必须及时填绘上图。

c. 验收标准。

——永久密闭验收标准：

· 场地整洁，工完料净，剩余材料码放整齐或装车。

· 墙体严密不漏风（手触无感觉，耳听无声音）；墙面平整（1 m 内凹凸不大于 10 mm，料石勾缝除外）、无裂缝（雷管脚线不能插入）、无重缝和空缝。

· 反水池、反水管、观测孔设置合格。反水池内无淤煤、无淤泥，清理方便，四壁光滑；反水管固定牢固，管壁四周不漏水；观测孔的高度符合规定，闸阀能关闭自如，孔管牢固。

· 墙面及四周裙边亮化符合规定。

——临时密闭验收标准：

·场地整洁,工完料净,剩余材料码放整齐或装车。

·密闭四周接触严密;立柱掏有柱窝。

·木板鱼鳞搭接长度符合规定,每块木板铁钉数量及钉的质量符合规定。

·灰浆抹缝到位,不漏风。

d. 日常管理标准:

——每道密闭有明确的管理责任单位和责任人。

——密闭前后 5 m 范围内无杂物、无积水、无淤泥、无片帮、无漏顶。

——在用的每道密闭均编号、建账,有记录可查[在“通风(反风)设施检查及维修记录”上体现]。密闭构建或拆除,要及时修改图纸。

——定期检查密闭是否牢靠、是否漏风,墙体是否变形或破坏,永久密闭墙内积水情况(反水管、反水池是否畅通,墙体外侧是否受潮)。

——瓦斯检查员每周至少检查 1 次密闭墙前有害气体情况,检查结果填写在密闭说明及检查牌上;如密闭前设有栅栏,不增加瓦斯检查记录牌。

⑤ 牌板的管理。

a. 密闭前必须设密闭说明及检查牌。牌板悬挂、固定在巷道壁上,在有明确腰线的巷道,牌板下边缘距离腰线上边缘 300 mm;在无明确腰线的巷道,牌板下边缘距离巷道底板 1 200～1 400 mm。牌板距离密闭墙不超过 5 m。

b. 密闭说明及检查牌上的数据、文字必须字体端正、清晰,内容填写齐全,检查数据必须与瓦斯检查手册一致。

(10) 栅栏的设置及构筑标准。

① 栅栏设置地点。

待维修且不具备行人安全条件的巷道两端、待贯通巷道(瓦斯矿井、高瓦斯矿井的综合机械化掘进巷道在相距 50 m 前,其他巷道在相距 20 m 前,突出矿井的掘进工作面在相距 60 m 前)、临时停风巷道、未及时密闭的盲巷、长度超过 6 m 的水仓口、高瓦斯及突出矿井采掘工作面回风联巷口、回风立井井底两侧、主副立井井底清淤通道口、密闭墙或不设调节风窗的挡风墙前(墙前巷道深度满足构建栅栏要求)、井下临时瓦斯抽采泵排放口处、永久防火墙前及其他需要设置栅栏的地点,必须设置栅栏,揭示警标。

② 栅栏设置位置。

临时停风地点,要求立即撤人、断电,设置栅栏前在回风口处断开风筒,栅栏位置必须设在距离巷道口小于 5 m 范围内;待贯通巷道栅栏应设在巷道入口 5 m 范围内;高瓦斯及突出矿井采掘工作面回风联巷口栅栏设在风流混合点后 3～5 m(巷道不具备条件时,其长度不得超过 10 m);密闭墙前栅栏设在墙前 1～2 m 处;水仓口栅栏设在入口 3～5 m范围内;井下临时瓦斯抽采泵排放口栅栏(两道)上风侧距管路出口 5 m 范围内,下风侧距管路出口 30 m 范围内;其他地点由矿井通风管理部门确定。

③ 栅栏的设计及施工标准。

a. 木质栅栏采用厚 10 mm、宽 50 mm、长 1 500～2 000 mm 的松木条制作,如采用其他木质疏松的木材,厚度可适当增加;木条两边的宽面宜刨光,以便刷油漆。竖向木条在横向木条后超出最上面的横向木条 200 mm(其中保留 100 mm 的尖),根据现场巷道高度的 2/3(±200 mm)确定栅栏的高度,栅栏整个表面(正面、侧面及背面)全部刷漆。必须在栅栏门上部第一根横向木条及栅栏门两侧第一根竖向木条背面各加一根 50 mm×50 mm 的筋骨,竖向筋骨在横向筋骨的下方且相互接实,同时筋骨嵌入巷道底板及巷帮固定(用水泥或锚固剂固定,确保栅栏稳固)。

b. 铁质栅栏可采用 $\phi$16 mm(边框和骨架)和 $\phi$14 mm(网格)圆钢焊接,竖网格宽 200 mm、高 600～1 000 mm。采用钢管焊接宜采用 DN15(1/2 英寸)钢管和 $\phi$14 mm 圆钢。为方便运输,铁质栅栏宜设计成两扇或多扇的组件,在栅栏靠巷道两帮处设计带孔挂耳便于安装固定,两扇连接处焊上轴、销连接件。在水仓口、主副立井井底清淤硐室口设置栅栏时,要考虑过车需要,可安装对开式栅栏门。栅栏安装完成后,栅栏需刷成红色。

c. 栅栏是否留设栅栏门,应根据实际情况而定。处于避灾路线上或需要检查栅栏以里有毒、有害气体，管路及支护等，可留设栅栏门。栅栏门必须保持关闭状态，栅栏门不应上锁。栅栏门必须留设在栅栏中间，横向木条与竖向木条必须与栅栏周边木条相统一，且栅栏门竖向木条底端与栅栏最下部的横向木条下边沿相齐，栅栏门一侧上下两端横木条外侧各钉一块 100 mm×200 mm 的皮带，另一侧门框上钉一块 200 mm 长的栅栏条做门扣（皮带和门扣与门重叠处刷红色，其余刷黄色）。

d. 栅栏孔规格为 200 mm×200 mm（误差±10 mm），横向木条在外，竖向木条在内，最下面的一根横向木条距底板 100 mm，且设置在内部，木条交叉点用铁钉固定死。

e. 竖向木条必须与底板接触，横向木条两端距巷帮的距离不得超过 200 mm。

f. 横竖栅栏条连接处用两根 40 mm 长铁钉固定，露出的钉尖要砸到。

g. 构筑栅栏必须及时，其时间要求如下：盲巷需要构筑栅栏，当班必须构建完毕（时间不超过 8 h）；待贯通巷道安设栅栏时间以生产技术科下发的贯通通知单为准，时间不超过 24 h；临时停风巷道当班必须构建完毕；其他地点以通风管理部门要求的时间为准。

④ 栅栏的验收及日常管理标准。

a. 矿井通风工构筑好栅栏，通风管理部门必须验收，验收栅栏的设置位置、安装质量、网格大小、刷漆是否符合要求。

b. 在用的、新构建且验收合格的栅栏要进行编号管理、登记建账[在“通风（反风）设施检查及维修记录”上体现]，所有在用栅栏必须及时上图。

c. 新构建的栅栏，瓦斯检查牌和警示牌应当班悬挂，最迟不超过 16 h；通风管理人员必须及时通知通风调度修改该区域瓦斯巡回检查路线、增加瓦斯检查手册中的检查地点。

d. 栅栏处的瓦斯检查如出现漏检、超定期检查，一律按“空、漏、假检”处理。

e. 井下栅栏统一由矿井通风队定期检查和维护。

f. 井下临时停风地点栅栏范围内(2 m)、外(5 m)的有毒、有害气体检查及栅栏完好检查为每班1次;水仓口、井下临时瓦斯抽采泵排放口为每班1次;对密闭墙、不设调节风窗的挡风墙前栅栏内的有毒、有害气体检查为每周1次。

g. 除专职检查人员及通风管理专业人员外,其他人员严禁进入栅栏内;严禁人为破坏栅栏等通风设施。

⑤ 牌板的管理。

a. 所有栅栏必须设置警示牌,警示牌悬挂在栅栏上(中间上部)。

b. 临时停风地点、水仓口、井下临时瓦斯抽采泵排放口设置的栅栏必须设置瓦斯检查记录牌。瓦斯检查牌板要求悬挂、固定在巷道帮上。在有明确腰线的巷道,牌板下边缘距离腰线上边缘300 mm;在无明确腰线的巷道,牌板下边缘距离巷道底板1 200～1 400 mm。牌板距离栅栏不超过5 m。密闭墙、不设调节风窗的挡风墙处栅栏不增设瓦斯检查记录牌(在施工说明及检查牌上体现)。

c. 检查牌板上的数字、文字必须字体端正、清晰,内容填写齐全,数据与瓦斯检查手册一致。

(11) 永久调节风窗构筑标准。

① 调节风窗的墙体必须用不燃性材料构筑,其质量与永久风门的墙体相同。

② 调节风窗要设在墙体的上方,其尺寸按该巷道最大需要风量设计。

③ 调节风窗前后5 m内应支护良好,无片帮、冒顶、杂物、积水和淤泥。

④ 风门上方无设置调节风窗条件的,可在风门上或风门一侧设置调节风窗,但必须能调节风量。

⑤ 调节风窗必须安装闭锁装置和防逆风装置。

⑥ 调节风窗闭锁装置应安在底框两侧,安装牢固,并能在调节板完全打开和关闭时都能压住调节板;风窗的防逆风装置必须灵活可靠且固定牢固。

## 二、风筒移接作业岗位安全技术操作规程

1. 下井前的准备工作

(1) 按时参加班前会，听取班工长布置工作，必须弄清工作任务，以免发生差错。

(2) 按当天工作安排带全工具，以备发现问题及时处理。

(3) 所用工具要经常检修并妥善保管，携带利刃工具时，必须在利刃端加保护套，以防伤害他人或发生意外事故。

2. 风筒移接操作

(1) 风筒工负责所管辖区域内风筒的安装、运送、维修和拆除等工作；及时将不用或损坏的风筒回收升井，并及时修补破损的风筒。

(2) 入井必须带足必要的用具和材料，必须熟悉自己分管地区掘进工作面情况，如风筒直径和长度、巷道掘进速度或贯通日期等。

(3) 风筒吊挂要平、直、稳，避免车剐、炮崩，必须逢环必挂。铁风筒每节吊挂点，每节风筒末端两侧的挂钩应用铁丝系在巷道帮壁上。

(4) 要求风筒之间接口严密。胶质风筒可用双反边接头或三环接头，插接时要顺接。

(5) 使用胶质风筒时，局部通风机和胶质风筒之间要有一节铁风筒过渡。局部通风机和铁风筒的接头处要加垫圈，要上紧螺丝；铁风筒与胶质风筒套接处要用铁丝箍紧。

(6) 风筒的直径要一致；如果直径不一，要有过渡节，严禁花接。

(7) 风筒末端距工作面的距离，按各矿业集团的规定执行，但必须保证工作面有足够的风量。

(8) 经常检查井下风筒，如有破口要随时修补，做到不漏风。

(9) 风筒在拐弯处要设弯头或缓慢拐弯，不准拐死弯。分岔处要设三通。

(10) 斜巷和立井掘进时，风筒接头、风筒的绑扎要特别牢固。

(11) 更换风筒时，不得随意停局部通风机。必须停机时，应与掘进工作面的班组长和司机联系，待停止工作、撤出人员后方可更换。当巷道内瓦斯涌出量大时，必须把工作面人员撤到安全地点后再更换风筒。

(12) 巷道掘进完工后,应在通风区的指挥下及时把风筒全部拆除。拆除的风筒要装车运至井上,进行冲洗、晒干和修补。

(13) 拆除风筒时,应由里往外依次拆除。拆除独头巷道风筒时,不准停局部通风机。

(14) 应注意防止运行中的矿车撞、挤、剐风筒。

(15) 横跨带式输送机、刮板输送机操作时,必须先与输送机司机联系好,必要时可暂停输送机运转,以保证操作安全。

(16) 大巷高顶操作时要设台架,工作时要站稳;在电机车运行的巷道中吊挂风筒时,要设安全警戒,严防被电车剐、撞,并应注意采取有效措施,防止架空线触电伤人。

(17) 采用抽出式通风方式时,风筒可用硬质风筒和带钢丝骨架的橡胶或塑料可伸缩风筒。塑料或橡胶风筒必须具有抗静电和阻燃的安全性能。

(18) 安装钢丝骨架风筒时,在装卸过程中应注意轻装轻放,切勿径向挤压或被锋利杂物碰撞等,以免变形损坏。

(19) 在风筒末端(入风口)加接风筒时,应先将加接的风筒吊挂于钢绞线上,再对正接头接好,避免风筒弯曲、折叠堵塞风道。

(20) 风筒急拐弯处必须用硬质弧形弯头连接。

(21) 采用抽出式或混合式通风方式时,风筒出口或入口到工作面的距离、压入式风筒和抽出式风筒间重叠段长度,应符合各矿作业规程的规定。

(22) 风筒升井后,首先应刷洗、晒干,检查风筒损坏情况及耐用程度,再根据检查情况分别处理。

(23) 修补风筒时,黏补风筒的胶浆应按要求配制。根据破口大小裁剪补丁,补丁以圆形为好;补丁压边应大于破口尺寸 20 mm;为防止补丁补后翘边,补丁边应裁成斜面;补丁和破口应刷净至露出胶质风筒本色,晾干后方可涂上胶浆进行黏合,补丁黏合后应用木手锤砸实,使其黏合严密,保证不漏风;黏好的风筒应再涂上滑石粉。对 100 mm 以上的大破口,必须先用线缝合后再进行黏补。

(24) 风筒上的吊环应齐全,吊环间距应保证风筒吊挂平直,两端铁圈要缝牢。如果需要加长风筒时，风筒之间压边黏合的宽度一般为200 mm。

(25) 修补好的风筒应妥善保存，存放的风筒每季度应晾晒一次。

(26) 制作三通、弯头及过渡节时，要根据风筒的形状和直径制作，要注意平直。过渡节长度不应少于 2 m。

(27) 晾晒、冲洗、清扫风筒时要戴口罩，风筒必须在晾干或吹干后方能黏补。

3. 地面修补风筒

(1) 修补风筒时，黏补风筒的胶浆应按要求配制。根据破口大小，裁剪补丁(以圆形为好)；补丁四周应大于破口 20 mm 以上；补丁边应裁剪成斜面；补丁和破口处应刷净露出风筒原色，晾干后涂上胶浆进行黏合，黏合后应用木锤砸实，使其黏合严密；最后应涂上滑石粉。

(2) 100 mm 以上的破口，应先用线缝合，再进行黏合。

(3) 风筒上的吊环应齐全，能保证风筒吊挂平直；两端铁圈要缝牢。

(4) 修补好的风筒应妥善保存。

(5) 制作过渡节风筒时，长度应大于 2 m。

(6) 修补风筒时风筒必须保证干燥。

(7) 汽油、胶水必须单独存放，储存容器应保持密封，周围严禁烟火。

(8) 风筒修理室内不得使用火炉取暖。

(9) 风筒修理室内需配备灭火器材，做好防火工作。

**三、防尘作业岗位安全技术操作规程**

(1) 冲尘工必须持证上岗。

(2) 冲尘工必须能够看懂矿井防尘系统图。

(3) 冲尘工冲尘前必须携带齐全冲尘所用的水绳、水阀接头。

(4) 冲尘前，仔细检查巷道顶板支护情况，发现隐患必须及时处理，必须在确保安全的前提下方可施工。

(5) 冲尘工冲尘时必须佩戴好防护用品，穿绝缘靴，戴绝缘手套及防尘口罩，防止粉尘飞溅入眼、口中。

(6) 冲刷巷道必须认真、仔细，不留死角，务必将巷道冲洗干净。

(7) 冲刷巷道时应将开关等电气设备用风筒布或其他物件遮盖，防止受潮。

(8) 冲尘所用的水管堵头必须拧紧并进行二次连接，不得漏水。冲尘时，有跑水的管子必须及时进行处理。

(9) 冲尘结束后，要将冲尘所用的工具及时回收上井，严禁在井下乱扔乱放。

(10) 进行地质预测预报和月度地质预报验证分析工作。

**四、煤层注水作业岗位安全技术操作规程**

(1) 一般要求。煤层注水工负责施工注水钻孔、封孔和注水等工作。

(2) 煤层注水前的准备工作：

① 下井前应带齐所用的各种设备、材料、配件，并保证完好。

② 安装钻机和注水泵前，首先检查安装地点的安全情况。

③ 在回采中采用长孔注水时，应按设计规定确定钻孔的位置，并做出标志。

(3) 施工注水钻孔：

① 钻机安装地点的顶板及周围支护要完好，固定钻机要安全可靠，钻孔角度及钻眼位置必须符合设计要求。

② 开钻前要详细检查机电设备和供水系统，发现问题先处理完毕后再试钻，经空载运转检查钻机各部位正常且钻孔有少量返水时，方可开始钻孔。

③ 开钻时要先送水后送电，停钻时要先停电后停水。

④ 钻机开始钻孔作业时，要缓慢接合离合器，钻杆推进 5～10 cm 后，再压紧离合器，当一根钻杆钻进剩余 30 cm 时，松开离合器，先停电后停水，然后续加钻杆。

⑤ 负责增加或退出钻杆人员分别站到钻机两侧，退出钻杆时用管钳把钻杆卡牢，反方向均匀将钻杆卸开。

⑥ 钻孔过程中要在开孔位置加设防护挡板，以防钻孔内有异物喷出伤人。

⑦ 钻孔作业要求 4 人 1 组，1 人操作开关按钮和停送水，1 人操作钻机，2 人负责增加或退出钻杆。

⑧ 钻孔过程中突然遇到地质构造、瓦斯涌出或透水预兆等异常情况时，必须停止钻孔，切断电源，保持钻进状态，并汇报通风科或矿调度室。

⑨ 钻孔过程中出现夹钻、顶钻、断杆等情况时，必须停钻采取措施处理。

⑩ 当班钻孔施工完毕后，必须将钻杆全部退出，切断电源，关闭水源，并将钻机设备放置在巷道一侧的安全地点，方可离开工作岗位。

⑪ 收工时当班班组长要如实填写钻孔施工记录，并汇报通风科。

(4) 封孔：

① 设备开机前要检查电动机、安全设施、变速系统、搅拌机、送浆泵、离合器及各连接部件是否完好，机座是否稳固可靠，搅拌机内是否有杂物，送浆泵出口、连接管是否通畅，当以上检查全部合格后方可进行运行操作。

② 搅拌水泥稠浆。将准备好的一定量的清水倒入搅拌机内，在搅拌机处于正常运转状态下，逐渐加入 42.5 级硅酸盐水泥。待加入搅拌机内的水泥分散后，再继续加入水泥(加水泥时应避免将杂物混入搅拌机内)，搅拌时间不得少于 10 min。

③ 搅拌好的水泥浆必须用测试棒进行测试，保证水泥稠浆达到设计的水灰比。

④ 封孔管采用抗静电的工程塑料管或铁管，直径为 2 英寸(约 5 cm)，孔内注水管长度为 10 m。

⑤ 用棉纱或水泥袋子缠绕在注水管上，用麻绳或麻线等将注水管、封孔管及水泥袋捆紧送入钻孔内封住孔口。

⑥ 封孔操作时，向上拉起离合器操作手柄，接合离合器，搅拌机内的水泥稠浆被吸入送浆泵，注入待封钻孔内。

⑦ 待封钻孔孔口有水泥稠浆返出或孔口封堵棉纱被推出钻孔外时，缓缓将注浆管拔出钻孔，压下离合器操作手柄，脱开离合器，按下电机停止按钮。

⑧ 设备使用完毕，必须对整机进行清洗，拧下送浆泵的清洗螺丝堵，用水清洗干净搅拌机及连接管。

⑨ 拧上送浆泵的清洗螺丝堵，向搅拌机内注入清水，开启电机，向上拉起离合器操作手柄，接合离合器，直至送浆泵出口水流呈清洁状态；压下离合器的操作手柄，脱开离合器，按下电机停止按钮，停止电机。

⑩ 严禁送浆泵空运转，严禁用硬物捅清洗螺丝堵孔内的管道。

⑪ 封孔泵体及注浆管内水泥浆在短时间内凝结时，应向搅拌机内注入清水进行搅拌，将泵体及注浆管内的干稠水泥浆用清水冲刷处理掉。

（5）注水：

① 封孔用的水漏砂浆凝固后或封孔器安装好后立即注水。

② 注水有动压和静压两种方式。应按选定的注水参数（即注水压力和注水量）注水，一般以另一侧巷道上的煤壁湿润为宜，或使煤层的全水分含量达到规定要求。

③ 注水孔超前采煤工作面的距离一般为 40～100 m，即注水在正常地压区段内进行。

④ 泵的出水口处安设三通，使出水管与注水管和回水管相连。在回水管上安调压阀门，以调节注水管的压力和流量；调节阀前高压侧安装压力表，以观测压力的变化，并用高压胶质软管与注水孔铆接。高压侧禁止用一般管子，以免发生崩管事故。

⑤ 每班要做好记录，内容包括压力、流量、注水孔数、注水量等，升井后记入台账。

⑥ 注水泵启动前，要认真检查连接装置、封孔器、高压水表、分流器的连接牢固情况和吸水管头滤网的完好情况，发现问题及时处理。

⑦ 泵启动后，注意倾听泵的声响，观察其运转情况；发现问题应停机检修。

⑧ 在注水过程中，认真观察分析排水量、压力与煤体吸水量等参数间的变化，适当运用低流量进水，缓慢湿润煤体，掌握煤体注水的湿润规律。

⑨ 注水过程中，掌握好压力与水量的变化关系，采用高脉冲注水，中压湿润煤体，不允许采用长期高压急进注水。

⑩ 注水时，泵缸孔及中间体的密封处不应有严重滴漏现象，否则应停泵检查原因。可适当旋紧调压螺栓，以压紧密封圈防止滴漏。但也不可过度压紧，否则会使栓塞摩擦严重，导致泵体发热。

⑪ 如泵的排水量不足，首先检查排气是否正常；然后检查阀孔中的密封是否严密或弹簧是否损坏；发现问题及时调整和更换。

⑫ 观察压力时，稍微旋转安全阀下部的水轮，将高压针形阀打开即可，但不要打开过大，以免压力表的指针剧烈震动甚至损坏。

⑬ 注水泵严禁无水进行。

⑭ 严格按照规定为注水泵更换或加注润滑油，并保证注水泵在运转过程中有足够的润滑油，使其正常工作。

## 五、测风作业岗位安全技术操作规程

(1) 测风工主要工作。

① 定期测风要求：

a. 必须定期(每 10 天至少进行一次)对矿井风量进行全面测定。

b. 对于瓦斯涌出异常地点，根据矿井总工程师要求，可缩短测风周期。

② 不定期测风要求：

a. 如有巷道贯通、通风系统调整必须及时进行风量测定。

b. 改变主要通风机风叶角度后必须及时进行风量测定。

c. 因临时工作安排、井下某个区域恢复供风、安装或更换局部通风机、矿井部分风路风量不稳定等必须及时进行风量测定。

③ 测定矿井空气温度、气压和相对湿度。

④ 测定局部通风机的吸风量、出口风量。

⑤ 在进行矿井瓦斯等级鉴定、矿井反风演习、主要通风机性能测定时，测定有关参数和汇总资料。

⑥ 及时准确编制通风报表(月报、旬报)，填写测风牌板、局部通风机管理牌板和调节风窗说明牌等。

(2) 必须熟悉矿井通风系统，严格执行《煤矿安全规程》及《煤矿井工开采通风技术条件》(AQ 1028)等要求,发现问题及时向通风调度汇报并采取措施处理。

(3) 入井前应对所用的仪器仪表进行检查,并符合以下要求:

① 风表开关、回零装置和指针灵活可靠,外壳及各部位螺丝无松动,风表校正曲线与风表编号对照。

② 秒表的开关和指针灵活。

③ 入井前必须根据任务要求带好所用的风表、秒表、便携式光学瓦斯检测仪(光瓦仪)、便携式甲烷检测报警仪、温度计、钢尺、记录本及其他有关仪器及工具等。

(4) 测风地点应选择在矿井、一翼、水平的进回风巷,采区进回风巷,采掘工作面进回风巷,井下爆炸材料库和主要用风硐室,以及其他需要用风的联络巷等地点。

(5) 主要通风巷道中的测风工作应在测风站内进行。

(6) 在无测风站的地点测风时,测风点位置应选在巷道断面规整、支护良好、无空帮空顶、无淋水、前后 10 m 无障碍物和巷道拐弯的地点,尽可能避开带式输送机机头架处。

(7) 采煤工作面需测定进风风量和回风风量,包括并联进风巷和并联回风巷,测定数据要求填写在该测风点的牌板上。

(8) 掘进工作面需测定正常工作局部通风机的供风量、吸入风量、工作面风量及掘进工作面回风量。

(9) 根据入井测风地点的选取,提前通过估算测量巷道的风速范围,选用相应量程的风表。风表按照测量范围可分为高速风表(>10 m/s)、中速风表(0.5~10 m/s)和低速风表(<0.5 m/s)三种。

测风工测风时采用侧身法进行测量,具体操作流程如下:

① 测风工侧身站在巷道内,背向巷道壁站立,先将风表和秒表指针回零,手持风表将手臂向巷道风流垂直方向伸出,打开风表开关,确保风表表盘指针顺时针旋转;然后关闭风表开关并使风表大小指针回零,待叶轮转动正常后,将风表、秒表同时启动,在 1 min 时间内,要持风表均匀地走完测量路线,移动路线主要采用四线法;最后同时暂停风表及秒表运转,读取风表指针读数。

② 每一测风地点的测量次数应不低于 3 次，然后取平均值，并且 3 次测量数据的最大误差不超过 5%，否则必须重新测定。

③ 测风时风表距人体及巷道顶、帮、底部的距离不小于 200 mm。

④ 测风后应及时测定瓦斯和二氧化碳浓度、温度等，所测结果应及时填写测风手册和测风牌板。

(10) 风量的计算方法。每次测风结束后，应准确计算测风地点的风量大小。具体计算方法如下：

$$Q = V_{均} S$$

式中　$Q$——所测巷道过风量；

$V_{均}$——人员测定巷道的平均风速；

$$V_{均} = V_{真} K$$

$V_{真}$——人员测定巷道的真风速，根据表速查风表校正曲线得出；

$$V_{真} = V_{表} a + b$$

$V_{表}$——风表的转数；

$a$、$b$——风表校正系数；

$K$——校正系数，$K = (S - 0.4)/S$；

$S$——巷道测风净断面面积，指实测巷道断面面积减去障碍物加权扣除面积（见表 2-4）。

**表 2-4　障碍物加权扣除面积**

| 障碍物分类 | 面积/$m^2$ |
|---|---|
| 带宽 1.4 m 带式输送机（H 架高度 1.2 m） | 1.34 |
| 带宽 1.2 m 带式输送机（H 架高度 1.2 m） | 1.15 |
| 带宽 1.0 m 带式输送机（H 架高度 1.2 m） | 0.86 |
| 带宽 0.8 m 带式输送机（H 架高度 1.0 m） | 0.64 |
| 带宽 0.65 m 带式输送机（H 架高度 0.8 m） | 0.42 |
| 带宽 0.5 m 带式输送机（H 架高度 0.8 m） | 0.32 |

表 2-4(续)

| 障碍物分类 | 面积/$m^2$ |
|---|---|
| 直径 0.5 m 风筒 | 0.20 |
| 直径 0.6 m 风筒 | 0.28 |
| 直径 0.8 m 风筒 | 0.50 |
| 侧身法测风人员 | 0.40 |

注:风水管路及电缆的长度根据巷道断面大小情况可相应酌减。

实测巷道全断面面积计算公式如下。

矩形和梯形巷道断面面积计算方法:

$$S = HB$$

三心拱巷道断面面积计算方法:

$$S = B(H - 0.07B)$$

半圆拱巷道断面面积计算方法:

$$S = B(H - 0.11B)$$

式中 $H$——巷道净高;

$B$——梯形巷道为半高处宽度,拱形巷道为净宽。

计算风速数据按照四舍五入法保留小数点后 2 位数字;计算风量数据按照四舍五入法保留整数。

(11) 矿井主要通风机的工作风量测定方法如下:矿井主要通风机的工作风量应在风硐内进行测定,具体测定方法同巷道风量测定方法。

(12) 局部通风机供风量、工作风量(吸风量)、风筒出口风量(工作面风量)及掘进工作面回风量测定方法如下:

① 局部通风机供风量的测定。在局部通风机吸风口前 10 m 巷道内,用风表测风速,求得的风量值即局部通风机的供风量。

② 局部通风机工作风量(吸风量)$Q_a$的测定。

采用巷道风量差值法进行测定时,先在局部通风机吸风口前 10 m 巷道内,用风表测风速,求得风量值 1(即局部通风机供风量);再在局部通风机后 5 m 巷道内,用风表测风速,求得风量值 2(即风机后巷道的富余风量)，两个风量值之差即为局部通风机的工作风量(吸风量)$Q_a$。

在局部通风机进风口直接用高速风表测定时，测风人员站在局部通风机一侧，严禁正对风机，手持风表紧靠防护网按线路法在风机吸风口(距风机口不超过 200 mm)全断面内均匀地移动 1 min 进行测定。

③ 局部通风机风筒出口风量(工作面风量)$Q_h$的测定。工作面风量为倒数第三节风筒处测定的风量(距离风筒末端出风口不大于 30 m)。在局部通风机风筒出风口直接用高速风表测定时，测风人员站在风筒一侧，手持风表紧靠风筒出口，按线路法在风筒出口(距风筒口不超过 200 mm)全断面内均匀地移动 1 min 测定。

④ 掘进工作面回风量的测定。掘进工作面回风量为距掘进工作面回风口以里 10 m 的地点测定的风量。

(13) 井下车场、联巷、硐室等地点的风量测定：

设有调节风窗的联络巷、车场，如巷道风速大于风表启动风速，可直接测定；如巷道风速低于风表启动风速，可选择直接测风窗过风量，或在进风侧距离联络巷口前后 10～20 m 符合测风要求处分别测出风量，两者的差值即为联络巷、车场风量。井下爆炸材料库、独立通风硐室在进风侧测定风量，如进风测没有测风条件的可在回风侧测风，如风速低于风表启动风速，可采用上述方法测量。

(14) 炮掘工作面巷道长度(自巷道开口位置)小于 30 m，综掘工作面巷道长度(自巷道开口位置)小于 50 m，以吸入风量作为回风量。

(15) 风筒的漏风计算：

① 漏风率。

风筒漏风量占局部通风机工作风量的百分数称为风筒漏风率$\oint_1$，按下式计算：

$$\oint_1 = Q_1/Q_a \times 100\% = (Q_a - Q_h)/Q_a \times 100\%$$

式中　$Q_1$——风筒漏风量；

$Q_h$——风筒出口风量；

$Q_a$——局部通风机风量。

百米漏风率 $\oint_{100}$ 按下式计算：

$$\oint_{100}=\oint_{1}/L\times 100$$

式中　$L$——风筒全长，m。

柔性风筒的百米漏风率要求见表 2-5。

**表 2-5　柔性风筒的百米漏风率**

| 通风距离/m | ＜200 | 200～500 | ＞500～1 000 | ＞1 000～2 000 | ＞2 000 |
|---|---|---|---|---|---|
| $\oint_{100}$/% | ＜15 | ＜10 | ＜3 | ＜2 | ＜1.5 |

② 有效风量率。

掘进工作面风量占局部通风机工作风量的百分数称为有效风量率 $p_e$，按下式计算：

$$p_e=Q_h/Q_a\times 100\%=(Q_a-Q_1)/Q_a\times 100\%=(1-\oint_1)\times 100\%$$

③ 漏风系数。

风筒有效风量率的倒数称为风筒漏风系数 $P_q$。

（16）矿井总排风量、有效风量率及漏风率。

① 矿井总排风量 $Q_m$。

矿井总排风量 $Q_m$ 等于矿井各主要通风机的工作风量之和，按下式计算：

$$Q_m=\sum Q_{fi}$$

式中　$Q_{fi}$——第 $i$ 个主通风机的工作风量，$m^3$/min。

② 矿井有效风量 $Q_e$。

矿井有效风量是指风流通过井下各工作地点（包括独立通风的采煤工作面、掘进工作面、硐室和其他地点）回风侧实际风量的总和，按下式计算：

$$Q_e=\sum Q_{采}+\sum Q_{备}+\sum Q_{掘}+\sum Q_{室}+\sum Q_{其他}$$

式中 $Q_e$——矿井有效风量，$m^3/min$；

$\sum Q_{采}$——井下各采煤工作面实测风量之和，$m^3/min$；

$\sum Q_{备}$——井下各备用工作面实测风量之和，$m^3/min$；

$\sum Q_{掘}$——井下各掘进工作面实测风量之和，$m^3/min$；

$\sum Q_{室}$——井下各硐室实测风量之和，$m^3/min$；

$\sum Q_{其他}$——井下其他用风巷道实测风量之和，$m^3/min$。

③ 矿井有效风量率 $P_e$。

矿井有效风量率按下式计算：

$$P_e=Q_e/Q_m\times 100\%$$

矿井有效风量率应不低于 85%。

④ 矿井外部漏风量 $Q_L$。

矿井外部漏风量是指直接由主要通风机装置及其风井附近地表漏失的风量总和，可用各台主要通风机工作风量的总和减去矿井总回风量，其计算公式如下：

$$Q_L=Q_m-Q_t$$

式中 $Q_t$——矿井总回风量。

⑤ 矿井外部漏风率 $P_L$。

矿井外部漏风率按下式计算：

$$P_L=Q_L/Q_m\times 100\%$$

矿井外部漏风率应不超过 5%。

⑥ 矿井内部漏风量 $Q_N$。

矿井内部漏风量是指井下各种通风构筑物的漏风以及采空区和碎裂煤柱的漏风之和，可用矿井总回风量减去矿井有效风量计算，其计算公式如下：

$$Q_N=Q_t-Q_e$$

式中 $Q_t$——矿井总回风量；

$Q_e$——矿井有效风量。

⑦ 矿井内部漏风率 $P_N$。

矿井内部漏风率按下式计算：

$$P_N = Q_N / Q_m \times 100\%$$

（17）矿井等积孔及矿井通风阻力。

① 矿井等积孔 $A$。

矿井等积孔是衡量矿井通风难易程度的指标。假定在无限空间有一薄壁，在薄壁上开一面积为 $A(m^2)$ 的孔口，当孔口通过的风量等于矿井风量，且孔口两侧的风压差等于矿井通风阻力时，则孔口面积 $A$ 称为该矿井的等积孔。

a. 单风井等积孔计算：

$$A = \frac{1.19Q}{\sqrt{h}} = \frac{1.19}{\sqrt{R}}$$

式中　$A$——矿井等积孔，$m^2$；

$Q$——主要通风机的工作风量，$m^3/s$；

$h$——主要通风机的静压，Pa；

$R$——矿井总风阻，$N \cdot s^2/m^8$。

b. 多风井矿井等积孔计算：

$$A = 1.19 \frac{\left| \sum_{i=1}^{m} Q_i \right|^{3/2}}{\sqrt{\sum_{i=1}^{m} (h_i Q_i)}}$$

式中　$A$——矿井等积孔，$m^2$；

$Q_i$——第 $i$ 个主要通风机的工作风量，$m^3/s$；

$h_i$——第 $i$ 个主要通风机的静压，Pa。

通过矿井总风阻或等积孔的大小，可判断矿井通风难易程度的级别，具体判断标准见表 2-6。

表 2-6 矿井通风难易程度分级

| 矿井通风难易程度 | 矿井总风阻 $R_m/(N\cdot s^2/m^8)$ | 等积孔 $A/m^2$ |
|---|---|---|
| 容易 | <0.355 | >2 |
| 中等 | 0.355～1.420 | 1～2 |
| 困难 | >1.420 | <1 |

② 矿井通风阻力 $h_{阻j}$

根据矿井(或一翼)通风阻力与风机装置压力关系，由风机房水柱计读数推算出矿井(或一翼)通风阻力 $h_{阻j}$ 为

$$h_{阻j}=H_S+H_N=h_{S_2}-h_{V_2}+H_N$$

式中 $H_S$——风机装置静压，Pa；

$H_N$——矿井(或一翼)自然风压，Pa；

$h_{S_2}$——风机房静压仪(U型水柱计)读数，Pa；

$h_{V_2}$——风硐中传压管处断面上的速压，Pa。

## 六、测尘作业岗位安全技术操作规程

(1) 熟悉现有测尘仪表、天平等的工作原理、构造和维护方法及测尘用的各种化学试剂的性质、作用，并能熟练操作、正确使用。

(2) 负责井下各井巷、采掘工作面、硐室和其他有人工作场所空气中的粉尘浓度、粉尘分散度、游离二氧化硅含量及落尘的测定、采样和分析化验工作。

(3) 负责编制测尘报表，分析整理测尘资料和管理防尘图牌板。

(4) 熟悉矿井防尘系统，掌握《煤矿安全规程》对粉尘浓度的规定；发现问题及时提出改进意见，向相关领导汇报。

(5) 定期对测尘仪器充电，搞好测尘仪器的保养，给测尘仪器充电时严格按《使用说明书》操作。

(6) 测尘前认真检查测尘仪器，做到外表清洁、附件齐全、电键或旋转按钮灵敏可靠。使用光电测尘器时，要检查电池电压，当低于使用电压时，应按要求进行充电。

(7) 根据该班测尘地点和采样数量准备好仪表、工具及其附件。

(8) 使用粉尘采样器测尘时,要事先认真称量采样滤膜。测量时用塑料镊子取下滤膜两面的夹衬纸;然后将滤膜轻放在分析天平上进行称重,并将重量值编好号码;再放入滤膜盒内,要求滤膜不得有折皱,滤膜盒盖要拧紧,并置于干燥器内。使用光电测尘仪测尘时,要备有足够的滤膜纸带。

(9) 下井前应带全仪器、仪表、工具和记录本等。仪器必须随身携带,严禁碰撞挤压,不得让他人代拿或摆弄。

(10) 注意观察采样地点、顶板、运输等情况,以保证工作中的自身安全。

(11) 采煤工作面粉尘浓度测点的选择与布置(表 2-7)。

**表 2-7　采煤工作面粉尘浓度测点的选择与布置表**

| 类别 | 生产工艺 | 测尘点布置 |
|---|---|---|
| 采煤工作面 | (1) 缓倾斜及倾斜煤层采煤机落煤 | 采煤机回风侧 10～15 m 处 |
| | (2) 采煤机司机操作采煤机 | 司机工作地点 |
| | (3) 液压支架工移架 | 移架工工作地点 |
| | (4) 手工落煤及人工攉煤 | 1 人作业,在其回风侧 3～5 m 处;多人作业,在最后1 人回风侧 3～5 m 处 |
| | (5) 工作面平巷钻机钻孔 | 距钻孔地点 3～5 m 处的回风侧 |
| | (6) 风钻钻眼 | 距作业人员 3～5 m 处的回风侧 |
| | (7) 回柱放顶,移刮板输送机 | 作业人员工作范围内 |
| | (8) 工作面多种工序同时作业 | 回风巷内距工作面端头 10～15 m 处 |
| | (9) 工作面爆破作业 | 爆破工人进入工作面开始作业前,在工人作业地点 |

(12) 掘进工作面粉尘浓度测点的选择与布置(表 2-8)。

表 2-8　掘进工作面粉尘浓度测点的选择与布置表

| 类别 | 生产工艺 | 测尘点布置 |
| --- | --- | --- |
| 掘进工作面 | (1) 掘进机作业 | 机组后 4～5 m 处的回风侧 |
| | (2) 掘进司机操作掘进机 | 司机作业地点 |
| | (3) 机械装岩 | 距装岩机 4～5 m 处的回风流中 |
| | (4) 风钻钻眼 | 距作业地点 4～5 m 处的巷道中部 |
| | (5) 多工序同时作业 | 距最后作业地点 4～5 m 处回风侧 |
| | (6) 砌碹 | 在作业人员活动范围内 |
| | (7) 刷岩 | 距作业地点 4～5 m 处回风侧 |
| | (8) 挑顶 | 距作业地点 4～5 m 处回风侧 |
| | (9) 拉底 | 距作业地点 4～5 m 处回风侧 |
| | (10) 工作面爆破作业 | 爆破后，工人进入工作面开始作业前，在作业地点 |

(13) 其他作业场所粉尘浓度测点的选择与布置(表 2-9)。

表 2-9　其他作业场所粉尘浓度测点的选择与布置表

| 类别 | 生产工艺 | 测尘点布置 |
| --- | --- | --- |
| 其他作业场所 | (1) 刮板输送机作业 | 距输送机转载点 5～10 m 处的回风侧 |
| | (2) 带式输送机作业 | 距输送机转载点 5～10 m 处的回风侧 |
| | (3) 装煤(岩)点 | 距尘源 5～10 m 处的回风侧 |
| | (4) 人工装卸材料 | 作业人员作业地点 |
| | (5) 钻机钻眼 | 钻机下风侧 3～5 m 处 |

(14) 根据所使用的粉尘浓度检测仪器的不同，测尘方法分为两种，即滤膜采样测尘仪器测尘和直读式测尘仪测尘。

(15) 滤膜采样测尘仪器测尘原理：抽取一定体积的含尘空气，通过惯性冲击方式的分离装置，将较大的粉尘颗粒撞击在玻璃捕集板上，而通过捕集板周围空腔的微细尘粒，则被阻留在滤膜上。采样以后，分别通过玻璃捕集板及滤膜的增重，即可计算单位体积含尘空气中呼吸性粉尘及总粉尘的质量。

(16) 直读式测尘仪测尘(光电测尘仪器)原理：利用仪器薄膜泵抽取一定量的含尘空气送到滤膜上，然后通过滤纸吸尘前后的光通量变化转换为电信号输出，指示出含尘空气中粉尘浓度的含量。

(17) 滤膜采样测尘仪器测尘程序。

① 首先用镊子取出干净的滤膜，除去两面的衬纸，放在天平上称重并记录，压入滤膜夹；然后放入贴好标签的样品盒内备用。

② 玻璃捕集板先用中性洗涤液浸泡，除去表面污渍，经清水漂洗后，再用脱脂棉球及无水酒精擦净。

③ 用洁净的小刮刀蘸取少量硅油，涂抹在捕集器圆心位置；再向侧边将硅油刮薄展开，使硅油涂成直径 15 mm 的圆形。由于硅油黏度较高，数小时后才会出现均匀扩散。所以捕集板涂硅油的工作，应在采样前提前进行，并保证其不受污染。

④ 将已涂好硅油的捕集板放在天平上称重，并做好记录备用，放入贴好标签的样品盒内。工作时，将玻璃捕集板从样品盒内取出，安装在捕集器分离装置前端的捕集板座上，用金属卡环压紧，再拧紧捕集器的进气盖。

⑤ 在选定的采样地点，将采样器固定安装在专用三脚支架上，其高度应符合现场呼吸带高度。将预捕集器安装在采样器上，并将进气口置于含尘空气流中，采样时间根据现场粉尘种类、浓度及作业情况来预置。一般采样时间以 20～25 min 为宜，粉尘浓度较高的场所一般预置 2～5 min 即可。采样前后估计捕集板及滤膜上粉尘的增量，均不应小于 0.5 mg 或多于 10 mg，以免影响采样准确度。

⑥ 采样结束后，应小心地取出粉尘样品放入相应的样品盒内，样品应进行干燥处理后再称量记录。

⑦ 粉尘浓度的计算(20 L/min 恒流量的计算方法)。

呼吸性粉尘浓度计算公式如下：

$$R = \frac{m_2 - m_1}{Q t} \times 1\ 000$$

式中　$R$——呼吸性粉尘浓度，$mg/m^3$；

$m_1$——采样前的滤膜质量，mg；

$m_2$——采样后的滤膜质量，mg；

$Q$——采样器采样流量，L/min；

$t$——采样器采样时间，min。

总粉尘浓度计算公式如下：

$$T = \frac{f_2 - f_1 + m_2 - m_1}{20t} \times 1\ 000$$

式中　$T$——总粉尘浓度，$mg/m^3$；

$f_1$——采样前的捕集板质量，mg；

$f_2$——采样后的捕集板质量，mg；

$m_1$——采样前的滤膜质量，mg；

$m_2$——采样后的滤膜质量，mg；

$t$——采样器采样时间，min。

(18) 直读式测尘仪测尘程序。

① 校正仪器的采样流量和采样时间，并按照仪器的使用说明进行调整。

② 每个测尘地点连续测定的数据不小于 3 个，并取其平均值。

③ 用快速直读测尘仪测定粉尘浓度时，必须以粉尘采样器测得的浓度为准。

(19) 采样地点设在回风侧，仪器的采样口必须迎向风流。

(20) 采样高度在不妨碍工人操作的前提下，应尽量靠近工人作业的呼吸带，一般为 1.5 m 左右。

(21) 每个测尘地点连续测尘的数据不少于 3 个，取其平均值。

(22) 使用粉尘采样器测尘时，若采样后的滤膜被污染或粉尘失落应作废，重新采样；由于滤膜不耐高温，在 55 ℃以上的采样现场不宜采样。

(23) 要及时将每次的测尘记录填入台账。

(24) 测尘采样器每次使用完后,要擦净,使仪器保持完好状态。

## 七、制氮与注氮作业岗位安全技术操作规程

(一) 注氮工应完成的工作

(1) 负责操作注氮泵等机具向采空区和巷道注氮。

(2) 检查、维护注氮管路系统。

(3) 负责注氮泵等机具的维护、保养及故障排除等工作。

(二) 上岗条件

(1) 注氮工必须经过专业技术培训,考试合格后,方可上岗。

(2) 注氮工需要掌握以下知识:熟悉入井人员的有关安全规定。熟悉制氮、注氮的工作原理。掌握《煤矿安全规程》《煤矿防灭火细则》对制氮、注氮的有关规定。熟悉注氮的正规流程、操作程序。熟悉注氮设备的参数以及对注氮的相关要求。熟悉注氮设备的工作原理、结构、维护保养及排除故障的知识。了解工作范围内的管路系统(包括管径、接头方式、阀门型号及安装地点等)。熟悉《煤矿安全规程》《煤矿防灭火细则》中对煤矿防灭火的有关规定。掌握煤矿自然发火的机理及防治知识。了解井下各种气体超限的危害及预防知识。

(三) 安全规定

(1) 注氮管路系统在投入使用前,必须进行压力试验,确保密封不漏气。

(2) 注氮工必须携带瓦斯氧气两用仪、一氧化碳检测仪,进入工作地点后,应首先检查瓦斯等气体以及巷道顶帮的情况;在确认安全后,方可正常操作。

(3) 井下注氮操作场所附近必须安设电话,能与调度室、制氮气机的司机保持联系。

(4) 注氮的操作,必须按照作业规程施工,不得擅自改变注氮量、注氮方式等。

(四) 操作准备

(1) 井下注氮检查。检查工作场所附近的巷道顶帮及气体情况,检查管路及阀门的状况,确保安全、完好。

(2) 地面注氮前的检查。检查注氮机组的状况,包括检查机组油

量、冷却水系统、仪器仪表、阀门、供电系统等是否满足要求。

(五) 操作顺序

该工种的操作顺序如下。

(1) 井下操作顺序:安全检查→打电话要求供氮气→打开阀门注氮→观察记录注氮量。

(2) 地面操作顺序:安全检查→开启制氮机组→正常供气。

(六) 正常操作

(1) 下井后要沿注氮管路行走,并用随身携带的工具进行检查;发现漏气要及时处理。

(2) 用氮气防灭火时,要对管路进行检查;对管路中的积水要及时排除。

(七) 向火区注氮

(1) 将管路接到防火墙上预留的注氮孔管路上,打开阀门。

(2) 通知调度室或通防部门,由其通知制氮厂供气。

(3) 观察并记录注氮量。每隔 1 h 记录 1 次仪表值,并填入注氮记录表上。

(4) 随时检查瓦斯、一氧化碳等气体的浓度,超限时要停止工作,进行处理。

(5) 达到设计的注氮量时,要停止注氮;在有关人员验收后,再决定撤出管路或继续注氮。

(6) 停止注氮时,要先通知调度室或通防部门、注氮机组值班人员后,再关闭阀门。

(八) 向采空区注氮

(1) 工作面开切眼时要预先埋设注氮管路,沿走向每推进一段距离,按作业规程规定再沿工作面埋设注氮管路。

(2) 根据设计的注氮量进行注氮操作。

(九) 停产工作面的注氮防火

(1) 通过临时密闭预留的注氮孔管路向停产工作面进行注氮,操作方法可以参考“向火区注氮”的操作程序。

(2) 向停产工作面进行注氮,要保证停产工作面进、回风巷密闭,不漏风。

（十）制氮机组的操作（固定式 L 型）

（1）开机前打开冷却水总进水阀门。

（2）关紧载荷阀门，打开排气管路阀门。

（3）合上电闸，检查各电表和指示是否正常。

（4）开关在手动位置，按启动按钮，电机电流升到满表位置；当回降到正常值附近时，按运转按钮。

（5）空车启动后，操作者应注意：检查油泵压力表指针是否马上升压；检查电机、压缩机的声音是否正常；检查各运动部位温度是否正常。

（6）将减荷阀手轮逐渐打开，压缩机开始加载，一、二级汽缸压力表开始升压，逐渐达到规定值。

（7）压缩机进入正常运转后，此时各工况应符合以下要求：该压缩机吸气温度应不大于 40 ℃；压缩机排气温度应不大于 160 ℃；冷却水进水温度应不大于 35 ℃；冷却水排水温度应不大于 40 ℃；传动机构润滑压力（油泵压力表）为 0.15～0.35 MPa；传动机构润滑油温度应不大于 70 ℃；二级排气压力应不大于 0.4 MPa；排除氮气浓度必须大于 97%。

（8）压缩机的停机必须做到卸载停机。停机前操作者必须先关闭减荷阀，停止供气，使压缩机空运转数分钟；若排气管道中设有放空阀，也应开阀放空。

（9）按停止按钮，断电使机组停止运转。

（10）停机约 15 min 后，待各汽缸逐渐冷却完毕，再关闭冷水阀停止供水，并放掉机内的存水（水管最低位置的水阀打开），以防冬季冻结。

（11）排放中间冷却器和储气罐内的凝结油、水。

（12）制氮机组运行中每隔 1 h 做 1 次运行记录。

（十一）制氮机组的操作（移动式）

（1）首先对设备、冷却水系统、电器、仪器仪表进行检查，检查空压机油气桶的油位，油位应位于窥镜刻度线的上限与下限之间。检查制氮机组各阀门的位置。注氮阀门应处于关闭位置，注氮压力调节阀处于预先调节好的位置（调节好之后，无须再动），注氮放空阀应处于开启位置。检查水量、水温是否满足要求。检查电气设备的绝缘与防爆是否符合要求。制氮机组所有的排污阀应进行1次排放。

(2) 开启冷却水的进水阀门，使冷却水循环系统开始工作。

(3) 合上高低压电源开关，检查电压指示是否正常。

(4) 瞬时点动空压机电机，检查电机转向是否正确（应符合电机旋转指示方向）。

(5) 启动空压机，使得空气罐升至满压，打开膜分离系统的进气阀。

(6) 手动闭合膜分离系统电控箱内的断路器，然后按下膜分离系统上的启动按钮，启动氮气系统，使系统达到正常压力。

(7) 校验氧分析仪。将氮气取样阀关闭，旋开氧电池底部的螺钉，让空气直接进入氧电池，等待5 min，观察测量值是否为20.9%；如果不是，需继续调整。

(8) 调整纯度控制阀，直至产出的氮气浓度合格。在产出合格的氮气之前，产出的气体将自动通过放空电磁阀排空。

(9) 打开产品氮气出气阀。

(10) 制氮机组运行中要随时注意观察排气的温度，一般应控制在50～60 ℃。

(11) 制氮机组运行中空气缓冲罐每隔1 h必须排污1次。

(12) 制氮机组运行中每隔1 h做1次运行记录。

(13) 制氮机组停机时，应按照下列顺序操作：按下膜分离系统上的停止按钮。关闭空压机（按照操作说明规定执行），膜分离器将在停止进空气时通过渗透侧放空管自动降压。关闭氮气输出控制阀，断开膜分离系统电控箱内的断路器，关闭水冷却系统水源。

(14) 定期更换过滤芯。在更换过滤芯之前，应关闭压缩空气入口阀门，使管路泄压。

(15) 定期对安全阀、冷凝液排放管路进行检查，发现问题及时处理。

(16) 冬季停机或长期不用时，应将各部件的冷却水全部放掉。

（十二）特殊操作

（1）处理漏气管路时，要先关闭阀门；如果需要停气，还要通知制氮厂停供氮气，并向调度室、通防部门汇报。

（2）处理漏气管路时，作业人员要求3人以上，并检查氧气浓度；如果氧气浓度低于20%，不得操作。

井下发现不适合注氮时，要立即打电话通知注氮机组操作人员停机，并向调度室和通防部门汇报。

（3）机组操作人员发现设备有异常现象时，要立即进行处理，必要时要停机。

（十三）收尾工作

（1）接班时，要将当班的注氮量、火区检查情况、工作面采空区注氮的情况进行详细交接。

（2）交接班时，制氮机组运行记录要一并交接。

**八、制浆与注浆作业岗位安全技术操作规程**

（一）地面注浆站安全技术操作规程

（1）注浆时，每个地点不得少于2人，1人在钻场注浆，另外1人巡视注浆管路及注浆段附近巷道有无底鼓、跑浆现象；若出现上述情况应立即通知地面注浆站停机处理。

（2）注浆管路铺设好后，将所有注浆软管两端用铁卡卡牢，用双股8#铁丝将铁卡与2英寸(1英寸=2.54 cm)铁管法兰盘二次连接；并对井下整个注浆管路做耐压试验，以后需要延伸的注浆管路，延伸部分也要做耐压试验，耐压值根据该工作面规程规定的压力稳定30 min以上，方可投入使用。注浆前应做好以下检查工作：注浆地点要设专用电话，电话要悬挂在顶板无淋水、灰浆溅不到的地方，距离钻场不得大于10 m，保证通信畅通。检查孔口管4英寸闸阀是否完好，开关是否自如。检查2英寸球阀是否堵塞，球阀开关是否灵活。球阀、注浆三通U型卡是否牢固，连接注浆三通，泄压阀口朝下，打开进浆阀，关闭泄压阀。注浆期间时刻保持联系，观察压力变化情况，并定时测量浆液比重。

（3）钻孔孔口注浆软管用U型卡卡牢，对孔口注浆软管进行二次连接，注浆三通安装在 4 英寸闸阀上。

(4) 注浆前需关闭进浆阀，打开泄压阀，通知地面注浆站用 4 挡压水；待管中空气排尽后打开闸阀和进浆阀，关闭泄压阀，对钻孔（钻孔水量小于 15 $m^3/h$ 的执行该步骤，大于 15 $m^3/h$ 的可直接注浆）进行先压水、后放水的过程，压、放水时间均不少于 2 h，使孔内水外流，以冲洗孔内杂质。

(5) 冲洗孔内杂质结束后，关闭泄压阀，打开闸阀及进浆阀，电话通知地面用 4 挡开始注浆。注浆期间，井下注浆人员应随时观测孔口压力，每隔 1 h 测一次浆液比重，并电话通知地面注浆站做好记录。

(6) 注浆期间，注浆人员站立位置不能正对泄压阀和注浆三通，随时检查注浆软管连接部位是否牢靠；每隔 2 h 打开一次泄压阀，放出少量浆液，以防时间过长，浆液凝固造成泄压阀开关失灵。

(7) 当孔口注浆压力比设计注浆压力低 0.5 MPa 时，通知地面注浆站用 4 挡压水，此期间如果压力升至注浆终压，应立即通知地面注浆站停止注浆，打开泄压阀，关闭进浆阀和 4 英寸闸阀，冲洗管路。如果压水期间，压力尚未升至注浆终压，则以清水到达孔口作为注浆结束标准。

(8) 注浆结束后，注浆管路要用清水 5 挡进行冲洗，管路冲洗时间不得少于 4 h。

(9) 孔内注浆结束 16 h 后，应拆除法兰盘及 4 英寸闸阀，并将其淘洗干净。

### （二）井下注浆工安全技术操作规程

#### 1. 一般要求

注浆工必须经过培训，熟练掌握设备结构、性能、基本原理，做到会操作、会维护、会保养、会处理一般性故障，经考试合格取得合格证后方可上岗。

#### 2. 开机前的检查

检查泵的安装是否正确，各连接紧固件是否牢固、可靠；检查油箱油位是否满足要求；检查操作手柄是否准确、灵敏、可靠；检查各运动部位是否灵活、可靠；检查吸入通道是否畅通，有无漏气堵塞现象。

3. 运转时的注意事项

(1) 注浆泵运转过程中，泵体柱塞密封处若有灰浆泄漏，可调节螺母压紧柱塞密封。若调节压紧螺母后灰浆仍然泄漏，则必须更换密封或柱塞。

(2) 密封不可一次调得太紧，应逐渐分多次调节以无泄漏为准。前段 Y 型密封圈损坏必须及时更换，以免引起泄漏及加剧密封件的损坏。

(3) 经常检查进排阀组密封，如有损坏应立即更换。

(4) 经常检查逆止阀及吸入通道，清除杂质，防止流量减少及堵塞喷嘴。

(5) 经常检查安全阀终膜片与高压通道之间是否通畅。

(6) 注意观察运动部位是否有异常声响，若有卡阻现象应及时停机检查。

4. 安全注意事项

(1) 每次停止使用后必须用清水将工作腔内介质清洗干净，以免灰浆凝固影响注浆泵的正常工作。

(2) 工作过程中，如果突然停电或发生其他意外不能通过泵送清水清洗工作腔内残留灰浆时，必须采用人工清洗。

(3) 注浆站在进行水泥罐打灰及放灰作业时，受影响区域作业人员必须佩戴防尘口罩，做好个体防护。

(4) 注浆站打灰及放灰作业完成后，当班人员应及时清理地面及设备上的积尘，防止损坏设备或二次扬尘。

**九、局部通风工岗位安全技术操作规程**

(1) 负责所管辖区域内风筒的运送、安装、维修和拆除。

(2) 不用的或已经损坏的风筒及时回收上井。

(3) 及时修补现场破损的风筒。

(4) 及时整理、接好脱节的风筒。

(5) 局部通风工必须经过专门培训，考核合格，方可持证上岗。

(6) 入井时要携带必要的工具和材料，了解工作地点的风筒直径、长度、备用风筒是否充足，是否需要新接风筒等。

(7) 井下各通风库房要储备一定量的备用风筒、胶、铁丝、弯头、自动倒台、过渡节等。

(8) 风筒的吊挂要逢环必挂,尽量靠近巷道一帮,高度符合作业规程要求,做到平、直、稳、紧,避免风筒被刮破、挤扁或爆破崩破。

(9) 吊挂风筒时由外向里逐节连接、吊挂。

(10) 风筒的接头要严密、不漏风,胶质风筒采用双向反压边接头。铁质风筒与胶质风筒、胶质风筒与局部通风机连接处都要加软质衬垫,并用铁丝箍紧,确保牢固可靠、不漏风。斜巷施工时,风筒更要注意接头牢固,防止脱落。

(11) 同一巷道中风筒的直径要保持一致,异径风筒必须使用过渡节连接,且要先大后小,不准花接。

(12) 经常检查在用风筒的质量,发现有破口、漏风,要及时修补。

(13) 在正常工作中,如果风筒突然断开、大面积破裂等,通风工接到通知后要及时赶到现场按更换风筒流程进行修复或更换。在更换过程中,瓦斯检查工要重点检查停风区巷道内瓦斯及有害气体的浓度。更换完毕后,要及时向通风调度、值班队长和矿调度室汇报。

(14) 更换风筒时,为尽可能缩短迎头的停风时间,在掐开需要更换的风筒前就将新风筒吊挂好;在施工单位相关人员的协助下,通风工必须在 2 min 内将风筒更换完毕。更换风筒后,通风工必须检查整条巷道的风筒连接情况,出现风筒脱节或吊环脱落及时处理;更换时,不得随意停风。确需停风时,必须提前向通风调度和值班队长、矿调度室汇报,然后根据矿调度室指令进行操作。如停风时间超过30 min,则必须制定专项安全技术措施,并报总工程师审批。

(15) 巷道掘进完成后,要及时拆除风筒,并运至地面,冲洗、晾晒、修补完好。在拆除独头巷道的风筒时,不得停风,必须由里向外,依次拆除。

(16) 在有带式输送机、刮板输送机的巷道维护风筒时,原则上要在停机检修时间内进行,并提前和输送机司机联系好,做好安全确认。紧急情况下,要通知输送机司机停止输送机运转,并严格执行停电、闭锁、挂牌、上锁、挂证件规定;然后再进行风筒更换、修补等工作,保证自身的安全。

(17) 在电机车运行的巷道中吊挂、维护风筒时，要设安全警戒，严防被车刮、撞伤。在巷道高处吊挂、维护风筒时，要搭设牢固的操作台或使用梯子，操作时要站稳并有专人监护，做好安全确认。

(18) 风筒吊挂一般应避开电缆、各种管线，以免互相影响。在巷道中挑顶、扩帮、开挖水沟和硐室时，要用掩护物遮挡、保护风筒，以防止爆破崩坏风筒。

(19) 修补风筒时，应使用专用风筒胶水。根据破口大小，裁剪补丁(以圆形为好)，补丁四周应大于破口 2 cm 以上，补丁边应裁剪成斜面；10 cm 以上的破口，应先用线缝合后，再进行黏补。

(20) 风筒上的吊环应齐全，吊环间距应一致，能保证风筒吊挂平直，风筒两端铁圈要缝牢。

(21) 制作过渡风筒时，过渡节应大于 2 m。

(22) 风筒末端距工作面的距离，必须在作业规程中明确规定。原则上，低瓦斯工作面煤巷、半煤岩巷不大于 10 m，岩巷不大于 15 m；石门揭煤工作面或高瓦斯区域工作面煤巷、半煤岩巷不大于 5 m，岩巷不大于 10 m。

(23) 风筒必须使用强力风筒，且产品质量合格。

(24) 风筒拐弯处要缓慢拐弯，不准拐死弯。

(25) 风筒管理要做到“五不让”，即不让风筒落后工作面的距离超过作业规程规定，不让风筒脱节破裂，不让别人改变风筒的位置和方向，不让风筒堵塞不通，不让风筒浸在水中。

# 模块三 通防作业典型事故案例

## 学习目标

1. 了解通防作业典型事故案例。

2. 增强职工安全意识，提高职工安全操作技能，吸取事故教训，防止同类事故发生。

## 安全操作技能相关知识

### 案例一 擅自打开密闭墙，造成瓦斯超限事故

某矿掘一区在2404瓦斯抽采巷修棚，在没有任何安全技术措施，没有瓦斯检查工、安全检查工、救护队员和现场指挥的情况下，擅自打开密闭墙，造成瓦斯超限事故。

1. 事故地点概况

2404瓦斯抽采巷主要为24061工作面的瓦斯抽采钻孔施工服务，位于24061工作面中部，斜长100 m，倾角17°，采用工字钢支护，棚距0.4 m，巷道净断面7.8 $m^2$。该巷道于2009年11月贯通，根据生产需要，通风区随即在巷道两端设置了临时密闭板墙。

2. 事故经过

2010年1月7日六点班，掘一区副区长黄××值班，安排六点班职工在已密闭的2404瓦斯抽采巷修棚，杨××等4人清理后往前修棚，私自扒开密闭墙，在没有检查和排放瓦斯及其他有毒、有害气体的情况下，进入盲巷内修棚作业，导致回风口的瓦斯浓度达到3%以上，造成瓦斯超限。被安全检查工发现后，责令立即停止修棚，撤出人员，

重新打好密闭墙。

3. 事故原因分析

(1) 副区长黄××对瓦斯管理意识不强，重生产、轻安全思想严重，违章指挥，在没有专项安全技术措施的情况下，安排工人擅自扒开密闭墙是造成瓦斯超限事故的直接原因。

(2) 职工杨××等4人安全意识不强，自主保安能力较差，没有做到拒绝违章指挥和作业，是导致事故的间接原因。

4. 防范措施

(1) 现场立即停止向前修棚，撤出人员，并重新打好密闭墙。

(2) 加强现场管理，跟班领导要靠前指挥，监督检查措施和制度在现场的落实，杜绝区队管理人员违章指挥和职工违章作业。

(3) 职工应深刻吸取教训，加强瓦斯管理知识的学习，提高自主保安能力，拒绝违章指挥和强令冒险作业。

(4) 每次密闭墙拆除前必须制定专项安全技术措施；密闭拆除时，现场配齐瓦斯检查工、救护队员及瓦斯排放指挥人员，在检查和确认密闭墙内无有毒、有害气体及其他威胁时，方可实施拆除。

### 案例二　窒息事故造成人员伤亡事故

1. 事故经过

××××年1月17日早班，某矿机电科某车间召开班前会安排工作，职工朱××点完名后，没有领取自己的矿灯和自救器(借用别人的矿灯、自救器)，也没有打卡考勤，就直接下井到水仓开泵。由于此处并联通风系统的配风不合理，加之附近泄水巷密闭处向外泄漏有害气体，致使混合气体积聚，气体超限缺氧。为完成承包任务，避免淹泵，朱××继续开泵，致使其缺氧窒息死亡。17日中班，替班的田××到水仓开泵。21:00，当田××走到下山变坡点时，闻有异味，立即退到泵房向值班领导作了汇报。21:45，矿调度室接到机电调度的汇报后，立即安排通防科瓦斯检查工去现场查气体。18日5:40，机电科书记汇报，朱××上早班下落不明。矿调度立即向矿领导作了汇报，并分两路下井找人。9:40，通风区区长汇报，在水仓电机附近找到了已死亡的朱×

×。10:30,朱××被护送上井到医院。

2. 事故原因

(1) 直接原因

混合气体超限,缺氧窒息死亡。

(2) 主要原因

① 通风管理不善,配风不合理。

② 巷道失修,因积水造成通风断面小,通风阻力大,供风不足。

③ 没有定期测风、合理配风。

④ 技术管理不到位,并联风路,风量分配不合理。

⑤ 没有定期监测和维修附近工作面老塘密闭,造成有害气体泄漏。

(3) 间接原因

① 单位管理不到位,以包代管,工作安排不细。

② 职工自主保安意识差。

③ 矿上管理不严,部门没有把好关。

3. 防范措施

(1) 要狠抓安全责任制的落实,严格执行《煤矿安全规程》并落到实处,从根本上提高职工对隐患的防范能力。

(2) 要加强通风技术管理,定期测风、合理配风。

(3) 要组织职工加强学习"三大规程"及安全技术措施,加强安全意识教育,增强安全自保、互保意识。并结合此次事故教训,举一反三,深刻反思,开展好警示教育。

(4) 要进一步明确和落实各级安全生产责任制,强化关键工序和重点隐患的双重预警,并加强特殊作业人员的安全管理。

(5) 各级管理人员要深刻反省自己的工作,反省违章指挥的危害性,真正找出自己工作中的不足,在工作中要以身作则,靠前指挥,坚决杜绝安全事故的发生,确保矿井安全生产。

(6) 通风队管理人员要加强各地点的通风排查,确保风量合理分配;瓦斯检查工加强各地点瓦斯、有毒有害气体检查,发现有毒有害气体后严禁人员靠近,采取压风稀释等措施,并立即向调度室汇报。

## 案例三　某某煤矿煤与瓦斯突出事故

2017 年 5 月 15 日 7:43，某某煤矿发生一起较大煤与瓦斯突出事故，突出煤(岩)量 116 t，涌出瓦斯量 4 865 $m^3$，造成 3 人死亡，直接经济损失 346.66 万元。

1. 事故发生经过

5 月 15 日零点班，全矿共入井 372 人。5 月 14 日 22:50 左右，开拓一队队长李××组织召开了班前会，安排 2306 风巷零点班等通防科效果检验合格后正常作业，但未对迎头过断层提出安全要求。队长李××、工人张××等职工 14 人及安全检查工郭××、瓦斯检查工刘××，于 15 日零时左右到达 2306 风巷掘进工作面。接班后，队长李××安排先支护巷帮，然后打效果检验孔，效果检验结束后，正常掘进。15 日 2:00 左右，防突工开始实施效果检验作业，3:20 检验完毕，效果检验指标最大值 $q$ 为 1.6 L/min，$S$ 为 2.2 kg/m，允许掘进 5 m。郭××到现场检查后，未发现瓦斯突出预兆和迎头地质异常情况。刘××检查巷道内瓦斯浓度正常。随后队长李××安排张××负责开综掘机，王××负责综掘机照明，高××负责看管综掘机电缆，其他人员负责开带式输送机、备料、巷道冲尘等。综掘机司机张××发现工作面迎头右上角出现厚度400 mm左右的岩石，并向李××汇报，李××让继续掘进。7:43，已掘进约 1.4 m (2 排)，综掘机割头落地，张××忽然听到“轰”的一声，一股冲击波将他从综掘机座位上冲到转载皮带下面。带式输送机突然断电停机，巷道内煤尘迷漫，在场人员意识到发生了事故，纷纷向外跑，有 8 人进入临时避难硐室，5 人撤离到 2306 风巷风门以外的新鲜风流中，随后自行升井。最终经确认 3 人遇难。

2. 事故原因

(1) 直接原因

该煤矿所采二$_2$ 煤层为煤与瓦斯突出煤层，2306 风巷掘进工作面具有突出危险性；掘进工作面遇断层，构造应力与地应力叠加，加大突出危险性；区域综合防突措施未能消除突出危险；综掘机割煤扰动诱发煤与瓦斯突出。

(2) 间接原因

① 该煤矿 2306 风巷掘进工作面的区域防突措施设计不切合实际。2306 底抽巷穿层钻孔设计孔深达 163.5～238 m，且不能测定钻孔轨迹，无法保证终孔位置与设计一致，瓦斯抽采期间没有掌握钻孔完好程度，导致区域综合防突措施未能消除突出危险。采用的顺层钻孔(60 m)预抽煤巷条带煤层瓦斯区域防突措施，违反了《煤矿安全规程》第二百一十条的规定。

② 该煤矿防突制度执行不到位。《××煤矿防突管理制度》规定，掘进工作面遇到地质构造，必须停止作业，探明地质情况，采取措施处理后方可掘进。开拓一队及负有防突职责的部门负责人思想麻痹、管理松懈，在已发现 2306 风巷掘进工作面前方存在地质异常、事故前已经揭露断层的情况下，没有按照规定停止作业，采取措施处理。

③ 该煤矿 2306 风巷区域防突措施效果验证不可靠。在底抽巷进行区域措施效果检验，钻孔过深，无法确定钻孔终孔位置，效果检验指标不可靠。在巷道煤层断面 12.42 $m^2$(全断面 15.64 $m^2$)范围内，至少存在 47 个瓦斯抽采钻孔，再在实体煤中布置 4 个区域验证钻孔，验证钻孔与措施钻孔较近，没有技术措施保证验证钻孔不与顺层、穿层瓦斯抽采钻孔透孔，导致区域验证指标不可靠。

④ 该煤矿存在重生产、轻安全的错误观念。为加快进度、减少投入，采用没有技术保证的长距离穿层钻孔预抽 2306 风巷条带煤层瓦斯区域防突措施。《××煤矿防突管理制度》规定，穿层、顺层瓦斯抽采钻孔由打钻队施工，后为加快工程进度，经矿长批准修改制度，把原定由打钻队施工的顺层瓦斯抽采钻孔安排开拓一队施工，造成了掘进与瓦斯治理的矛盾。

3. 防范措施

(1) 及时编制工作面区域防突措施设计并严格执行，加强区域防突措施效果验证，做到安全可靠。

(2) 防突制度执行到位。

(3) 加强全员安全教育培训，提高职工安全意识。

# 第三部分　主要通风机和空压机操作作业

主要通风机和空压机操作作业安全技术基础知识
主要通风机和空压机操作作业安全操作技能
主要通风机和空压机操作作业典型事故案例

# 模块一　主要通风机和空压机操作作业安全技术基础知识

## 安全技术基础知识一　专业技术基础知识

### 学习目标

1. 熟悉矿井通风、压风系统。
2. 熟悉矿井供、压风设备组成。
3. 熟悉主要通风机及空压机分类。
4. 掌握轴流式主要通风机的原理及使用。
5. 掌握螺杆式空压机原理及使用。

### 安全技术基础知识相关知识

**一、矿井通风、压风系统**

1. 矿井通风系统

井下气候条件是指井下空气的温度、湿度和风速三者综合作用于人体，给予人体的舒适感觉程度。人们无论是在休息还是在劳作，都要不断地产生热量，这些热量必须及时地散失掉，以维持人体正常的温度。如果空气温度高、湿度大并且风速小，人体产生的热量散发不出去，就会感到闷热，甚至发生中暑。反之，如果空气温度低、湿度小并且风速大，人体散发出去的热量就多，人体就会感到发冷，甚至引起感冒。因此，井下气候条件的好坏，对职工的健康和劳动生产率的提高有着重要影响，是保证矿井安全生产的重要因素，也是矿井通风的基本任务之一。

井下工作地点最适宜的气候条件是：空气温度为 15～20 ℃，空气相对湿度为 50%～60%，风速的大小应根据气温的高低而定，如表 3-1 所示。

**表 3-1 风速与空气温度的关系**

| 空气温度/℃ | 适宜的风速/(m/s) | 空气温度/℃ | 适宜的风速/(m/s) |
|---|---|---|---|
| <15 | 0.3～0.5 | 20～23 | 1.0～1.5 |
| 15～18 | 0.5～0.8 | 23～26 | 1.5～2.0 |
| 18～20 | 0.8～1.0 | 26～28 | 2.0～2.5 |

《煤矿安全规程》对井下巷道中的风速有明确规定，见表 2-2。

对井巷风速作最高和最低的限制主要原因如下：

① 为了有效地冲淡和排除有害气体，防止瓦斯积聚。由于巷道帮顶和煤壁不断涌出瓦斯和有害气体，且常附存在凹陷处，风速过小，难以将其稀释和带走，易造成局部积聚或层状流动，威胁安全。

② 有利于排除浮游矿尘和防止沉积矿尘飞扬。风速过小，不能将悬浮在空气中的浮游矿尘有效、迅速地排出井外，尤其对人体危害较大的 5 微米以下的呼吸性矿尘；但风速也不能过大，否则会将沉积矿尘吹扬起来，增加风流中的含尘量。

③ 创造良好的气候条件。风速过大或过小都会恶化气候条件，进而影响作业环境和劳动效率。

④ 避免浪费，使通风费用更合理。风速过大，会使通风阻力和漏风增大，毫无意义地增加主要通风机的负担而使耗电量增大，造成通风费用的浪费。

设有梯子间的井筒或者修理中的井筒，风速不得超过 8 m/s；梯子四周经封闭后，井筒中的最高允许风速可以按表 2-2 中的规定执行。无瓦斯涌出的架线电机车巷道中的最低风速可低于表 2-2 的规定值，但不得低于 0.5 m/s。综合机械化采煤工作面，在采取煤层注水和采煤机喷雾降尘等措施后，其最大风速可高于表 2-2 的规定值，但不得超过5 m/s。

矿井每年安排采掘作业计划时必须核定矿井生产和通风能力，必须按实际供风量核定矿井产量，严禁超通风能力生产。

矿井必须有完整的独立通风系统。改变全矿井通风系统时，必须编制通风设计及安全措施，由企业技术负责人审批。

新建高瓦斯矿井、突出矿井、煤层容易自燃矿井及有热害的矿井应当采用分区式通风或者对角式通风；初期采用中央并列式通风的只能布置一个采区生产。

机械通风可以使矿井获得足够的新鲜空气和克服巷道阻力所必需的压力。机械通风的方式分为抽出式、压入式、抽压混合式三种。

利用自然因素产生的通风动力，致使空气在井下巷道流动的通风方法为自然通风。

按照矿井进风井和回风井的位置关系，一般把矿井通风方式分为四种基本类型，即中央式、对角式、区域式和混合式通风。

① 中央式通风方式又可分为中央并列式和中央分列式（又称中央边界式）两种。中央并列式通风方式是进风井和回风井都布置在矿区井田的中央，两风井相隔很近（一般相距 30～50 m）；中央分列式通风方式是进风井布置在矿区井田中央，而回风井则布置在矿区井田上部边界沿走向的中央，两风井相隔一定距离。

② 对角式通风方式又可分为两翼对角式和分区对角式两种。两翼对角式是进风井布置在矿区井田的中央，两个回风井分别布置在矿区井田两翼上部；分区对角式是各个采区的上部都开掘回风井，不开掘主要回风巷。

③ 区域式通风方式是在井田的每个生产区域各布置进、回风井，分别构成独立的通风系统。

④ 混合式通风方式是中央式和对角式通风组合而成的一种混合式通风方式。

矿井通风的作用如下：

① 连续供给井下人员足够的新鲜空气，满足人们呼吸的需要。

② 稀释井下有毒、有害气体及矿尘到安全浓度，并排出作业点，保

证安全生产。

③ 排出井下的热量和水蒸气，创造适宜工作的气候条件，保证井下作业人员的身体健康和安全生产。

2. 矿井压风系统

矿井供、压风系统是矿井生产的重要系统之一。矿井压风系统主要由空压机、压风管路、阀门、相关元件、空气过滤器、风包、冷却装置、润滑装置、安全保护装置及电气控制装置等组成。

空气过滤器的作用是防止空气中的杂质和尘埃进入汽缸，否则会在汽阀表面、汽缸壁及活塞等处引起腐蚀。

(1) 矿井压风系统用途

近年来，压风系统在煤矿安全生产中的重要性越来越明显。压风系统提供的动力主要用于以下几个方面：

① 煤矿巷道支护中采用的锚喷工艺。

② 煤巷掘进中应用的风镐、风锤、风动凿岩机等风动机械。

③ 为了减轻操作人员的劳动强度，提高工作效率，使用的风动扳手等风动工具。

④ 为了保证当发生瓦斯、煤尘爆炸事故，煤与瓦斯突出事故，有害气体漏出事故，冲击地压事故后，井下现场人员的安全自救，而使用的压风自救系统。

⑤ 利用高压空气实现爆破采煤等。

由于风动工具的冲击力强，最适用于钻削坚硬的岩石，所以煤矿掘进工作面离不开压风系统。因此在煤矿井下使用压风设备既安全又高效，尤其是在有瓦斯、煤尘爆炸危险的矿井中，更具优越性。

(2) 井下空压机站布置

随着井下巷道长度的不断延伸，地面的空压机站向井下供给压缩空气的管路越来越长，压缩空气的压力损失逐渐增大，此时就需要在井下设置空压机站。

井下空压机站一般都布置在矿井主要大巷中围岩坚固的地点。小型煤矿一般在井田中央设置一座空压机站，用压风管路将压缩空气输送到各个用风地点，形成压风系统。大、中型煤矿往往设置两个或两个以上空压机站，用压风管路将所有的空压机站全部连接在一起，管路分支处均设有调节、关闭压缩空气的阀门，以供调节风量所用。

（3）压风系统的不足

① 空压机站内工作环境温度较高。

② 噪声较大。

③ 用压缩空气作动力效率低、成本高。

**二、矿井通风设备及附属设施**

矿井通风设备主要是指主要通风机。矿井主要通风机设备是煤矿“四大机械”之一，是确保矿井通风系统正常、安全、稳定运行的关键设备，号称矿井的“肺”。

（一）主要通风机的分类

主要通风机是用来输送气体的机械。从能量转换的观点来看，它又是把原动机的机械能转化为气体的动能和压强能的机械。

（1）主要通风机按结构和工作原理（气流在风机叶轮中的运动方向）可分为：

① 轴流式主要通风机。在轴向剖面上，气流在叶轮流道中沿大致平行于主要通风机旋转轴的方向流动。

② 离心式主要通风机。在轴向剖面上，气流在叶轮流道中沿大致垂直于主要通风机旋转轴的方向流动，也称为径流式主要通风机。

③ 混合式主要通风机。它的情况介于前两者之间，其气体流动方向与主要通风机旋转轴成某一角度，也称为斜流式主要通风机。

（2）根据主要通风机叶轮数目的不同，主要通风机又可分为单级的（一个叶轮）及多级的（在同转轴上串联多个叶轮）。离心式主要通风机多为单级的，而轴流式主要通风机可为1～4级。

（3）根据叶轮进气口数目的不同，主要通风机可分为单吸入或双吸入主要通风机。轴流式主要通风机均为单吸入，而离心式主要通风机可为单吸入或双吸入。

（4）矿用通风机按其服务范围可分为：

① 主要通风机。用于全矿井或矿井某翼（区）通风的通风机。

② 辅助通风机。用于矿井通风网络内的某些分支风路中，帮助主

要通风机工作，以保证该分支所需风量。

③ 局部通风机。用于矿井局部地点通风，如独头巷道掘进，它产生的风压全部用于克服与其连接的风筒的阻力。

(5) 根据风机的压力，可将风机分为低压风机、中压风机和高压风机。

在标准进气状态下，离心式主要通风机按其全压大小分为：

① 低压离心式主要通风机，$H \leqslant 1\ 000$ Pa。

② 中压离心式主要通风机，$1\ 000\ \text{Pa} < H \leqslant 3\ 000$ Pa。

③ 高压离心式主要通风机，$3\ 000\ \text{Pa} < H \leqslant 15\ 000$ Pa。

在标准进气状态下，轴流式主要通风机按其全压大小分为：

① 低压轴流式主要通风机，$H \leqslant 500$ Pa。

② 高压轴流式主要通风机，$500\ \text{Pa} < H \leqslant 5\ 000$ Pa。

### （二）主要通风机性能参数

主要通风机的风量、风压、功率、效率和转速是用以表示主要通风机性能的主要参数，统称为主要通风机的性能参数。

#### 1. 主要通风机进口的标准状态

主要通风机进口的标准状态是指主要通风机进口处的压力为101 325 Pa(一个标准大气压)，温度为 20 ℃，相对湿度为 50%的空气状态。主要通风机进口的标准状态下的空气密度为 1.2 $kg/m^3$。

#### 2. 风量($Q$)

风量是指主要通风机在单位时间内所输送的气体体积。风量单位常用的有 $m^3/s$、$m^3/min$、$m^3/h$。在主要通风机的设计计算和性能换算中采用的单位是 $m^3/s$，而在主要通风机的样本和铭牌上常用的流量单位是 $m^3/h$。风机说明书中的风量与风压，一般均指标准气态下的数值。

#### 3. 风压($H$)

通风机出口空气全压与进口空气全压之差(或绝对值之和)称为风机的风压，也就是空气进入风机后所升高的压力。其单位为 Pa 或 kPa。

4. 功率($N$)

功率是指单位时间内所做的功，单位为 kW（千瓦）。风机的功率可分为：

(1) 全压有效功率 $N_t$。单位时间内通过风机的空气所获得的实际能量，它是风机的输出功率，也称为空气功率。

(2) 静压有效功率 $N_s$。单位时间内通过风机的空气所获得的静压能量，它是全压有效功率的一部分。

(3) 轴功率 $N_r$。电动机传递给风机转轴的功率，也就是风机的输入功率。

(4) 电机功率 $N_d$。考虑了传动机械效率和电机容量安全系数后电动机的功率。

5. 效率($\eta$)

效率是指主要通风机将输入功率转化为输出功率的程度，分为全压效率(也称为空气效率或总效率)和静压效率。

(1) 全压效率 $\eta_t$。主要通风机的全压有效功率与主要通风机的轴功率之比。

(2) 静压效率 $\eta_s$。主要通风机的静压有效功率与主要通风机的轴功率之比。

6. 转速($n$)

转速是指风机叶轮每分钟的转数，单位为 r/min。风机转速改变时，风机的流量、风压和轴功率都将随之改变。

（三）主要通风机的附属设施

1. 风硐

风硐是矿井主要通风机与风井间的一段联络巷道。由于通过风硐的风量大，而且风硐内外压差也很大，因此应特别注意降低风硐阻力和减少风硐漏风。风硐断面应适当大些，当风速在 10～15 m/s，风硐转弯部分要呈圆弧形，内壁光滑，其风压损失应小于主要通风机工作风压的 10%；风硐应用混凝土砌筑，总的漏风量不应超过主要通风机工作风量的 5%；风硐上作业人员的进出口应用双层密闭门关闭，以防漏风；风硐内应安设测压管。

风硐包括风井到风硐的弯道、直风硐和主要通风机入口弯道。风井到风硐的弯道要呈圆弧形,井筒侧壁上开口的高度要大于风井直径(或当量直径)。直风硐是测定风速和风压的地方,为使风速分布均匀,其长度应大于风机叶轮直径的10~12倍,与水平线所成的倾斜角可取10°~15°。直风硐的直径可取风机叶轮直径的1.4~1.6倍;轴流式主要通风机的入口弯道应做成S形,弯道直径可取主要通风机叶轮直径的1.2倍。

2. 扩散器与扩散塔

主要通风机的出风口外连接的一段断面逐渐扩大的风筒称为扩散器,在扩散器后段是方形风硐和扩散塔。它们的作用都是降低出风口的风速,从而减少主要通风机排风口的动压损失,提高主要通风机的有效静压。轴流式主要通风机的扩散器是由圆锥形内筒和外筒构成的环状扩散器;离心式主要通风机的扩散器是长方形的。排风扩散塔是一段向上弯曲的风道,出风口为长方形断面。

小型离心式主要通风机的扩散器由金属板焊接而成;大型离心式主要通风机的扩散器用砖或混凝土砌筑。扩散器的敞角一般为8°~10°,出口断面与入口断面之比为3∶4。

轴流式主要通风机的扩散器由环行扩散器与水泥扩散器组成。环行扩散器由圆锥形内筒和外筒构成,外圆锥体的敞角一般为7°~12°,内圆锥体的敞角一般为3°~4°。水泥扩散器为一段向上弯曲的风道,它与水平线所成的夹角为60°,其高为叶轮直径的2倍,长为叶轮直径的2.8倍,出风口为长方形断面(长为叶轮直径的2.1倍,宽为叶轮直径的1.4倍)。扩散器的拐弯处为双曲线形,并安设一组导流叶片,以降低阻力。

3. 防爆门

为了防止或减轻瓦斯、煤尘爆炸对出风井口设施和主要通风机可能造成的损坏,《煤矿安全规程》中规定,装有主要通风机的出风口,应安装防爆门,防爆门不得小于出风井口的断面积,并正对着出风井口的风流方向。出风井井口必须安装防爆设施,在斜井井口安设防爆门,在立井井口安设防爆井盖。防爆门是安设在主要通风机的排风井口的特殊密封井盖或防爆铁门，在正常通风时它被用来隔离地面大气与井下气流，一旦井下发生爆炸事故，防爆门会被爆炸的气流冲击而打开，起到泄压作用以保护主要通风机。在正常情况下它是气密的，以防止风流短路。

立井防爆门为钟形防爆门，斜井可为带平衡锤的多道风门，平硐为多道普通风门。《煤矿安全规程》规定，防爆门每 6 个月检查维修 1 次，并应符合下列要求：

（1）防爆门应布置在出风井同轴线上，其断面面积不应小于出风井的断面面积。

（2）以出风井与风硐交叉点为基点到防爆门的距离，比该基点到主要通风机吸风口的距离应至少短 10 m。

（3）正常时防爆门应靠主要通风机的负压保持关闭状态，并安设平衡重物或采取其他措施，以便在开启防爆门时可以平衡防爆门的重量。

（4）防爆门必须有足够的强度，并有防腐和防抛出的设施。

（5）防爆门应封闭严密，不漏风。如果采用液体作密封时，在冬季应选用不燃的冷冻液，以当地十年一遇的最低温度不冻为准。

4. 反风装置

反风装置就是引导正常风流反向流动的一套设施，由反风道、闸门、慢速绞车等组成，是矿井主要通风机必须装置的安全设备，也是灾害发生时急救的重要设施。反风装置应定期检修，操作简单可靠，保证在 10 min 内达到反风要求。主要通风机的反风方法有反风道反风、无反风道反风和反转反风等。

## 三、离心式主要通风机

### （一）离心式主要通风机概述

离心式通风机以动力机（主要是电动机）驱动叶轮在蜗形机壳内旋转，空气经吸气口从叶轮中心处吸入，由于叶片对气体的动力作用，气体压力和速度得以提高，并在离心力作用下沿着叶道甩向机壳，从排气口排出。因气体在叶轮内的流动主要是在径向平面内，故又称径流通风机。

离心式通风机主要由叶轮和机壳组成，小型通风机的叶轮直接装在电动机上，中、大型通风机通过联轴器或皮带轮与电动机连接。离心式通风机一般为单侧进气，用单级叶轮；流量大的可双侧进气，用两个背靠背的叶轮，又称为双吸离心式通风机。

叶轮是通风机的主要部件，它的几何形状、尺寸、叶片数目和制造精度对性能有很大影响。叶轮经静平衡和动平衡校正后，才能保证通风机平稳地转动。按叶片出口方向的不同，叶轮分为前向、径向和后向三种类型。前向叶轮的叶片顶部向叶轮旋转方向倾斜；径向叶轮的叶片顶部是向径向的，又分直叶片式和曲线形叶片式；后向叶轮的叶片顶部向叶轮旋转的反向倾斜。

前向叶轮产生的压力最大，在流量和转速一定时，所需叶轮直径最小，但效率一般较低；后向叶轮相反，所产生的压力最小，所需叶轮直径最大，而效率一般较高；径向叶轮介于两者之间。叶片的线形以直叶片最简单，机翼型叶片最复杂。

为了使叶片表面有合适的速度分布，一般采用曲线形叶片，如等厚度圆弧叶片。叶轮通常都有盖盘，以增加叶轮的强度和减少叶片与机壳间的气体泄漏。叶片与盖盘的连接采用焊接或铆接。焊接叶轮的重量较轻，流道光滑。低、中压小型离心式通风机的叶轮也有采用铝合金铸造的。

矿用离心式主要通风机，一般分为前弯叶片、径向叶片和后弯叶片。前弯叶片和径向叶片离心式主要通风机压力系数较高，但效率较低、经济性差；后弯叶片离心式主要通风机压力系数较低，但效率较高、经济性好，现代高效率离心式主要通风机大都为此类型。

目前我国生产的 4-72 中型后弯叶片离心式主要通风机，效率达 90%以上，达世界先进水平。

我国生产的另一类大型后弯叶片 $K_4$ 型离心式主要通风机风量可达 2 000 $m^3$/min，全压可达 4 900 Pa，可供年产 200 万 t 以上的矿井使用。我国有些老矿仍使用一些旧式离心式主要通风机，其中大部分为前弯多翼式，其转速低、效率也低。大型矿井多采用 $K_4$ 型离心式主要通风机，有时也用 $G_4$-73 型通风机作为矿井主要通风机。中小型矿井则常用 4-72 型主要通风机，有时也用 $G_4$-73 型鼓风机作为矿井主要通风机。

（二）离心式主要通风机类型

矿井离心式主要通风机发展过程中的几种主要系列如下：

(1) 9-57 型离心式主要通风机，是我国最早生产的系列通风机，曾经在全国应用甚广。目前我国已不再生产该系列主要通风机，但还有一些老矿井在使用。

(2) 4-72 型系列主要通风机，是我国现在仍在生产的一种离心式主要通风机，应用甚为广泛。

(3) $G_4$-73 型主要通风机，是一种与锅炉配套的主要通风机，我国部分矿井选用其作为矿井主要通风机。

(4) $K_4$-73 型系列主要通风机，是矿井大型离心式主要通风机，在我国大型矿井应用很广泛。

（三）离心式主要通风机的型号含义

离心式主要通风机的全称包括名称、型号、机号、传动方式、旋转方向、出风口位置等六部分。这六部分标明了离心式主要通风机的适用范围、用途、特性、基本尺寸等特点。具体命名规则如下：

(1) 名称。以用途的汉语拼音字母的第一个字母表示，T 为通用主要通风机，一般省略不写；B 为防爆主要通风机；K 为矿用主要通风机；G 为锅炉主要通风机；Y 为锅炉引风机。

(2) 型号。由基本型号和补充型号组成，共有 3 组。每组中间用“-”隔开，其中基本型号占 2 组，第一组为主要通风机的压力系数乘以 10 后取整，第二组为比转数(取 2 位整数)；补充型号占 1 组，表示主要通风机的进气方式(单侧进气为 1，双侧进气为 0)和设计序号。

(3) 品种(机号)。用主要通风机叶轮直径的分米数表示。尾数四舍五入，数字前冠以 $N_0$。

(4) 传动方式。一般选用交流电动机拖动。

(5) 旋转方向。分为左旋和右旋。

(6) 出风口位置。按叶轮旋转方向用右(或左)和出风口角度表示，出风口往往采用可以自由转动的结构。

（四）离心式主要通风机的结构及功能

离心式主要通风机的结构包括叶轮、整流器、集流器、机壳（蜗壳）、调节器、进风箱．轮毂、主轴、叶片、舌（喉部）和扩散器，其主要功能如下：

（1）叶轮（风轮、工作轮）。它是离心式主要通风机的关键部件，由前盘、后盘、叶片和轮毂等零件焊接或铆接而成。前盘的结构形式有平前盘、锥形前盘和弧形前盘等几种。后盘紧固在轮毂上，用键与风机转轴或直接与电动机轴相连接。叶轮的作用在于使被吸入叶片间的空气旋转，产生离心力而从叶轮中甩出来，以提高空气的压力。

（2）整流器（稳压器、扩压环）。它可起到减少机壳内涡流损失、入口区的压力差和泄漏，稳定气流的作用。

（3）集流器（喇叭口、吸风口）。它可保证气流均匀地进入叶轮，使叶轮获得良好的进气条件，减少流动损失和降低进口涡流噪声。其开口有圆筒形、圆锥形、圆弧形和组合形等几种。目前，大型离心式主要通风机多采用弧形或锥弧形集流器，以提高风机效率和降低噪声；中、小型离心式主要通风机多采用弧形集流器。

（4）机壳（蜗壳）。它是用钢板焊成的包住叶轮的外壳（小型风机可直接铸造外壳），其形状呈螺旋线形。它的作用是将离开叶轮的气体集中并导流至风机的出口，使气体的流速逐步降低，并将气体的部分动能转变为静压能。其流道围绕叶轮四周逐步加大，形似蜗牛，故称蜗壳。蜗壳出气口的风速一般较高，为了减小压力损失，可在蜗壳出气口上安装扩散器，以进一步降低出气口流速，回收动压。蜗壳出口风流是偏向叶轮侧的，所以扩散器应做成向叶轮一侧扩散的单面扩散器，扩散角度通常为 6°～8°。

（5）调节器（导流器、挡板）。通过改变其叶片开启度的大小，控制进风量大小和叶轮进口气流方向，以满足调节要求。导流叶片数目一般为 8～12 片。

（6）进风箱（耳子）。其横断面积与叶轮进口面积之比为 1.75～2.00 时适宜，与风机出口的夹角呈 90°为最好。

（7）轮毂（葫芦头、轴盘）。它将叶轮固定在主轴上。

(8) 主轴。它用以传递电动机的功率。

(9) 叶片。叶片将机械能转变为气体的压力能。叶片的形状大致可分为平板形、圆弧形和机翼形。大多数叶片是由钢板压制而成的，这种叶片用铆接或焊接方法固定在叶轮的前后盘上，也有做成中空机翼形的。平板形制作最简单，但效率较低，一般很少应用。机翼形制作较复杂，但效率高，应用较为广泛。根据叶片出口安装角度不同，叶片可分为前倾式、径向式和后倾式。大型主要通风机均采用后倾式，出口安装角度在 15°～72°之间，叶片数目与叶片安装角度、叶轮外径与内径数目的比值有关，通过试验可以找到某一最佳值，一般为 10 片。

(10) 舌(喉部)。其作用是防止部分气体在蜗壳内循环流动，结构形式常见的有深舌、短舌和平舌。

(11) 扩散器(扩压器)。风机外壳出口处有较高的动压，随着气流直接被抛入大气的同时，其动压也散失于大气，无益于通风。若将部分动压转换为静压，可以减少能量损失。扩散器的扩散角一般小于 15°。

(五) 离心式主要通风机的工作原理

气体在离心式主要通风机内的流动方向，是从进风口沿轴向进入叶轮，随着叶轮流道的改变，气流又沿径向出叶轮。在这个流动过程中，风压和流速不断增大，气流汇集在螺旋机壳内，气流速度下降而压力上升，最后经过扩散器排入大气。

当电动机通过传动机构带动叶轮旋转时，气流会经过旋转叶轮的流道间。由于叶片的作用，气体获得能量，即压力提高和动能增加，并汇集于螺旋状的机壳中，由出口排入扩散器。与此同时，由于叶轮旋转所产生的离心力作用，使气流被甩到叶轮出口，在其入口处形成负压。在大气压力作用下，气流不断地由进风口连续进入叶轮，形成了连续风流。在叶轮中，气流获得高速度，在经过螺旋形机壳时，会因为断面不断扩大，速度逐渐降低，压力继续增大，在气流到达扩散器出口时，气流具有的压力基本上和大气压相等。

## 四、轴流式主要通风机

(一) 轴流式主要通风机概述

轴流式风机是最常用的一种通风、送风设备。之所以称为“轴流式”,是因为气体平行于风机轴流动,即气流与风叶的轴同方向,如电风扇、空调外机风扇就是以轴流方式运行的风机。轴流式风机通常用在流量要求较高而压力要求较低的场合。轴流式风机可以固定位置并使空气移动,二级轴流式风机提高了通风机的压力。

FBCDZ 系列煤矿地面用防爆抽出式对旋轴流通风机是煤矿使用较广的通风机产品。

该系列通风机的气动性能优异、效率高、振动小、噪声低、反风量大、高效区域宽广,并采取了确保通风机安全、可靠运行的多种措施,研制的专用防爆电机,具有效率高、温升小、振动小、噪声低、轴承温度低、过载能力强等特点,从根本上解决了在用通风机的缺陷,可确保长期运行。该通风机适用于大、中型煤矿的矿井作为地面抽出式通风机。

该产品执行标准为《煤矿用轴流主通风机技术条件》(GB/T 21151)和《FBCDZ 系列煤矿地面用防爆抽出式对旋轴流通风机(机号大于等于 No17)》(Q/NF 177)。

(二) 轴流式主要通风机的结构及功能

轴流式主要通风机由接头、进气筒、一级风机、二级风机、扩压筒、过渡接头、消声器(根据用户需要配套)及扩散塔等组成。通风机各部分之间用螺栓连接(也可软连接), 装、拆方便。

一级风机、二级风机由风筒、密封隔流腔、保护环、叶轮和电动机组成,两级叶轮反向旋转(正常运行时,顺气流方向看一级叶轮逆时针旋转,二级叶轮顺时针旋转;反风时则相反)。隔爆型电动机装在密封隔流腔内,抽出的瓦斯气体不与电机接触,确保煤矿安全;隔流腔由扁管与大气相通,保证电机冷却散热。

轴流式主要通风机结构比较紧凑、重量较轻、转速高,但结构比较复杂。其结构主要部件的功能如下:

(1) 叶轮。叶轮由叶片和轮毂组成,有一级和二级两种,其作用是增加空气的全压。叶片为机翼形,由钢板弯曲压制,铝合金铸造而成。叶片的安装角度可以根据风量和风压的需要来调整大小。安装角的定位是通过叶片两侧尖端的连线与轮毂上的刻度位置对齐来实现的。安装角度愈大,压力和风量愈大,但每个叶片的角度都应保持一致,否则会引起气流的不均匀，甚至出现脱流。

(2) 进风口。进风口由集风器和流线体组成，集风器是一个断面逐渐缩小的喇叭形圆筒，流线体表面是流线型罩子。集风器的作用是使气体均匀地由轴向流入叶轮，以降低气流冲击损失，提高效率。流线体的作用是有利于气流顺利地进入轮毂和机壳风筒之间，使空气阻力降至最低。

(3) 整流器。它是由导叶组成的固定圆筒，圆筒内径与叶轮轮毂直径相同。沿圆筒表面均匀排列的导叶是等宽的，并以一定的角度固定不动。一级主要通风机装有前导叶和后导叶，二级主要通风机装有中导叶和后导叶。导叶的作用是整直由叶轮流出的旋转气流，改变前一级的气流方向，把动压变为静压，降低动能和涡流损失。

(4) 扩散器。它装在主要通风机出口的末端，是一个逐渐扩大的筒体，气流通过时速度降低、动压减小。扩散器一般用砖砌成，用拉筋板与扩散芯筒连接。扩散器的作用是将部分动压转变为静压，减少空气动压损失，提高主要通风机效率。

(5) 传动部分。它是由轴承、传动轴、主轴和联轴器四部分组成的。主要通风机转子装在前后两个双列调心的滚子轴承上，承受主要通风机主轴、传动轴和叶轮而引起的径向载荷。叶轮前后压力差产生的轴向推力，由后端的3个单列径向推力轴承承担。传动轴的两端用联轴器分别与电机、主轴连接。

(三) 轴流式主要通风机的工作原理

轴流式主要通风机的工作原理与离心式主要通风机一样，即叶片与气流相互作用而产生压差，使空气沿轴向流动。

当电动机通过传动机构带动工作轮旋转时，叶片在空气中快速扫过，处于叶片迎面的气体受挤压，静压增加；同时，叶片背面的气体静压降低。叶片迎面的高压气流向叶道出口流出，叶片背面的低压区将空气吸入叶道，形成连续气流。

## 五、主要通风机的使用维护

(一) 贮存

(1) 通风机应贮存在干燥、通风和无腐蚀性气体的环境中。

(2) 机械加工面外露的零部件需单独存放时，应涂防锈油或油脂，并用油纸或塑料膜保护好。需长期贮存时，应采取相应的防护措施，并定期检查加工面的腐蚀情况。

(3) 通风机带有叶轮等主要部件及仪表等，应贮存在无振动、干燥、温差小的室内。

(4) 钢结构部件可在露天环境存放，每隔 3 个月应检查一次涂层，必要时应对其进行修补。

(5) 消声器的消声片在露天存放时要加覆盖物，并注意防水、防潮和防尘，有条件的应放在室内。

(二) 保养

(1) 通风机按月用手盘动叶轮多次。

(2) 通风机在贮存前，应检查加工表面的防锈措施是否完善。

(三) 轴流式主要通风机安装

通风机出厂时，风机各部件应单独运输。用户预先建好风硐出口，铺设好轨道，然后根据安装外形尺寸图安装风机。

首先，在一级、二级风机没有连接的情况下，调节好叶片的安装角度；然后，把一级、二级风机连接在一起(连接前手动盘车，盘车时，风机运转应轻快，不得有卡滞现象)，并调整好脚轮，保证每个脚轮不悬空。检查风机配套制动装置的制动块是否与制动轮分离；若未分离，则旋转设在风机外壳上的制动手轮至极限位置，并将制动手轮锁紧，平时严禁转动。在安装过程中应注意将一级、二级风筒分为上、下两部分，风筒上部的吊环用于吊装上半部，吊装电动机用电机吊环；吊装一、二级风机用风机底座上的吊环。

在轨道上把一级、二级风机与接头和进气筒连接在一起后，整体向风硐口移动，使接头与矿井风硐口吻合(或与矿井风硐口的接头对准)，并将周围用混凝土浇筑，以免漏风。

按顺序逐级移动二级风机后面的扩压筒、过渡接头、消声器(当配消声器时)和扩散塔，使之对接。依次用紧固件、密封垫把各部件法兰连接固定，再用卡轨器将一级、二级风机与轨道锁紧。

**注意：**当风机在矿井通风前期采用一级单级加后导叶装置运行，安装风机时，二级叶轮及后保护筒不安装，把后导叶装置装配在后保护筒位置。当风机在矿井通风后期需采用对旋运行时，则需拆下后导叶装置，再把二级叶轮及后保护筒装配上。

通风机必须安装在矿井风硐口地表，并设防爆门。

不拉开主机，从保护筒的观察窗调节叶片安装角度方法如下：通风机出厂时，叶片的安装角一般为 0°，使用时用户应按矿井通风参数在通风机性能曲线上选择好运行角度。当用户根据使用工况，需要调节叶片的安装角时，打开保护筒上的观察窗，用随机配备的专用调节杆松开叶片根部的调节螺母（注意：每个螺母只可以松开 3～4 圈，然后用木锤轻轻敲击叶片顶部，待叶片松动时，扳动叶片调节角度），当叶片角度调节至所需要的角度后，用扳手将叶片根部的调节螺母分别拧紧，拧紧力矩应严格控制。

（四）试运转

（1）试运转前的准备如下：

① 测试电机绕组冷态绝缘电阻，其最低绝缘电阻不小于 50 MΩ。如果绝缘电阻高于上值，则可以运转；如果绝缘电阻低于上值，则需要接通电机的防潮加热器，对电机绕组进行加热，干燥至绝缘电阻达到上述要求。

② 检查电机转向是否正确。

③ 检查风筒内外不应有杂物，尤其风筒内必须彻底清理干净。

④ 手动盘车应平稳轻快，无卡死、摩擦现象。

（2）试运转应符合下列要求：

① 启动时，各部位无异常现象；否则，应立即停车。

② 叶片安装角调整后，电动机电流应不超过额定电流。

③ 启动后，轴承温升稳定后试运转时间不少于 0.5 h，配套电动机滚动轴承的正常工作温度不得高于 75 ℃，最高温度不得超过 95 ℃。定子的正常工作温度不得超过 120 ℃。

（3）试运转时应做好以下定期检查和记录：

① 电动机的电流、电压。

② 每小时观察一次电动机轴承和定子绕组温度；一般运行 2 h

后，电动机的温度基本稳定。

③ 环境温度应稳定。

④ 检查运转声音是否正常，有无摩擦现象和其他异常声音。

⑤ 检查连接螺栓有无松动。

⑥ 检查仪表和电气设备的使用状况，有无损坏或失灵。

⑦ 测量风机风量、风压等参数。

(4) 通风机可在冷态下连续启动两次，两次启动之间应自然停机；热态下只允许启动一次，如果还需启动，应等电动机冷却后方可启动。一般情况下，启动时，可先启动二级风机(二级风机较一级风机启动电流小)，后启动一级风机(也可两台电动机同时启动)。

(5) 试运转完毕，应对通风机进行全面检查，核对无误后即可投入正式运行。通风机在使用过程中，应备有运行记录，系统地记录风机运行情况。其内容如下：

① 通风机启动、停机时间和停机原因。

② 环境温度、湿度和大气压力。

③ 电动机的工作电压、电流，各轴承温度及电动机绕组温度。

④ 通风机的风量、静压。

⑤ 轴承加换润滑脂的时间、数量和牌号。

⑥ 定期检查中，发现异常问题及故障排除情况。

(6) 当需要反风时，应先切断电源，松开制动手轮的锁紧螺栓，按制动装置使用说明书的要求对风机进行制动；待叶轮停止转动后，方可进行反转，否则易损坏电气设备。通风机的反风方式为电机直接反转反风。

(五) 使用维护

1. 通风机主机部分

(1) 通风机应根据生产情况、设备情况，安排大修周期。

(2) 停机检修时，应对叶轮进行检查和清洁，并紧固各螺栓、螺母及各配合部位。

(3) 清除内、外部灰尘、污垢及杂物。

(4) 检查仪表的准确度和灵敏度。

(5) 通风机出厂时,叶轮已经做了严格的平衡校验。安装和检修中,轮毂上固定的盖板、叶片的装配位置不得随意调换,重新安装时应装在原装配位置;否则,需重新做平衡校验。

(6) 通风机运行过程中,要定期按规定的牌号注入适量的润滑脂。

(7) 当需要打开一级、二级风筒的上半部分检修电机时,应先将一级、二级风筒分别和进气筒、扩压筒分开,拆下制动装置光杆与丝杆的连接销轴,将制动装置的光杆和手轮引出,使光杆与制动装置丝杆脱离后,方可拆下风筒上半部分。

(8) 拆卸叶轮时,可以利用轮毂轴套端部的两个供拆卸的螺孔,放置叶轮应制作专用支架,禁止用叶片做支承。

(9) 当需要更换叶片时,需将一级风机和二级风机分开,拆下叶轮上的盖板,用专用扳手拆下叶柄尾部的紧固件,拆下旧叶片,换新叶片。然后,紧固叶柄尾部止动垫圈和螺母,并锁紧螺母,最后按原装配位置安装好盖板。

**注意:**更换叶片时,必须称重、修磨。新叶片与旧叶片重量(或重量差)需一致,并保证叶片顶面与保护环之间的间隙均匀。

(10) 保护筒上用于保护叶片的铜板应用铆钉或螺栓固定在外筒上,通风机运行一段时间后,铆钉或螺栓有可能出现松动。建议每年检查一次,发现松动应及时更换。

(11) 通风机叶轮部分要每年进行维护,若发现圆螺母用止动垫圈或叶片叶柄止动垫圈松动,应及时更换。

**注意:**电动机轴上的叶轮锁紧圆螺母用止动垫圈及叶片叶柄止动垫圈均只允许拆装一次,不允许重复利用。

2. 通风机叶片部分

通风机叶片分为普通钢板叶片、铸造铝合金叶片、高强度锻造铝合金叶片等,以上叶片需要维护。

普通钢板叶片表面已经做防腐处理。通常运行 3 个月后,应清理叶片表面,检查叶片表面防腐漆是否磨损或局部脱落,如有磨损或局部漆膜脱落,请重新喷漆处理。

铸造铝合金叶片、高强度锻造铝合金叶片的表面已经涂覆耐磨防腐漆。风机运行3个月后,应清理叶片表面,检查叶片表面防腐漆是否磨损或局部脱落。

3. 通风机消声器部分

通风机抽出的井下气体中,可能含有对其消声器有腐蚀性的水分、气体,消声片两侧的穿孔板要定期进行维护,防止穿孔板被腐蚀损坏。

4. 通风机内外表面

通风机内外腔是由优质碳素钢制成的,露天存放、运行时,易受日晒、雨淋,通风机内外表面易被腐蚀生锈,因此需要定期(时间约1年)维护。

维护时,首先把通风机内外腔的锈蚀清理干净,然后涂双组分环氧底漆2遍,最后涂聚氨酯面漆1遍。

5. 专用电机部分

(1) 电机设有不停机注排油装置,可以按注油牌规定的牌号定期注入适量润滑脂,同时自行排除废脂。如发现轴承温度上升较快,也应及时补充润滑脂。

(2) 电机设有绕组测温元件,随时监控绕组温度。

(3) 电机设防潮加热器,正常运行时断开,停机时接入备用。

(4) 电机使用维护可详见电机使用说明书。

(六) 通风机常见故障及排除方法

通风机常见故障及排除方法如表3-2所示。

**表3-2 通风机常见故障及排除**

| 故障现象 | 故障原因 | 处理方法 |
| --- | --- | --- |
| 电动机不能启动 | 电源未接通 | 检查开关、熔体、各对触点及电动机引出线头 |
| | 绕组断路 | 首先,将断路部位加热到绝缘等级允许的温度,使漆软化;然后,将断线挑起,用同规格线将断掉部分补焊后,包好绝缘;最后,涂漆、烘干 |

表 3-2(续)

| 故障现象 | 故障原因 | 处理方法 |
| --- | --- | --- |
| 电动机不能启动 | 绕组接地或相间匝间短路 | 检查各绕组接线情况和电阻值,找出接地点、短路点进行修复,即将接地或相间匝间短路部位垫上或包好绝缘,再经涂漆、烘干处理 |
| | 绕组接线错误 | 核对接线图,端部加热后重新按正确接法接好(包括绑扎、绝缘处理及涂漆) |
| | 熔体烧断 | 查出原因,排除故障,按电动机规格配新熔体 |
| | 控制设备接线错误 | 校正接线 |
| 电动机接入电源后,熔体被灼断 | 单相启动 | 检查电源线、电动机引出线、熔断器、开关各对触点,找出断线或假接故障后进行修复 |
| | 电动机负载过大或被卡住 | 将负载调至额定值,并排除被拖机构故障 |
| | 熔体截面积过小 | 熔体对电动机过载不起保护作用,一般应按熔体额定电流=启动电流/(2~3)选择熔体 |
| | 电源到电动机之间的连接线短路 | 检查短路点后进行修复 |
| 电动机通电后不启动,发出“嗡嗡”响声 | 电动机负载过大或被卡住 | 检查设备,排除故障 |
| | 电源未能全部接通 | 更换熔断器的熔体;紧固接线柱松动的螺钉;用万用表检查电源线的断线或假接故障;修复 |
| | 电压过低 | 如果△连接电动机误接成Y连接,应改回△连接;电源电压太低时,应与供电部门联系解决;电源线压降太大造成电压过低时,应改用粗电缆线 |
| | 小型电动机的润滑脂硬或装配太紧 | 选择合适的润滑脂,提高装配质量 |

表 3-2(续)

| 故障现象 | 故障原因 | 处理方法 |
|---|---|---|
| 电动机外壳带电 | 电源线与接地线接错 | 纠正错误 |
| | 电动机绕组受潮,绝缘严重老化 | 烘干电动机绕组,更新老化的绝缘 |
| | 引出线与接线盒接地 | 包扎或更新引出线绝缘,修理接线盒 |
| 电动机启动困难;加额定负载后,电动机转速比额定转速低 | 电源电压过低 | 用电压表或万用表检查电动机输入端电源电压大小,然后进行处理 |
| | △连接绕组误接成Y连接 | 将Y连接改回△连接 |
| | 笼型转子开焊或断裂 | 检查开焊或断裂情况并修理 |
| | 重绕时匝数过多 | 按正确绕组匝数重绕 |
| 绝缘电阻低 | 绕组受潮或被水淋湿 | 进行加热烘干处理 |
| | 绕组绝缘老化 | 经鉴定可以继续使用时,可经清洗干燥,重新涂漆处理;如果绝缘老化,不能安全运行时,需更换绝缘 |
| 电动机运行时有杂音 | 轴承磨损,有故障 | 检修或更换新轴承 |
| | 定、转子铁芯松动 | 检查振动原因,重新压紧铁芯 |
| | 电压太高或不平衡 | 测量电源电压,检查电压过高和不平衡的原因,并进行处理 |
| | 轴承缺少润滑脂 | 清洗轴承,添加润滑脂,使其充满轴承室容积的1/3～1/2 |
| | 风扇碰风罩或风道堵塞 | 修理风扇和风罩,使其尺寸正确;清理通风道 |
| | 气隙不均匀,定、转子相摩擦 | 调整气隙,提高装配质量 |

表 3-2(续)

| 故障现象 | 故障原因 | 处理方法 |
|---|---|---|
| 电动机过热或冒烟 | 电源电压过高,使铁芯磁通密度过饱和,造成电动机温升过高 | 如果电源电压超过标准很多,应与供电部门联系解决 |
| | 电源电压过低,在额定负载下电动机温升过高 | 若因电源线电压降过大而引起,可更换较粗的电源线;如果是电源电压太低,可和供电部门联系,提高电源电压 |
| | 定、转子铁芯相摩擦 | 检查故障原因。如果轴承间隙超限,则应更换轴承;如果转轴弯曲,则需调直处理;如果铁芯松动或变形时应处理铁芯 |
| | 电动机过载或拖动生产机械阻力过大,使电动机发热 | 排除拖动机械故障,减少阻力。如超过额定电流,需减低负载,更换较大容量电动机或采取增容措施 |
| | 电动机频繁启动或正反转次数过多 | 减少电动机启动及正反转次数,或更换合适的电动机 |
| | 风扇故障,通风不良 | 检查电动机的风扇是否损坏,扇叶是否变形或未固定好,必要时更换风扇 |
| 电动机空载运行时电流不平衡,且相差很大 | 电源电压不平衡 | 测量电源电压,找出原因 |
| | 绕组有故障,如匝间短路、某组线圈接反等 | 拆开电动机,检查绕组极性和故障;然后改正或消除故障 |
| | 重绕时,三相绕组匝数不均 | 将绕组重绕 |

## 六、矿井压风设备

空压机是气源装置中的主体,它是将电动机的机械能转换成气体压力能的装置,是压缩空气的气压发生装置。

（一）空压机的分类

1. 按压缩气体方式分类

（1）容积式空压机。容积式空压机通过汽缸内做往复运动的活塞或做回转运动的转子来改变工作容积，从而使气体得到压缩，以提高气体压力。煤矿用容积式空压机有活塞式空压机和螺杆式空压机两种。

（2）速度式空压机，又称动力式空压机。它是借助高速旋转叶轮的作用，使气体得到很高的速度，然后又在扩压器中急剧降速，使气体的动能变为压力能，即将气体速度转化为压力。转化能部分发生在旋转叶片上，部分发生在固定的扩压器或回流器挡板上。

2. 按排气压力分类

（1）低压空压机，工作压力在 1 MPa 以下。

（2）中压空压机，工作压力在 1～10 MPa 之间。

（3）高压空压机，工作压力在 10～100 MPa 之间。

（4）超高压空压机，工作压力在 100 MPa 以上。

3. 按排气量分类

（1）微型空压机，排气量在 1 $m^3$/min 以下。

（2）小型空压机，排气量在 1～10 $m^3$/min。

（3）中型空压机，排气量在 10～100 $m^3$/min。

（4）大型空压机，排气量在 100 $m^3$/min 以上。

4. 按润滑方式分类

（1）无润滑空压机。

（2）有润滑空压机。

5. 按冷却方式分类

（1）水冷式空压机。

（2）风冷式空压机。

6. 按安装形式分类

（1）固定式空压机。

（2）移动式空压机。

（二）空压机的作用

尽管不同类型的空压机工作原理、结构形式、布置形式等各不相同，但是其作用都是一样的，即通过电动机或柴油机以及其他动力装置来驱动压缩主机，将电能或机械能转换成气体的压力能，从而为压风系统提供所需的压缩空气。

## 七、矿井压风设备附属设施

常见空压机的附属设施有滤风器、风包、冷却系统、润滑系统、安全保护装置、调节机构、压风管路和元件以及消声器等。

### （一）压风管路和元件

1. 压风管路

压风管路是由许多节管材采用各种连接方式连接起来的压缩空气通道。它的作用是将压缩空气从空压机站输送到指定位置。因为压风管路要承受一定的压力，所以常采用钢管作为主压风管路。钢管的直径根据排送的压缩空气量的多少来确定，输送压缩空气量大，则选用较大的管径，反之则选用较小的管径。压风管路直径在 200 mm 以下时，常选用无缝钢管；压风管路直径在 200 mm 以上时，常选用有缝钢管。多条压风管路连接在一起便组成了压风管网。一般中、小型煤矿的压风管网的管路总长度可达数百米或数千米；大型集中供风的煤矿压风管路的总长度可达数万米。

（1）压风管路的固定方法

① 水平敷设的压风管路根据现场实际情况采用管墩、托架、支架或吊架固定。

② 在垂直的竖井内架设的压风管路，壁架上必须利用三角撑加强固定。

③ 沿巷道底板敷设的压风管路采用混凝土管墩或金属垫架较为合适。

④ 沿混凝土锚喷巷道或料石砌碹的巷道敷设压风管路时，采用金属托架或吊架较为合适。

（2）压风管路敷设注意事项

① 在敷设压风管路时，首先要考虑便于维修。

② 管路应尽量少拐弯，尤其是要注意避免小于 90°的拐弯。

③ 沿矿井水平巷道敷设的压风管路至用风机械的方向上要有

3‰～5‰的坡度。

④ 管路的直径不能突变，在管路的变径点都要采用渐缩管或渐扩管，以免造成涡流损失。

⑤ 压风管路不应与电缆接触。

⑥ 压风管路应尽量设置最短路线，而且要有足够大的直径。

⑦ 压风管路敷设完毕后，应进行水压试验。做水压试验时，试验压力为工作压力的1.25倍。试验压力达到最大值时，保压5 min后将其下降到最大工作压力并保持稳定，此时开始对敷设后的全部压风管路进行检查。要重点检查管路接头是否严密，是否达到管道敷设的质量标准要求。

(3) 压风管路连接方式

整个压风系统管路是由许多节直管和弯管以及管道元件连接而成的。管子的连接方式根据管径的大小不同而采用不同的连接方式，另外还要考虑施工的环境条件等因素。

当压风管路直径小于75 mm时，一般采用管螺纹连接；当压风管路直径在100 mm以上时，一般多采用法兰盘连接，它是用铸钢、锻钢或钢板加工的法兰盘，焊接在钢管两端，法兰盘的对接处有起密封作用的垫片，垫片的材料为软铅、石棉板、橡胶等。

2. 管路元件

压风管路在敷设过程中，因受到环境限制或配管要求，需要使用一些管路元件(简称管件)。为了关闭和调节风量及保证管路的安全，需要使用一些管路附件。管件和附件统称为元件。

压风管路常用的管件有焊接弯头、90°压制弯头、90°法兰连接弯头、三通、四通、压制同心异径管、压制偏心异径管、法兰连接偏心异径管及法兰连接同心异径管等。

压风管路常用的附件有阀门、伸缩管、分离器等。

(1) 阀门

阀门是压风系统中不可缺少的主要附件，常用的是闸板阀。闸板阀的作用是将其两侧的设备或管路接通或断开，通过调节闸板阀开启高度来调节压风量的大小。闸板阀根据闸板的不同可分为楔形闸阀和带金属楔闸阀。常用的闸板阀是手动操作的，也有电动和液动闸阀。

(2) 伸缩管

伸缩管分为弯曲伸缩管和填料伸缩管两种。伸缩管的作用是补偿压风管道的热胀冷缩。一般情况下，沿直管道每隔 150～250 m 应装一伸缩管。

填料伸缩管的外体与压风管路用法兰盘相连，其内管安在固定管座上，管外体与内管之间有盘根通过压紧盘被压紧，起密封作用。弯曲伸缩管与蒸汽管道中的伸缩管一样，当温度变化时可自由伸长或缩短，以清除温度应力。

(3) 分离器

具有较高温度的压缩空气，冷却后会析出油和水。为了及时排出压风管路中的油和水，将压风管路沿风流方向按 3‰～5‰的坡度敷设，并在每隔 500～600 m 处设一油水分离器，定期排出压风管路中的油和水，保证压风质量。常用的有支管式油水分离器。

(二) 滤风器和风包

1. 滤风器

(1) 滤风器的作用

滤风器的作用是清除吸入汽缸中的空气内所含的灰尘和杂质。当含有灰尘和杂质的空气被吸入汽缸后，在高温的汽缸内和润滑油混合后黏附在汽缸、汽缸壁等处形成积垢，易于破坏气阀的正常工作，加快汽缸磨损，降低空压机的效率，缩短空压机使用寿命。为了清除空气内灰尘和杂质，要在空压机的进气管路上安装滤风器。

滤风器安装在空压机的进气管路上，距离空压机不应超过 10 m，且应置于清洁干燥和阴凉通风的地方。滤风器的吸风口必须朝下，以免掉进异物，并且要有防淋设施。

(2) 滤风器的结构

滤风器的结构主要由壳体和滤芯组成，按滤芯材质不同分为纸质滤芯滤风器和金属滤芯滤风器。其中纸质滤芯滤风器多用于排气量 12 $m^3$/min以下的空压机上。

此外还有油池式滤风器，其一般用于移动式空压机，滤风效果更好，可以滤掉气体中98%的灰尘。

(3) 滤风器的要求

滤风器极易被污染，污染的过滤元件不但过滤能力降低，同时使风流速度增加，工作情况恶化，所以滤风器必须保持清洁，坚持定期清扫，清扫周期不应大于3个月。空气中灰尘较大时，清扫周期不应大于2个月。如果使用有油的短金属管或金属屑的滤风器，必须用新元件把旧元件换下来，用5%～10%的苛性钠（火碱）热溶液洗刷；然后再用热的清水冲洗（在清洗之前先用压缩空气吹扫）；清洗之后，将其干燥，组装完涂上有黏性的油，供以后复用。

2. 风包

风包又名储气罐，装在压风机和压风管网之间。

(1) 风包的作用

风包的作用是缓和排气不均匀和不连续而引起的压力波动；储备一定数量的压缩空气，维持供需压气量之间的平衡；除去压缩空气中的油水。

(2) 风包的基本形式

风包的基本形式有立式和卧式两种，目前我国采用焊接结构的立式风包最多。

新焊制完毕的风包和检修后的风包都必须做水压试验。

(三) 冷却系统和润滑系统

1. 冷却系统

空气在压缩过程中，会产出大量的热量，使工作温度很快升高，因此空压机必须具有良好的冷却系统。

空压机的冷却方法，通常分为风冷和水冷两种。小型空压机采用风冷；大、中型空压机采用水冷。

空压机的冷却系统由冷却器、润滑油冷却器、管路以及其他附件组成，通过冷却系统吸收在压缩过程中放出的热量，保证汽缸正常润滑，减少空气预热，延长润滑油在汽缸中的分解周期。

2. 润滑系统

(1) 润滑的作用

空压机各零件相互滑动的部位，都要根据空压机构造的特点，采取不同的方式进行润滑。润滑的作用如下：

① 减轻滑动部位磨损，延长零件寿命。

② 减少摩擦功率，降低能耗。

③ 冷却各部零件，带走摩擦热量，保证滑动部位必要的运转间隙，防止滑动部件卡住或烧伤。

此外，润滑还可以起到清洗、减振及卸荷等作用。

(2) 润滑方式

空压机常用的润滑方式有3种，即溅油法、注油法和滴油法。

(3) 对润滑油的要求

① 在高温下应有足够的黏度，以便保持一定的油膜强度；同时对各密封间隙能保持一定的密封能力。

② 有足够高的闪点温度，以防偶然产生火花引起润滑油的燃烧。压缩机油的闪点应不低于215 ℃。

③ 要有良好的化学稳定性，以降低在高温下氧化的速度，并使胶质和积碳降低到最低程度。

(四) 安全阀

空压机运转时噪声大、振动大、温度高，发生不正常情况时不易被发现。为了防止空压机运行过程中发生事故，保证空压机连续安全运转，必须安装齐全可靠的安全阀。

安全阀是保护空压机在额定压力范围内安全运转的保护装置。当系统中的压力超过工作压力时，它能自动开启，把多余的压缩空气排掉，使系统中的压力降低到正常的工作压力，保证空压机安全运转。

安全阀的种类很多，最常见的安全阀是弹簧式安全阀。

弹簧式安全阀的基本结构由阀座、阀芯、阀体、阀套、阀盖、弹簧、上体、铅封、排气孔及压力调节螺钉等组成。

弹簧式安全阀的工作原理是在空压机正常运转时，弹簧压紧阀芯，使其紧贴在阀座上，使空气与大气不通，安全阀处于关闭状态。当压缩空气的压力超过规定值时，弹簧被压缩，阀芯移动，压缩空气与大气相通，多余的压缩空气经排气孔排至大气，同时发出压力超高的声响信号,提示空压机司机立即停机。

## 八、螺杆式空压机

### (一) 螺杆式空压机概述

螺杆式空压机属于回转容积式压缩机,它的发展历史虽没有往复活塞式空压机悠久,但因其具有其他类型压缩机无可比拟的优越性,已成为当今主流空压机,在煤矿井下得到了广泛的应用。

例如,MLG系列煤矿用螺杆式移动空压机,是根据我国煤矿井下环境条件而研制的新型防爆供气设备,作为井下掘进和锚喷支护等作业的动力气源,具有显著特点。该螺杆式空压机是一种双轴容积式回转型空压机。其进气口位于机壳上端,排气口开于下部,两只高精度主、副转子平行安装在机壳内。主转子有五个齿,副转子有六个齿,齿形呈螺旋状,两者相互啮合。主、副转子两端均由轴承支持定位。机组传动方式为直接传动式,即依靠一联轴器将电机与主机体结合在一起,再经一组高精度增速齿轮将主转子转速提高。

1. 主机特点

(1) 采用最先进的螺杆主机,效率高,省电效果好。

(2) 运转平稳,噪声低,油耗低。

(3) 可靠性高,寿命长,维护费用低。

2. 机组特点

(1) 省电的容量调整,0～100%负荷控制,能随着实际使用风量的多少,自动调整功率消耗。

(2) 机组运行采用全自动控制,控制元件采用全气控元件,动作灵敏可靠,安全性高。

(3) 保护系统完善,具有防爆、过载、短路、断相、漏电、防自启动、防逆转等保护,还具有超温、断油、断水、滤芯阻塞自动停机保护以及容调、制压阀、安全阀三重保护,防止超压运行,使用安全可靠。

(4) 移动灵活,操作简单,维护方便,自动化程度高。

机组的所有零部件均装配在一台车架上,成为一个机动灵活的井下空压机站,可牵引或推送至用气点附近,往车轮下楔入木楔,接通电源和风管后即可投入使用。无须专门硐室,也无须基础固定。

3. 螺杆式空压机整机特点

(1) 压缩主机体积小、重量轻、运动部件少、易损件少、可靠性高、寿命长,大修周期可达4万～8万小时。

(2) 动力平衡性好,可平稳高速工作,无振动,可实现无基础运行。

(3) 适应性强,具有强制排气,排气量不受排气压力的影响,加上无气流脉冲,输气平稳。

(4) 加工制造要求高、造价高,不能用于高压场合,只能用于中、低压场合。

(5) 适用范围:排气压力≤1.4 MPa,排气量≤100 $m^3$/min。

(6) 环境要求:喷油机严禁在有化学腐蚀性氛围中使用。

(7) 结构简单,操作维护方便。

(二) 螺杆式空压机分类

螺杆式空压机有两种:一种是采用正时齿轮使两个转子始终保持不接触,压缩腔内不需要润滑;而密封是靠很小的间隙来解决,此类压缩机称为无油螺杆式空压机(又称干式螺杆式空压机)。另一种是采用整台主机里喷油来润滑、密封和冷却压缩空气,省略了正时齿轮,该类压缩机称为喷油螺杆式空压机。

喷油螺杆式空压机已经成为空压机发展的新主流,其具有优越可靠的性能,阴阳转子间以及转子与机体外壳间的精密配合,减少了气体回流泄漏,提高了效率;只有转子的相互啮合,无汽缸的往复运动,能减少振动源和噪声源。此种润滑方式具有以下优点:

(1) 凭借自身运转产生的压力差,不断向压缩室和轴承注入润滑油,简化复杂的油泵机械结构。

(2) 注入的润滑油可在转子之间形成油膜,主转子可直接带动副转子转动,无须高精度的同步齿轮。

(3) 喷入润滑油,增加压缩的气密性。

(4) 润滑油吸收大量的压缩热,因此即使单级压缩比高达16,机头温度仍然可以控制在一般润滑油的结碳及劣化温度以下,转子与机壳之间也不会因膨胀系数不同而产生摩擦。

(5) 润滑油可减低高频压缩所产生的噪声。

（三）螺杆式空压机型号含义与性能参数

下面以 MLGF-7.0/8G 型螺杆式空压机为例进行说明。

1. 型号含义

M——煤矿用空压机；LG——螺杆式；F——风冷式（水冷式省略）；7.0——容积流量（$m^3$/min）；8——排气压力（0.1 MPa）；G——轨轮式。

2. 性能参数

（1）排气量：7.0 $m^3$/min。

（2）排气压力：0.8 MPa。

（3）安全阀：设定压力为额定排气压力的 1.1 倍。

（4）电动机型号：YB2-225M-2，电动机功率为 45 kW，转速为 2 970 r/min。

（5）外形尺寸：长 2 650 mm、宽 1 120 mm、高 1 460 mm。

（四）螺杆式空压机工作原理

1. 螺杆式空压机系统结构

螺杆式空压机系统的结构主要包括空压机主机、气路系统、油路系统、控制系统、供电系统等。主机机壳内装有一对经过精密加工的相互啮合的主副转子，两转子转动时能实现对空气的压缩。同时，向主机内喷入的油与空气混合，在转子齿槽间形成一层油膜，避免金属与金属直接接触，并密封转子各部分间隙，吸收大部分的压缩热量。控制系统包括进气控制阀、反比例阀、最大压力选择阀、压力调节器、气动控制阀、手动卸荷阀、放空阀及伺服汽缸。供电系统包括矿用防爆启动开关、矿用防爆电动机、安全阀、防爆温度控制器及矿用电缆。

2. 螺杆式空压机系统工作原理

螺杆式空压机系统中空气经过进气滤风器、进气控制阀至空压机主机并与压缩机油混合，被压缩后进入油气分离器，分离后的气体经最低压力止回阀、复合冷却器、液气分离器排至储气罐，供给风动设备及工具所用。粗分离后的油经过油过滤器、温控器、复合冷却器至空压机进油口，在油气分离器过滤芯内底部沉积的油，经回油管、回油单向阀至空压机回油口。其工作原理如图 3-1 所示。

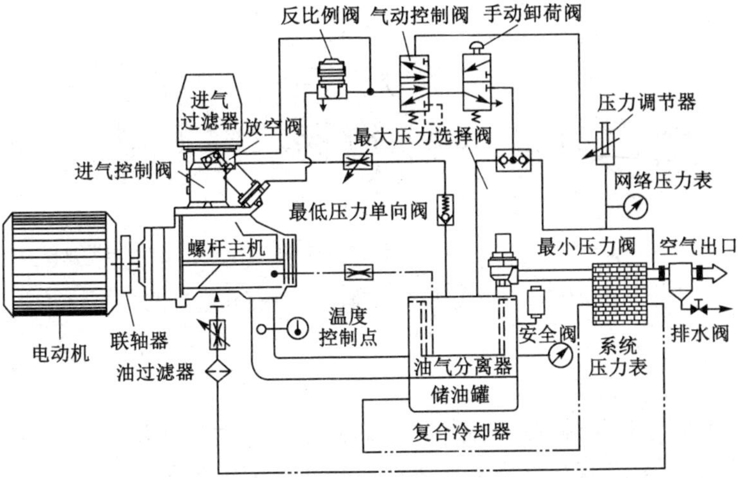


图 3-1　螺杆式空压机系统原理图

3. 螺杆式空压机压缩原理

(1) 吸气过程

螺杆式空压机无进气、排气阀组，进气只靠一调节阀的开启、关闭调节；随着转子的转动，齿间逐渐脱离啮合而形成齿间容积，其内部形成一定的真空，气体在压差作用下流入其中。其吸气过程示意如图 3-2(a)所示。

此后，阳转子齿不断从阴转子的齿槽中脱离出来，齿间容积不断扩大；当齿间容积达到最大时，齿间容积与吸气孔口脱离，吸气过程结束。

(2) 压缩及喷油过程

吸气过程结束时，气体被转子齿和机壳包围在一个封闭的空间内；随着转子的旋转，齿间容积因转子齿的啮合而不断减小，封闭在齿间容积内的气体压力不断升高，从而实现气体的压缩过程。

压缩及喷油过程示意如图 3-2(b)所示。

压缩过程一直持续到齿间容积即将与排气孔口连通之前。润滑油在压缩过程开始阶段利用压差作用而喷入齿间容积压缩室内，并与室内气体混合。

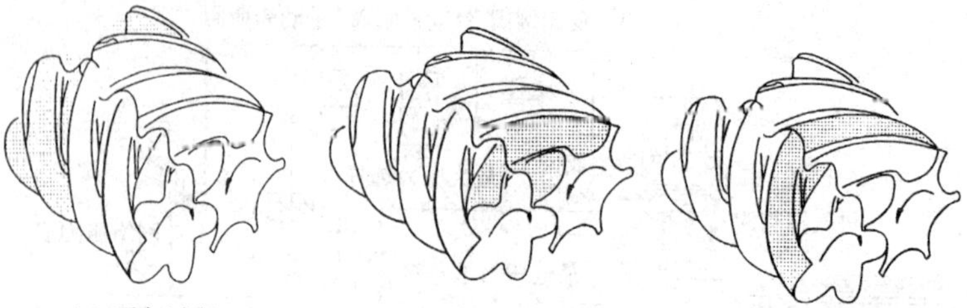

(a) 吸气过程　　(b) 压缩及喷油过程　　(c) 排气过程

图 3-2　吸气、压缩及喷油、排气过程示意图

(3) 排气过程

齿间容积与排气孔口连通后,即开始排气过程。随着齿间容积的不断缩小,具有排气压力的气体逐渐通过排气孔口被排出。

排气过程示意如图 3-2(c)所示。

齿末端型线完全啮合时,封闭的齿间容积变为零,齿间容积内的气体完全排出,排气过程结束。

4. 螺杆式空压机系统流程

(1) 空气流程

① 空气经滤风器滤去尘埃;然后通过进气阀进入压缩机压缩,并与润滑油混合后,经主机排气口排出,进入油气桶;最后经油气分离器、压力维持阀送入使用系统中。

② 主气路组成部件包括滤风器、进气阀、指针式电接点温度开关、油气桶、安全阀、压力维持阀等。

(2) 润滑油流程

① 油气桶内的压力将润滑油压出后,经过热控阀、油冷却器、油过滤器后分成二路。一路由机体下端喷入压缩室,用来冷却压缩空气;另一路通到机体后端,用来润滑轴承组及传动齿轮。最后各部的润滑油再聚集于压缩室底部,经排气口排出。与油混合的压缩空气经排气管进入油气桶,分离一大部分的油,其余的含油雾空气再经过油气分离器,滤去所余的油后,经压力维持阀、排气截止阀,送至用气系统。

② 油路组件包括油冷却器、油过滤器、油细分离器、热控制阀等。

a. 油冷却器。油冷却器与空气冷却器的冷却方式相同，有风冷与水冷两种冷却方式。风冷机型采用板翅式冷却器，考虑煤矿井下环境粉尘较多，所选冷却器的翅片间距较大，换热面积也较大，一是使其不易被粉尘堵塞；二是在少量蒙尘的情况下仍有较好的换热能力。因为蒙尘较多会导致散热不佳而高温跳机，所以应视蒙尘情况，每隔一段时间使用压缩空气将翅片表面灰尘吹掉。若无法吹干净，则必须采取其他措施保持冷却器散热表面的干净。若为水冷式机型，可用管壳式冷却器。管壳式冷却器在堵塞时，必须以特殊药水浸泡，并且用机械方式将堵塞在管内的结垢清洗干净。

b. 油过滤器。油过滤器是一种纸质过滤器，其功能是除去油中的杂质，如金属微粒、油的劣化物等，过滤精度在 10～15 μm 之间，对轴承、转子、齿轮有完善的保护作用。新机第一次运转 300 h(若多粉尘环境需提前)后需要换滤芯。新机设有油过滤器堵塞自动停机保护。

c. 油细分离器。油细分离器是由多层细密的纤维织物制成，压缩空气中所含的雾状油气，经油细分离器过滤后，油颗粒可控制在 0.1 μm以下，含油量则可低于 5 ppm(1 ppm＝$10^{-6}$)。在正常运转环境情况下，油细分离器可使用 4 000 h；如果环境粉尘浓度大，其使用寿命会缩短很多。油细分离器所过滤的油集中于中央小凹槽内，经一回流管回流至机体，可避免已被过滤的润滑油再随空气排出。空压机设有油细分离器堵塞自动停机保护。

d. 热控制阀。冷却器前方装有热控制阀，其作用是维持排气温度始终在压缩空气的压缩露点温度以上。刚开机时，润滑油温度低，此时热控阀会自动把回流的回路打开，润滑油则不经过油冷却器而直接进入机体内。

(3) 冷却系统流程

① 风冷式冷却系统。风冷式冷却系统包含风扇和冷却器两大部件。冷却器采用铝制板翅式换热器，风扇将冷空气强制吹向冷却器，通过热交换，将热量带走，达到冷却压缩空气和冷却润滑油的效果。

② 水冷式冷却系统。该系统采用管壳式冷却器，后部冷却器用来冷却压缩空气，油冷却器用于冷却喷入机体前的润滑油。这种冷却器

是在管壳中平行排布许多薄壁换热铜管，水走铜管内，热油或热空气走铜管外，通过热交换后，水将油和空气的热量带走。

水冷式冷却器对环境温度较不敏感，较容易控制排气温度。但如果冷却水水质太差，则冷却器容易结垢阻塞，或被腐蚀，导致维护成本增加，甚至造成冷却器严重损坏而报废。

在水质较硬的地区，必须在循环水中加入水质软化剂，并定期换水。如水中杂质太多，必须在空压机冷却水进口管路上加装水过滤器。

（五）保护装置

1. 常规电气保护

电气系统具有失压、短路、过载与断相、漏电闭锁、防自启动保护。

2. 空压机工艺保护

空压机工艺保护的控制回路为本质安全型，并接有温度开关、油过滤器压差开关、油细分离器压差开关的常开触点。

（1）超温自动停机保护。当排气温度升高至温度开关的设定值时，其常闭触点断开，空压机停止运转。《煤矿安全规程》规定，螺杆式空压机排气口温度不得超过 120 ℃，离心式空压机排气口温度不得超过 130 ℃，风包温度不得超过 120 ℃。

（2）断油自动停机保护。当油过滤器堵塞后，其进出口的压差会增大；当增大至压差开关的设定值时，其常闭触点会断开，空压机停止运转。

（3）油细分离器堵塞自动停机保护。当油细分离器堵塞后，其进口的压差会增大；当增大至压差开关的设定值时，其常闭触点会断开，空压机停止运转。

（4）逆向保护。螺杆式空压机只能单向转动；如反转，将产生机头卡死的严重后果。故电路中设置了逆向保护器，可有效防止机组反转。

（5）超压保护。机组超压保护有容调、制压阀、安全阀三重保护。

（6）计时功能。电控系统中安装有计时器，可观察到机组累计运转的时间。

**九、离心式空压机**

离心式空压机是空压机中最常见，也是应用最多的一种动能型空压机。离心式空压机常用于排气量大，压力中、低，连续运行，要求无油的压缩空气系统中。

离心式空压机是通过高速旋转的叶轮，增加气体速度能，再由静止的扩压器等转换为压力能。其每级叶轮的压缩比不可能很大，当压缩比大时，则需要采用多个叶轮、多级压缩。作为空气动力用的离心式空压机，排气量一般为 20～10 000 $m^3/min$；排气压力≤1.0 MPa，最高不超过 2.5 MPa。

离心式空压机可以提供无油的压缩空气。高速齿轮和液体动力轴承用的润滑油同压缩腔气体是隔离的，由轴端密封和充气密封实现可靠保证。

1. 离心式空压机的优缺点

(1) 优点

① 离心式空压机的气量大，结构简单、紧凑，重量轻，机组尺寸小，占地面积小。

② 运转平衡，操作可靠，运转率高，摩擦件少，备件需用量少，维护费用少。

③ 离心式空压机可以对工作介质做到绝对无油的压缩过程。

④ 离心式空压机是一种回转运动的机器，它适用于工业汽轮机或燃气轮机直接拖动。

(2) 缺点

① 离心式空压机目前不适用于气量太小及压比过高的场合。

② 离心式空压机的稳定工况区较窄，其气量调节虽较方便，但经济性较差。

③ 离心式空压机效率较低。

2. 离心式空压机与螺杆式空压机相比具有的优缺点

(1) 优点

离心式空压机具有运动部件少、易损件少、工作可靠、寿命长及排气量范围大等优点。由于离心式空压机的转速很高，它可以用高速的驱动机直接驱动，这样便于综合利用能量。

(2) 缺点

由于离心式空压机结构紧凑，转速很高(大多是每分钟几万转)，因此离心式空压机的制造、操作、维护要求很高,特别是对机器的动平衡和振动要求都很高。频繁的启动及停车,工况的突发变化,以及叶轮积尘后动平衡的失效,会引起机器的喘振。

## 十、矿井压风自救系统

### (一) 压风自救装置安全操作

当井下发生煤与瓦斯突出,瓦斯严重超标,对工作人员生命有严重威胁时,现场作业人员要以最快的速度进行如下操作:

(1) 拉下压风自救装置门锁,把门打开。

(2) 顺时针旋转打开进气阀,观察压力表,使其在 0.05～0.1 MPa 范围内(手动式调压)。

(3) 取出吸气面罩,戴在口鼻上,进行自然呼吸,等待救援。

### (二) 压风自救系统基本要求

(1) 煤矿企业在按照《煤矿安全规程》要求建立压风系统的基础上,必须满足在灾变期间能够向所有采掘作业地点提供压风供气的要求,进一步完善压风自救系统。

(2) 空压机应设置在地面。对深部多水平开采的矿井,当空压机安装在地面难以保证对井下作业点有效供风时,可在其供风水平以上2个水平的进风井井底车场安全可靠的位置安装,并取得煤矿矿用产品安全标志,但不得选用滑片式空压机。

(3) 压风自救系统的管路规格应按矿井需风量、供风距离、阻力损失等参数计算确定,但主管路直径不小于 100 mm,采掘工作面管路直径不小于 50 mm。

(4) 所有矿井采区的避灾路线上均应敷设压风管路,并设置供气阀门,间隔不大于 200 m。有条件的矿井可设置压风自救装置,水文地质条件复杂和极复杂的矿井应在各水平、采区和上山巷道最高处敷设压风管路,并设置供气阀门。

(5) 煤与瓦斯突出矿井应在距采掘工作面 25～40 m 的巷道内、爆破地点、撤离人员与警戒人员所在的位置,以及回风巷有人作业处等地点至少设置一组压风自救装置;在长距离的掘进巷道中,应根据实际情况增加压风自救装置的设置组数。每组压风自救装置应可供 5～8 人使用。其他矿井掘进工作面应敷设压风管路，并设置供气阀门。

(6) 主送气管路应装集水放水器。在供气管路与自救装置连接处，要加装开关和汽水分离器。压风自救系统阀门应安装齐全，阀门扳手要在同一方向，以保证系统正常使用。

(7) 压风自救装置应符合《矿井压风自救装置技术条件》(MT 390)的要求，并取得煤矿矿用产品安全标志。

(8) 压风自救装置应具有减压、节流、消噪声、过滤和开关等功能，零部件的连接应牢固、可靠，不得存在无风、漏风或自救袋破损长度超过 5 mm 的现象。

(9) 压风自救装置的操作应简单、快捷、可靠。避灾人员在使用压风自救装置时，应感到舒适，无刺痛和压迫感。压风自救系统适用的压风管道供气压力为 0.3～0.7 MPa；在 0.3 MPa 压力时，压风自救装置的供气量应在 100～150 L/min 范围内。压风自救装置工作时的噪声应小于 85 dB。

(10) 压风自救装置应安装在采掘工作面巷道内的压缩空气管道上，设置在宽敞、支护良好、水沟盖板齐全、没有杂物堆的人行道侧，人行道宽度应保持在 0.5 m 以上，管路敷设高度应便于现场人员自救应用。

(11) 压风管路应接入避难硐室和救生舱，并设置供气阀门，接入的矿井压风管路应设减压、消音、过滤装置和控制阀。压风出口压力在 0.1～0.3 MPa 之间，供风量每人不低于 0.3 $m^3$/min，连续噪声不大于 70 dB。

(12) 井下压风管路应敷设牢固、平直，并采取保护措施，防止灾变破坏。进入避难硐室和救生舱前 20 m 的管路应采取保护措施(如在底板埋管或采用高压软管等)。

## 安全技术基础知识二　本岗位安全责任制

### 学习目标

1. 掌握主要通风机司机岗位安全责任制。

2. 掌握空压机司机岗位安全责任制。

## 安全技术基础知识相关知识

### 一、主要通风机司机岗位安全责任制

(1) 司机必须持证上岗，坚持煤矿安全生产方针，认真执行《煤矿安全规程》、技术操作规程及其他各项规章制度。

(2) 坚持安全“双述”确认制度。

(3) 认真履行本工种技术操作规程，佩戴好劳动保护和防护工具，按相关规程规定查验设备。

(4) 负责通风机的操作，能熟练掌握设备结构、性能、工作原理和技术特征，做到“三知”(知设备性能、知设备结构、知工作原理)、“四会”(会使用、会维护、会保养、会排除一般故障)。

(5) 在操作时，不违章操作，集中精力，规范作业，注意检查通风机运行工况，电流表、电压表、负压的读数是否正常；出现紧急情况时，应及时停机查明原因并进行处理，同时要向相关单位汇报，且能准确描述故障现象，为维护人员提供可靠信息。

(6) 严格执行交接班制度，坚守岗位，不得擅离职守，必须做到在岗位交接班，不在工作岗位上说笑打闹，不干与工作无关的事。

(7) 严格执行各项作业制度，参加设备日常维护，定期对转动部位进行润滑，保持设备与环境卫生整洁，做到风机房内无积水、无杂物，设备无积尘。

(8) 严格按照设备巡回检查制度对通风机的运行及其辅助系统的状况进行认真检查，保证设备正常运转。

(9) 严格执行要害场所管理制度，并负责对通风机房、配电室内设施、物品的保管和监督检查，要爱护设备、消防器材和工具，认真规范填写好各种记录。

### 二、空压机司机岗位安全责任制

(1) 司机必须持证上岗，坚持煤矿安全生产方针，认真执行《煤矿安全规程》、技术操作规程及其他各项规章制度。

(2) 坚持安全“双述”确认制度。

(3) 认真履行本工种技术操作规程，佩戴好劳动保护和防护工具，按相关规程规定查验设备。

(4) 认真执行《煤矿安全规程》中的有关规定。按时巡检空压机、风包、电控装置等是否正常；做到勤检查、勤维护，发现问题及时汇报。

(5) 司机必须熟悉空压机的结构及各管路布置情况，掌握空压机的供电系统和电控原理，做到“三知”“四会”。

(6) 负责空压机机房所有设备的安全运转，熟练操作程序，严禁违章操作。

(7) 空压机运转时要随时观察风压变化情况及电压、电流、温度情况，有无异响，发现问题应果断采取措施处理。同时，要及时填写空压机各项原始记录及运转记录。

(8) 接班期间要妥善保管好机房内的材料、备件及工具，不得随便转借他人。

(9) 要爱护设备，保持设备完好，做到机房和设备清洁整齐。

(10) 参加设备的日常检修和大修工作。

(11) 认真遵守劳动纪律，坚持现场交接班，杜绝串岗、空岗和班中打盹、睡觉，杜绝从事与工作无关的其他事情等。

# 安全技术基础知识三　本岗位风险及控制

## 学习目标

1. 掌握主要通风机司机岗位风险及控制。
2. 掌握空压机司机岗位风险及控制。

## 安全技术基础知识相关知识

### 一、主要通风机司机岗位风险及控制

1. 存在风险

(1) 正常倒换风机时，如果没有提前联系调度室，可能造成井下瓦

斯超限。

（2）新转岗工人，如果岗位技能不熟练，操作设备时可能导致风机停机。

（3）备用风门蝶阀故障，如果不能及时开启备用风机，易造成瓦斯超限。

（4）变频风机功率单元老化，易导致风机运行故障。

（5）在用风机振动值超限，易造成设备损坏。

（6）防爆盖漏风严重，可能造成井下瓦斯事故。

（7）在通风机棚下长时间作业，未佩戴降噪耳塞，可能造成听力受损。

（8）设备没有定期加润滑油，可能造成设备超温。

（9）备用通风机长期不倒换运行。

2. 预防措施

（1）风机正常倒换前必须汇报调度室，待调度室同意后再倒换风机。

（2）加强新转岗人员培训，待培训合格后方可操作设备，严禁无证人员操作设备。

（3）加强设备检修，确保风门蝶阀完好。

（4）定期更换变频风机功率单元。

（5）加强观察在用风机的振动情况；当振动值超过 5 mm/s 时，及时倒换风机。

（6）防爆盖漏风要及时封堵。

（7）在通风机棚下长时间作业，要及时佩戴合格的降噪耳塞。

（8）严格按照设备润滑周期加合格润滑油。

（9）备用通风机应每月进行一次倒换运行。

**二、空压机司机岗位风险及控制**

1. 存在风险

（1）机械设备安全防护设施失效，造成人员受伤。

（2）电气元件失修、老化、线路破损、绝缘能力降低、接地不良造成电气事故或触电。

（3）人员不按规程操作设备造成设备损坏或触电。

(4) 带压设备检修没有提前进行泄压,造成人员受伤。

(5) 安全阀、释压阀没有定期检验造成其失效,导致压力容器爆炸。

(6) 空压机运转期间,不佩戴降噪耳塞,容易造成听力受损。

(7) 巡检期间没有认真检查作业环境,造成人员摔伤、碰伤等。

(8) 设备没有定期加润滑油,可能造成设备超温。

2. 预防措施

(1) 机械设备安全防护设施每班要进行检查,保证完好。

(2) 电气设备、线路、元器件等应定期检查、更换,并保证完好;设备接地、电气绝缘应每季度检测一次。

(3) 人员操作设备必须按照操作规程操作,严禁违章操作。

(4) 带压设备检修必须提前进行泄压,保证作业人员安全。

(5) 安全阀、释压阀等必须定期检验,保证设备完好。

(6) 空压机运转期间认真佩戴降噪耳塞。

(7) 巡检期间认真检查作业环境,避免人员摔伤、碰伤等。

(8) 严格按照设备润滑周期加合格润滑油。

# 安全技术基础知识四<br>本岗位事故隐患排查治理方法

## 学习目标

1. 掌握主要通风机司机岗位事故隐患排查及治理。
2. 掌握地面空压机司机岗位事故隐患排查及治理。
3. 掌握井下空压机司机岗位事故隐患排查及治理。

## 安全技术基础知识相关知识

### 一、主要通风机司机岗位事故隐患排查及治理

1. 隐患内容

(1) 主要通风机噪声大。

(2) 通风机筒体、扩散器等设备连接处,螺栓连接松动。

(3) 通风机振动值超限。

(4) 通风机运行声音异常。

(5) 电机温度、轴承温度超限。

(6) 电机轴承没有按照周期进行注油。

(7) 风道内风门不完好。

(8) 风门控制装置不完好。

(9) 运行电压、电流不正常。

(10) 全压、负压不正常。

(11) 变压器绕组温度超限。

(12) 风机及相关设施没有进行定期检修。

(13) 通风机周围 20 m 范围内存在烟火。

(14) 人员不在工作状态。

(15) 井口防爆盖不能正常开启。

2. 隐患治理

(1) 采取降噪措施,操作人员佩戴耳塞。

(2) 紧固螺栓,确保连接螺栓不松动。

(3) 合理调整通风机振动值。

(4) 检查通风机各部件,发现问题及时处理。

(5) 查找原因,采取措施,控制电机温度、轴承温度不超限。

(6) 按照规定周期对电机轴承进行注油。

(7) 及时维修风门。

(8) 及时检修风门控制装置。

(9) 查找原因,及时采取措施处理,使运行电压、电流在正常范围内。

(10) 查找原因,及时采取措施处理。

(11) 查找原因,及时采取措施,使变压器绕组温度在正常范围内。

(12) 按规定对风机及相关设施进行定期检修。

(13) 现场检查、督促,严禁在通风机周围 20 m 范围内有烟火。

(14) 要求作业人员保持良好的工作状态。

(15) 查找井口防爆盖不能开启的原因,发现问题及时处理。

## 二、地面空压机司机岗位事故隐患排查及治理

1. 隐患内容

(1) 空压机运行声音异常。

(2) 空压机冷却系统不完好。

(3) 水冷式冷却器有结垢。

(4) 电机温度、轴承温度、排气温度、风包温度等超限。

(5) 运转轴承不按照周期进行注油。

(6) 运行电压、电流异常。

(7) 润滑油闪点不满足要求。

(8) 没有定期由第三方检测机构进行性能检测。

(9) 空压机及安全阀、释压阀没有进行检测。

(10) 空压机没有按照要求对各类安全保护进行试验。

2. 隐患治理

(1) 检查空压机各部件,发现问题及时处理。

(2) 确保空压机冷却系统完好。

(3) 采取措施,处理掉结垢。

(4) 查找原因,采取措施,控制电机温度、轴承温度、排气温度、风包温度不超限。

(5) 按规定给运转轴承进行注油。

(6) 查找原因,及时采取措施,使运行电压、电流在正常范围内。

(7) 及时更换润滑油。

(8) 按规定定期由第三方检测机构进行性能检测。

(9) 按规定对空压机及安全阀、释压阀进行检测。

(10) 按照要求对空压机各类安全保护进行试验。

## 三、井下空压机司机岗位事故隐患排查及治理

井下空压机作业现场常见事故隐患与地面空压机作业现场常见事故隐患类似,不同之处在于井下设备需要做好防爆管理工作。

# 安全技术基础知识五 《煤矿安全规程》及安全生产标准化的相关规定

## 学习目标

1. 熟悉《煤矿安全规程》相关规定。

2. 熟悉安全生产标准化相关要求。

## 安全技术基础知识相关知识

### 一、《煤矿安全规程》中主要通风机、空压机的相关规定

**第一百五十八条** 矿井必须采用机械通风。

主要通风机的安装和使用应当符合下列要求：

（一）主要通风机必须安装在地面；装有通风机的井口必须封闭严密，其外部漏风率在无提升设备时不得超过5%，有提升设备时不得超过15%。

（二）必须保证主要通风机连续运转。

（三）必须安装2套同等能力的主要通风机装置，其中1套作备用，备用通风机必须能在10 min内开动。

（四）严禁采用局部通风机或者风机群作为主要通风机使用。

（五）装有主要通风机的出风井口应当安装防爆门，防爆门每6个月检查维修1次。

（六）至少每月检查1次主要通风机。改变主要通风机转数、叶片角度或者对旋式主要通风机运转级数时，必须经矿总工程师批准。

（七）新安装的主要通风机投入使用前，必须进行试运转和通风机性能测定，以后每5年至少进行1次性能测定。

（八）主要通风机技术改造及更换叶片后必须进行性能测试。

（九）井下严禁安设辅助通风机。

**第一百五十九条** 生产矿井主要通风机必须装有反风设施，并能

在 10 min 内改变巷道中的风流方向；当风流方向改变后，主要通风机的供给风量不应小于正常供风量的 40%。

每季度应当至少检查 1 次反风设施，每年应当进行 1 次反风演习；矿井通风系统有较大变化时，应当进行 1 次反风演习。

**第一百六十条**　严禁主要通风机房兼作他用。主要通风机房内必须安装水柱计(压力表)、电流表、电压表、轴承温度计等仪表，还必须有直通矿调度室的电话，并有反风操作系统图、司机岗位责任制和操作规程。主要通风机的运转应当由专职司机负责，司机应当每小时将通风机运转情况记入运转记录簿内；发现异常，立即报告。实现主要通风机集中监控、图像监视的主要通风机房可不设专职司机，但必须实行巡检制度。

**第一百六十一条**　矿井必须制定主要通风机停止运转的应急预案。因检修、停电或者其他原因停止主要通风机运转时，必须制定停风措施。

变电所或者电厂在停电前，必须将预计停电时间通知矿调度室。

主要通风机停止运转时，必须立即停止工作、切断电源，工作人员先撤到进风巷道中，由值班矿领导组织全矿井工作人员全部撤出。

主要通风机停止运转期间，必须打开井口防爆门和有关风门，利用自然风压通风；对由多台主要通风机联合通风的矿井，必须正确控制风流，防止风流紊乱。

**第四百三十一条**　矿井应当在地面集中设置空气压缩机站。

在井下设置空气压缩设备时，应当遵守下列规定：

(一) 应当采用螺杆式空压机，严禁使用滑片式空压机。

(二) 固定式空压机和储气罐必须分别设置在 2 个独立硐室内，并保证独立通风。

(三) 移动式空压机必须设置在采用不燃性材料支护且具有新鲜风流的巷道中。

(四) 应当设自动灭火装置。

(五) 运行时必须有人值守。

**第四百三十二条**　空气压缩机站设备必须符合下列要求：

（一）设有压力表和安全阀。压力表和安全阀应当定期校准。安全阀和压力调节器应当动作可靠，安全阀动作压力不得超过额定压力的1.1倍。

（二）使用闪点不低于215 ℃的压缩机油。

（三）使用油润滑的空气压缩机必须装设断油保护装置或者断油信号显示装置。水冷式空气压缩机必须装设断水保护装置或者断水信号显示装置。

**第四百三十三条** 空气压缩机站的储气罐必须符合下列要求：

（一）储气罐上装有动作可靠的安全阀和放水阀，并有检查孔。定期清除风包内的油垢。

（二）新安装或者检修后的储气罐，应当用1.5倍空气压缩机工作压力做水压试验。

（三）在储气罐出口管路上必须加装释压阀，其口径不得小于出风管的直径，释放压力应当为空气压缩机最高工作压力的1.25～1.4倍。

（四）避免阳光直晒地面空气压缩机站的储气罐。

**第四百三十四条** 空气压缩设备的保护，必须遵守下列规定：

（一）螺杆式空气压缩机的排气温度不得超过120 ℃，离心式空气压缩机的排气温度不得超过130 ℃。必须装设温度保护装置，在超温时能自动切断电源并报警。

（二）储气罐内的温度应当保持在120 ℃以下，并装有超温保护装置，在超温时能自动切断电源并报警。

**二、安全生产标准化中的相关要求**

（一）主要通风机安全生产标准化相关要求

(1) 主要通风机性能满足矿井通风安全需要。

(2) 电动机保护齐全、可靠。

(3) 使用在线监测装置，并且具备通风机轴承、电动机轴承、电动机定子绕组温度检测和超温报警功能，具备振动监测及报警功能。

(4) 每月倒机、检查1次。

(5) 安设有与矿调度室直通电话

(6) 机房设有水柱计、电流表、电压表仪表，并定期校准。

（7）机房安设应急照明装置。

（8）使用低耗、先进、可靠的电控装置。

（二）压风系统安全生产标准化相关要求

（1）供风能力满足矿井安全生产需要。

（2）压缩机、储气罐及管路设置符合《煤矿安全规程》和《特种设备安全法》等规定。

（3）电动机保护齐全、可靠。

（4）压力表、安全阀、释压阀设置齐全有效，定期校准。

（5）油质符合规定，有可靠的断油保护。

（6）水冷压缩机的水质符合要求，有可靠的断水保护。

（7）风冷压缩机冷却系统及环境符合规定。

（8）温度保护齐全、可靠，定值准确。

（9）井下压缩机运转时有人监护。

（10）机房安设有应急照明装置。

（11）使用低耗、先进、可靠的电控装置，有电动机及主要轴承温度和振动监测。

（12）地面压缩机宜采用集中远程监控，实现无人值守。

# 模块二　主要通风机和空压机操作作业安全操作技能

## 安全操作技能一　本岗位“双述”知识

### 学习目标

1. 了解主要通风机操作岗位“双述”的内容。

2. 了解空压机操作岗位“双述”的内容。

### 安全操作技能相关知识

**一、主要通风机操作岗位“双述”的内容**

工作环境主要是指工作场所的气候、建筑、设备、工具、安全防护用品等条件所处的状态。在岗人员必须对这些条件进行风险辨识，采取措施，确保在岗安全。

岗位“双述”是指在岗人员对本岗位的工作环境进行描述，操作时，每一步骤进行“手指口述”。岗位“双述”的内容主要包括工作环境的描述、岗位主要风险辨识和安全确认、岗位主要操作程序各步骤确认、避灾路线的确认等。

1. 某矿通风机司机岗位描述示例

(1) 立正敬礼。领导好，欢迎领导检查指导工作。我叫×××，是×队通风机司机，已培训取得上岗资格证，已学习作业规程并考核合格。

(2) 送领导。请领导多提宝贵意见，领导慢走。

2. 岗位系统描述

报告领导，我叫×××，是×队通风机司机。

我的岗位主要职责是：

(1) 负责通风机正常运转。

(2) 因停电等原因造成停机时，负责按规定启动备用通风机。

(3) 通风机发生故障时，负责通知调度室。

(4) 负责观察通风机运行情况。

岗位描述完毕，请领导指示！

3. "手指口述"安全确认

(1) 通风机司机必须经过培训，考试合格，持证上岗。

(2) 核对通风机设备配置、参数情况。

(3) 检查通风机温度、声音、运转情况。

(4) 通风机运行过程中，要密切注意通风机是否运转正常，并做好各种记录。

**二、空压机操作岗位"双述"的内容**

工作环境主要是指工作场所的气候、建筑、设备、工具、安全防护用品等条件所处的状态。在岗人员必须对这些条件进行风险辨识，采取措施，确保在岗安全。

岗位"双述"是指在岗人员对本岗位的工作环境进行描述。操作时，每一步骤进行"手指口述"。岗位"双述"的内容主要包括工作环境的描述、岗位主要风险辨识和安全确认、岗位主要操作程序各步骤确认、避灾路线的确认等。

1. 某矿空压机司机岗位描述示例

(1) 立正敬礼。领导好，欢迎领导检查指导工作。我叫×××，是×队空压机司机，已培训取得上岗资格证，已学习作业规程并考核合格。

(2) 送领导。请领导多提宝贵意见，领导慢走。

2. 岗位系统描述

报告领导，我叫×××，是×队空压机司机。

我的岗位主要职责是：

(1) 负责空压机正常运转。

(2) 因停电等原因造成停机时,负责按规定启动备用空压机。

(3) 空压机发生故障时,负责通知调度室。

(4) 负责观察空压机运行情况

岗位描述完毕,请领导指示!

3. 手指口述安全确认

(1) 空压机司机必须经过培训,考试合格,持证上岗。

(2) 核对空压机设备配置、参数情况。

(3) 检查空压机温度、声音、运转情况。

(4) 空压机运行过程中,要密切注意各项参数是否正常,并做好各种记录。

# 安全操作技能二　本岗位安全技术操作规程

## 学习目标

1. 掌握主要通风机操作岗位安全技术操作规程。
2. 掌握空压机操作岗位安全技术操作规程。

## 安全操作技能相关知识

### 一、主要通风机操作岗位安全技术操作规程

(一) 一般要求

(1) 主要通风机司机必须经过培训、考试合格并取得合格证后方可上岗操作。做到“三知”(知设备性能、知设备结构、知工作原理)、“四会”(会使用、会维护、会保养、会排除一般故障)。

(2) 主要通风机司机负责主要通风机的操作及安全设施的日常使用和检查工作。

(3) 主要通风机司机必须严格执行交接班制度和工种岗位责任制。

（二）准备工作

（1）检查所有进风门、反风门、井口防爆门的位置是否正确；风道内有无杂物；风门执行器是否开关到位，风硐、风门有无漏风现象。

（2）检查各转动部分及组件等有无裂纹；各连接部分螺丝是否紧固、可靠。

（3）检查各润滑部分的油脂是否清洁，油量是否充足。

（4）检查高压柜、低压柜控制柜工作是否正常；监测系统功能是否正常；电动机绝缘是否符合要求。

（5）检查电动机连接部位，应灵活无卡阻，接地装置完整可靠。

（6）电压符合电动机启动要求。10 kV 以下时，工作电压要在额定电压的±7％范围内；380 V 时，工作电压要在额定电压的－10％～＋7％范围内。

（7）主要通风机启动前必须正确开启或关闭风门，具体要求如下：

① 轴流式风机应打开风门启动，即将通往井下的进风门关闭；同时，将地面进风门打开，并支撑牢靠，以防吸地面风时自动吸合关闭。

② 离心式风机则应关闭风门启动，即将通往井下的进风门和地面进风门全部关闭。

（8）按巡检路线仔细检查后，对发现的不能满足使用要求的问题要及时处理或通知上级值班人员和维修工处理。

（三）正常启动及停机操作

1. 启动条件

检查 2 台风机的进出风门有无卡阻现象，井口防爆盖及压件是否正常，风门及其传动装置是否灵活、可靠。

检查各类传感器工作是否可靠，仪表读数是否正常，2 台风机的高低压柜合闸机构工作是否正常。

2. 启动步骤

首先，备用风机满足启动条件；然后，确认风机电动机开关柜及进风门执行器开关处于远控位置；最后，送上操作控制台的控制电源。

在操作台上将运行风机的主、辅电动机停掉，将进风门关闭到位。

开启备用风机风道内风门，启动备用风机。

注意观察风机运行工况是否正常，并做好相关数据记录。

3. 停机操作

(1) 接到上级主管的停机命令。

(2) 断电停机。

(3) 根据停机命令决定是否开动备用风机；如果需要开动备用风机，则按上述正常操作要求进行。

(4) 不开备用风机时，应打开井口防爆门和有关风门，以便充分利用自然通风。

(四) 倒换风机操作

(1) 先按技术操作规程，对备用主要通风机进行运转前的检查。

(2) 停运正在运转中的主要通风机，并关闭其通往井下的风门。

(3) 操作离心式主要通风机时，应先关闭备用主要通风机通往井下的风门；然后，启动备用主要通风机，待启动完毕；最后，打开通往井下的风门。

(4) 操作轴流式主要通风机时，应先关闭备用主要通风机通往井下的风门，同时打开地面进风门；然后，启动备用主要通风机，待启动完毕，打开通往井下的风门；最后关闭地面进风门。

(五) 特殊操作

1. 主要通风机的紧急停机操作

(1) 直接断电停机(高压应先停断路器)。

(2) 立即报告矿井调度室和主管部门的停机原因、事故情况。

(3) 按矿井主管部门技术人员的决定，关闭和开启风门。

(4) 电源失压自动停机时，先拉掉断路器；然后，拉开隔离开关，并立即报告矿井调度室和主管部门；待排除故障或恢复正常供电后，再行开机。

(5) 与地面变电所联系，严格按照操作规定，尽快启动备用风机，恢复矿井正常通风。

2. 紧急情况的处理

主要通风机有下列情况时，允许先停机后汇报：

(1) 各主要传动部件有严重异响或非正常振动。

(2) 电动机启动时间过长，启动电流不返回；电动机扫膛、单相运转或冒烟冒火。

(3) 进风闸门掉落关闭、操作失灵，无法立即恢复。

(4) 如果突然停电或电源故障停电造成停机，应先拉下机房电源开关后汇报。

(5) 电气控制部分失效，电气元件失灵，动作不正常。

(6) 其他紧急事故或故障。

3. 主要通风机的反风操作

(1) 反风操作的条件：进风井筒发生火灾、井底车场发生火灾、井底发生瓦斯爆炸、矿井每年进行的反风演习等情况。

(2) 反风应在矿长或总工程师的直接指挥下进行。

(3) 用反风道反风时应注意以下事项：

① 保持风机正常运转。

② 用地锁将防爆门或防爆盖固定牢固。

③ 根据现场指挥的命令操作各风门，改变风流方向。

(4) 用反转电动机反风时应注意以下事项：

① 停止当前风机运转。

② 用地锁将防爆门固定牢固，各风门保持原状不变。

③ 待电动机停稳后，用换风装置反转启动电动机。

④ 对于导翼固定的风机直接反转启动风机；对于导翼可调角度的风机，则先调整导翼调整器，改变导翼角度后反转启动电动机。

(六) 其他注意事项

(1) 风机在运行中，应注意检查电流表、电压表、负压计等仪器指示是否正常。

(2) 注意电机及轴承温度是否正常。

(3) 检查风机是否有剧烈震动和撞击现象。

(4) 风机在运转中发生电气、机械故障时，应立即停机，及时向调度及有关部门反映，启动备用风机，必须做好详细记录。

## 二、空压机操作岗位安全技术操作规程

(一) 一般要求

(1) 空压机司机必须经过培训，考试合格并取得合格证后方可上

岗操作，做到“三知”（知设备性能、知设备结构、知工作原理），“四会”（会使用、会维护、会保养、会排除一般故障）。

（2）空压机司机负责空压机的操作及安全设施的日常使用和检查工作。

（二）开机前的准备工作

（1）保持机身油池中润滑油的油面在规定的刻度范围内。

（2）用油泵对各运动面注油，对汽缸磨损面加油。

（3）检查各连接部件的坚固情况，有松动之处立即拧紧。

（4）检查电动机、电刷、滑块、可控硅励磁及电源柜是否良好，开关柜是否在预备启动位置，各信号指示是否正常。

（5）人工盘车3圈，检查机械运动部分不应有卡阻或撞击现象。

（6）开启冷却水泵，为压风机提供冷却水；检查水路是否畅通。

（7）关紧进风阀，使压风机处于空载状态。

（8）电压稳定，浮动范围不超过额定值的±7%。

（三）开机与停机

（1）开机。把电源送至控制柜→空压机启动→检查各仪表是否正常→打开送风阀，送高压风。

（2）停机。卸荷→空压机处于空载状态→停机→设备停机→检查设备状态。

（四）其他注意事项

（1）必须严格按照开、停风机操作程序进行操作。

（2）在压风机运行中，应不断检查仪表和运转声音是否正常；注意高压缸是否有回风现象。

（3）检查冷却水是否均匀，不得有间歇性排出现象及气泡等情况；检查进出水温度是否超限；检查各安全装置是否可靠。

（4）检查高低压阀是否正常；电机、压缩机等设备的温度是否超限。

（5）值班司机每班应将风包、中间冷却器的冷却水排放出去。

# 模块三　主要通风机和空压机操作作业典型事故案例

## 学习目标

1. 了解主要通风机和空压机操作作业典型事故案例。

2. 使职工增强安全意识，提高安全操作技能，吸取事故教训，防止同类事故发生。

## 安全操作技能相关知识

### 案例一　主要通风机风流短路事故

1. 事故经过

2006年5月13日上午8:00，某矿主要通风机倒换作业。启动2#主要通风机时，由于风门限位开关失灵，牵引钢丝绳被拉断，又重新启动1#主要通风机。当1#主要通风机投入运转后，主要通风机司机发现水柱计指示值下降。经检查2#风门没有关严，造成风在两台主要通风机之间短路，经重新关严后，才正常运行，影响生产30 min。

2. 事故原因

(1) 风门限位开关失灵，造成牵引钢丝绳被拉断。

(2) 日常维护检查不到位，造成风门限位开关失灵。

(3) 岗位人员没有严格执行“一人操作，一人监护”，没有进行安全确认。

(4) 司机安全意识不到位，当2#主要通风机牵引钢丝绳拉断后，没有对风门的关闭情况进行安全确认，导致风流短路。

3. 防范措施

(1) 要经常检查钢丝绳及其连接装置。

(2) 经常检查试验各风门的限位开关,发现问题及时解决。

(3) 使用主要通风机检测监控装置,检测风门开启关闭的位置。

(4) 加强岗位操作人员的培训工作,让岗位人员了解设备的工作原理,做到"三知""四会"。

(5) 设备操作严格执行"一人操作,一人监护",在监护人员做好安全确认后,方可进行下一步工作。

### 案例二　主要通风机突然停机事故

1. 事故经过

2013 年 2 月 14 日 9:30,某风井维护电工贾××在主要通风机房对高低压电气设备进行巡检,班、组长张××、李××随行。9:35,贾××独自进入电控变频室,私自打开主要通风机变频柜控制面板查看各项运行参数,并对运行风机变频柜操控面板进行操作,导致主要通风机停机达 30 s,严重违章操作。

2. 原因分析

(1) 分管队长对班组长的规范巡检管理不到位。

(2) 当班班长张××对员工安全行为监管不到位。

(3) 维护电工组长李××对维护电工日常巡检作业的安全教育、注意事项的指导和监管不到位。

(4) 当班主要通风机司机对维护电工贾××进入变频室后未现场监督,对主要通风机及附属设备的安全运行监管不到位。

(5) 维护电工贾××严重违章操作,是造成风机停机事故的直接原因。

3. 防范措施

(1) 主要通风机司机在岗期间必须对设备的安全运行负责,严禁其他人员单独进入操作间、变频室内,严禁触碰操作台按钮、高低压柜操控按钮、变频柜控制面板。

(2) 维护电工在巡检期间严禁触碰运行设备的操控装置,避免造成设备误动作而发生事故。

(3) 分管队长及班组长对员工的日常行为负责，制定维护工巡检注意事项，做好现场监管，一旦发现违规行为应严肃处罚。

## 案例三　空压机着火事故

1. 事故经过

2013 年 2 月 28 日 19:43，某矿井下发生一起重大空压机着火事故。矿井 750 m 水平安装 1 台无煤安标志的空压机，空压机型号为 W-3/5。此次事故造成 13 人死亡，其中 12 人 CO 中毒死亡，1 人失踪。直接经济损失达 1 425.08 万元。该矿“2·28”重大火灾事故是一起生产安全责任事故。

2013 年 2 月 28 日 7:00，井口副主任汤×、瓦斯检查工王××两人下井巡查，发现主井 750 m 水平南采区 750 代巷 1 号密闭和 760 区段巷 2 号密闭压裂损坏漏风。约 12:00 两人上井后，汤×向总经理李×汇报了情况，李×与总工程师王×商量后，准备维修损坏的两处密闭。李×电话通知陈×，要求陈×打电话通知附近村的矿工到矿，并安排总工程师王×制定技术措施。14:30，13 名工人到矿，李×和王×布置工作后，王×制定并贯彻了《煤矿密闭维修安全技术措施》。约 15:00，13 人从主井入井，进行维修密闭作业。约 20:00，主要通风机司机发现风机扩散器出口冒出黑烟。约 20:20，王×和救护队员进入 750 m 水平南采区运输石门，看见空压机着火，冒着黑烟，便走到距空压机约 5 m 的地方用灭火器直接灭火，接着兼职救护队员准备继续用灭火器灭火，这时里面巷道不断冒落，热浪涌出，巷道顶部发热掉渣，距空压机 5～6 m处，巷顶温度达 70 ℃，CO 检测仪报警，已经不具备用灭火器直接灭火的条件。后因尝试采用水直接灭火无望，李×当即让井下人员撤离，约21:11，开始组织反风。3 月 5 日采取地面封闭灭火措施才将火扑灭。

救护发现 12 名遇难人员的同时，发现 12 台自救器均已打开，口具、鼻夹已脱落，没有过火痕迹。当时火情观测及瓦斯涌出情况是：接近火区的 CO 浓度在 5 000 ppm(1 ppm$=10^{-6}$)以上，总回风道 $CH_4$浓度在0.82%以上。

2. 事故原因

（1）维修密闭作业时，使用无煤安标志的空压机着火，引燃附近区域巷道木支护，产生大量有毒、有害气体，造成下风侧13名工人CO中毒死亡。

（2）擅自使用无煤安标志的空压机；井下巷道采用木支护，且使用窑柴背帮背顶，为火灾事故埋下了重大隐患；煤矿消防管路系统不健全；安全培训不到位，职工安全意识和安全素质差，入井人员不会正确使用自救器。

（3）该矿对长期存在的重大安全隐患未能及时排查、管控和处置，使用禁用设备。

（4）煤矿长期存在安全隐患排查不彻底、整改和管控不力的问题。

3. 防范措施

（1）做好隐患排查和管控。

（2）加强井下机电设备的使用管理和检查。

（3）按照有关法律法规、规程要求，完善生产系统和安全条件，完善井下"六大系统"。

（4）认真做好煤矿的安全监管工作，加大安全监管力度，切实履行好安全监管主体责任。

（5）切实做好职工的安全培训工作，掌握自救器的使用方法。

# 附　录

## 附件1　通防作业实操考试考核表

考试时间:60分钟

单位:____________　姓名:______　得分:______

| 项目 | 考核内容 | 考核方式 | 考核场地或工器具 | 标准分 | 操作标准 | 考核要求 | 扣分原因 | 实得分 |
|---|---|---|---|---|---|---|---|---|
| 操作前准备 | (1)入井任务 | 口述 | 实操基地 | 2分 | (1)明确工作地点,工作任务 | 按小项分值扣分,扣完小项分为止 | | |
| | (2)施工前准备工作 | 实操口述 | 实操基地 | 8分 | (1)施工需要运输的物料(砖、砂、水泥、料石、风筒、风门、板帐、板子等)。(2分)<br>(2)各种材料装车后均不得超宽、超高,装车要整齐,两头要均衡。(2分)<br>(3)人力推车相关规定。(2分)<br>(4)施工地点安全检查工作。(2分) | 按小项分值扣分,扣完小项分为止 | | |

续表

| 项目 | 考核内容 | 考核方式 | 考核场地或工器具 | 标准分 | 操作标准 | 考核要求 | 扣分原因 | 实得分 |
|---|---|---|---|---|---|---|---|---|
| 构建通风设施测风操作 | 稳门框 | 实操口述 | 实操基地 | 12分 | (1) 先稳下门坎。下坎的上平面要稍高于轨面,下坎设好后再安装门框及上坎横梁,要求门框与门坎互成直角,上、下坎应互相平行。(2分)<br>(2) 根据风压大小,门框应朝顺风方向倾斜一定角度,一般以85°左右为宜。调好门框倾角后,用木条将门框稳固。(2分)<br>(3) 在有水沟的巷道中砌风门墙垛前,必须先砌反水池。(1分)<br>(4) 两边墙垛施工要平行进行,逐渐把门框牢固嵌入墙垛内。(1分)<br>(5) 风门墙垛中通过电缆、风水管,在砌墙时要预留孔口孔位。(2分)<br>(6) 反向风门要与正向风门同时施工,除门框倾斜角度、开关方向与正向风门相反外,其余要求与正向风门相同。(2分)<br>(7) 风门墙垛砌好后,墙两边均要用细灰砂浆勾缝或抹平整,做到不漏风。水泥砂浆凝固后,方可挂风门扇。(2分) | 按小项分值扣分,小项分扣完为止 | | |

续表

| 项目 | 考核内容 | 考核方式 | 考核场地或工器具 | 标准分 | 操作标准 | 考核要求 | 扣分原因 | 实得分 |
|---|---|---|---|---|---|---|---|---|
| 构建通风设施测风操作 | 砌墙 | 实操口述 | 实操基地 | 21分 | (1) 可用砖、料石砌墙。(3分)<br>(2) 砌墙应先放好中腰线,并按规定掏槽,应见实帮实底。(3分)<br>(3) 墙面要砌平整,勾缝或抹面应符合质量标准要求,顶帮应接严填实。(3分)<br>(4) 墙体周边掏槽要与煤岩接实,四周要有不少于0.1 m的裙边。(3分)<br>(5) 风门下部及水沟处应钉挡风帘;管线孔应封堵严密,确保严密不漏风。(3分)<br>(6) 需设调节风窗时,窗框预留在墙的正上方或一侧;风门上设有调节风窗时,窗框预留设在风门扇的上方。(3分)<br>(7) 风门墙砌筑到预留位置时,即可将预置好的调节风窗框嵌入墙内。(3分) | 按小项分值扣分,扣完小项分为止 | | |

续表

| 项目 | 考核内容 | 考核方式 | 考核场地或工器具 | 标准分 | 操作标准 | 考核要求 | 扣分原因 | 实得分 |
|---|---|---|---|---|---|---|---|---|
| 构建通风设施测风操作 | 风门制作与安装 | 实操口述 | 实操基地 | 24分 | (1) 风门扇要穿带,上下两条门带规格要相同、平行不歪扭,且距门扇上下两头均留有一定间距。(3分)<br>(2) 风门扇安装使用前要先加装门带,每扇门镶上2～3条门带(门带是用5 mm厚的钢板做成的,按一定的间距打孔)。距门扇上下两侧各250 mm左右安装的门带要带圆环,两门带对夹在门扇两边,用螺丝固定。(3分)<br>(3) 安装门轴,先在门框上量好门轴间距,钻出孔眼,将做好的门轴方型头打入孔眼内,要打正,装牢固。(3分)<br>(4) 风门扇必须进行防腐处理。(3分)<br>(5) 调整门扇对口,要上下合口,双扇门要上靠三角外边,不吊高,不扫地,用风筒布包边沿口,风门关闭后,四周严实、合缝,不透光、不漏风。(3分)<br>(6) 安装门轴时,应将做好的门轴带丝的一端打入在门框上钻取的孔内,并打正装牢。(3分)<br>(7) 安装门扇时,应将门带上的圆孔套入门框的轴上,并使门扇与门轴四周接触严密,要求风门不坠,不歪,开关自如。(3分)<br>(8) 风门安装完毕后要对风门进行包边沿口。(3分) | 按小项分值扣分,扣完小项分为止 | | |

续表

| 项目 | 考核内容 | 考核方式 | 考核场地或工器具 | 标准分 | 操作标准 | 考核要求 | 扣分原因 | 实得分 |
|---|---|---|---|---|---|---|---|---|
| 风筒吊挂维护及修补 | 作业前的准备工作 | 实操 | 现场 | 5分 | 检查工具是否配备齐全，包括钳子、风筒胶、剪刀、线绳、大针5种工具。(5分) | 缺一种工具扣1分，扣完为止 | | |
| | 延接风筒 | 实操 | 现场 | 12分 | (1) 双反压边，反压边宽度为60 mm，误差±5 mm。(2分)<br>(2) 不花接，异径风筒要有过渡节。(2分)<br>(3) 不逆接。(2分)<br>(4) 风筒接头严密，手距接头处0.1 m处感觉不到漏风。(2分)<br>(5) 转弯巷道要设弯头，不准拐死弯，风筒弯头折深不超过100 mm。(2分)<br>(6) 延接后风筒出风口距工作面的距离符合规定。(2分) | 按小项分值扣分，小项分扣完为止 | | |
| | 调整风筒 | 实操 | 现场 | 4分 | (1) 风筒吊挂平直一条线，20 m内下垂不超过20 mm(巷道拐弯和起坡除外)。(2分)<br>(2) 逢环必挂。(2分) | 按小项分值扣分，小项分扣完为止 | | |

续表

| 项目 | 考核内容 | 考核方式 | 考核场地或工器具 | 标准分 | 操作标准 | 考核要求 | 扣分原因 | 实得分 |
|---|---|---|---|---|---|---|---|---|
| 风筒吊挂维护及修补 | 调整检查后巷风筒 | 实操 | 现场 | 12分 | (1) 双反压边,反压边宽度为60 mm,误差±5 mm。(2分)<br>(2) 风筒无破口,手触无感觉,耳听无音。(2分)<br>(3) 风筒不逆接,接头严密,手距接头处0.1 m处感觉不到漏风。(2分)<br>(4) 转弯巷道要设弯头,不准拐死弯,风筒弯头折深不超过100 mm。(2分)<br>(5) 风筒吊挂平直一条线,20 m内下垂不超过20 mm(巷道拐弯和起坡处除外)。(2分)<br>(6) 逢环必挂。(2分) | 按小项分值扣分,小项分扣完为止 | | |

考核人:________________　　考核时间:____年__月__日

# 附件 2　主要通风机和空压机操作作业实操考试考核表

考试时间:30 分钟

单位:__________ 姓名:______ 得分:______

| 考试项目 | 操作内容与步骤 | 考试方式 | 分值 | 评分标准 | 扣分原因 | 得分 |
|---|---|---|---|---|---|---|
| 岗位“双述” | 手指口述或岗位描述(本职工作岗位的职责内容) | 手指口述或岗位描述 | 30 分 | 考核内容只需随机选取 1 项即可。缺少或回答错误每条扣 4 分 | | |
| 安全技术操作 | (1) 通风机停机操作方法。<br>(2) 通风机启动操作方法。<br>(3) 通风机倒换操作流程。<br>(4) 利用在用通风机反风的操作方法 | 手指口述 | 16 分 | 考核内容只需随机选取 1 项即可。手指口述每缺一步或有一步不正确扣 2 分 | | |
| | (1) 主要通风机反风有哪些规定?<br>(2) 主要通风机停止运转期间应如何操作?<br>(3) 释压阀的安装运行有哪些要求?<br>(4) 安全阀的安装运行有哪些要求 | | 12 分 | 考核内容只需随机选取 1 项即可。手指口述每缺一步或有一步不正确扣 2 分 | | |

续表

| 考试项目 | 操作内容与步骤 | 考试方式 | 分值 | 评分标准 | 扣分原因 | 得分 |
| --- | --- | --- | --- | --- | --- | --- |
| 自救器的使用与创伤急救训练 | （1）自救器的使用：<br>①化学氧自救器的使用。<br>②压缩氧自救器的使用 | 实物操作和手指口述 | 12分 | 考核内容只需随机选取1项即可。操作或手指口述每缺一处或有一处不正确扣2分 | | |
| | （2）创伤急救：<br>①心肺复苏。<br>②止血。<br>③创伤包扎。<br>④骨折临时固定和伤员搬运。<br>⑤对不同伤员的现场急救 | | 30分 | 考核内容只需随机选取2项即可。操作或手指口述每缺一处或有一处不正确扣2分 | | |
| | 100分 | | | | | |

考核人：________________ 考核时间：____年__月__日

# 附件3　井下常用标志及设置地点

附表1　井下常用禁止标志及设置地点

| 名称 | 符号 | 设置地点 | 名称 | 符号 | 设置地点 |
|---|---|---|---|---|---|
| 禁带烟火 |  | 煤矿井口或井下 | 禁止入内 |  | 井下封闭区、瓦斯区、盲巷、废弃巷道及禁止人员入内的地点 |
| 禁止酒后入井 |  | 人员出入的井口 | 禁止停车 |  | 井下禁止停放车辆的地段 |
| 禁止明火作业 |  | 禁止明火作业地点 | 禁止驶入 |  | 线路终点和禁止机车驶入地段 |
| 禁止启动 |  | 不允许启动的机电设备 | 禁止通行 |  | 井下危险区、爆破警戒处、不兼作行人的绞车道、材料道及禁止行人的通道口等 |
| 禁止送电 |  | 变电室、移动电源开关停电检修等 | 禁止穿化纤服装入井 |  | 人员出入的井口 |
| 禁止扒乘矿车 |  | 井下运输大巷交叉口、乘车场、扒车事故多发地段 | 禁止放明炮、糊炮 |  | 井下采掘爆破工作面 |
| 禁止扒、登、跳人车 |  | 井下巷道，每隔50 m设一个 | 禁止井下睡觉 |  | 井下各工序岗位和作业区 |

附表 1(续)

| 名称 | 符号 | 设置地点 | 名称 | 符号 | 设置地点 |
| --- | --- | --- | --- | --- | --- |
| 禁止登钩 |  | 串车提升斜井上下口 | 禁止同时打开两道风门 |  | 井下巷道风门处 |
| 禁止跨、乘输送带 |  | 链板、带式输送机、钢丝绳牵引运输不许跨越的地方，间隔30 m设置 | 禁止井下随意拆卸矿灯 |  | 入井口、井下工作面 |
| 禁止井下攀牵线缆 |  | 井下敷有电缆、信号线等巷道内 | | | |

**附表 2　井下常用警告标志及设置地点**

| 名称 | 符号 | 设置地点 | 名称 | 符号 | 设置地点 |
| --- | --- | --- | --- | --- | --- |
| 注意安全 |  | 提醒人们注意安全的场所及设备安置的地方 | 当心坠入溜井 |  | 井下溜煤眼、溜矿井、溜矿仓 |
| 当心瓦斯 |  | 井下瓦斯积聚地段、盲巷口、瓦斯抽放地点、巷道冒高处 | 当心发生冲击地压 |   | 井下有冲击地压的作业区域 |

附表 2(续)

| 名称 | 符号 | 设置地点 | 名称 | 符号 | 设置地点 |
|---|---|---|---|---|---|
| 当心冒顶 |  | 井下冒顶危险区、巷道维修地段 | 当心片帮滑坡 |  | 井下有片帮、滑坡危险地段 |
| 当心火灾 |  | 井下仓库、爆炸材料库、油库、带式输送机、充电室和有发火预兆的地点 | 当心矿车行驶 |  | 井下行人巷道与运输巷道交叉处、井下兼行人的倾斜运输巷道内 |
| 当心水灾 |  | 井下有透水或水患地点 | 当心绊倒 |  | 井下地面有障碍物，绊倒易造成伤害的地方 |
| 当心煤(岩)与瓦斯突出 |  | 井下煤(岩)与瓦斯突出危险作业区 | 当心滑跌 |  | 井下巷道有易造成伤害的滑跌地点 |
| 当心有害气体中毒 |  | 井下 $CH_4$、CO、$H_2S$、$NO_x$ 等有害气体危险地点 | 当心交叉道口 |  | 井下巷道交叉口处 |
| 当心爆炸 |  | 爆炸材料库、运送炸药、雷管的容器和设备上 | 当心弯道 |  | 井下巷道拐弯处 |

附表 2(续)

| 名称 | 符号 | 设置地点 | 名称 | 符号 | 设置地点 |
|---|---|---|---|---|---|
| 当心触电 |  | 有触电危险部位 | 当心道路变窄(左、右、正向) |  | 井下巷道前方变窄的地段 |
| 当心坠落 |  | 建井施工、井筒维修及井内高空作业处 | | | |

**附表 3　井下常用指令标志及设置地点**

| 名称 | 符号 | 设置地点 | 名称 | 符号 | 设置地点 |
|---|---|---|---|---|---|
| 必须戴安全帽 |  | 人员出入井口、更衣房、矿灯房等醒目地方 | 必须桥上通过 |  | 井下设有人行桥的地方 |
| 必须携带自救器 |  | 入井口处、更衣室、领自救器房等醒目地方 | 必须走人行道 |  | 井下人行道两端 |
| 必须携带矿灯 |  | 入井口处、更衣室、矿灯房等醒目地方 | 鸣笛 |  | 井下机车通过巷道交叉口、道岔口和弯道前20～30 m鸣笛处 |

附表 3(续)

| 名称 | 符号 | 设置地点 | 名称 | 符号 | 设置地点 |
| --- | --- | --- | --- | --- | --- |
| 必须穿带绝缘保护用品 |  | 井下变配电所(硐室) | 必须加锁 |  | 剧毒品、危险品库房等地点 |
| 必须系安全带 |  | 建井施工处、井筒检修地点 | 必须持证上岗 |  | 井口、配电室、炸药库等必须出示上岗证的地点 |
| 必须戴防尘口罩 |  | 井下打眼施工、炮烟区 | | | |

**附表 4　井下常用路标、名牌、提示标志及设置地点**

| 名称 | 符号 | 设置地点 | 名称 | 符号 | 设置地点 |
| --- | --- | --- | --- | --- | --- |
| 紧急出口(左、右向) |  | 设在井下采区安全出口路线上(间隔 100 m)和改变方向处 | 运输巷道 |  | 井下运输巷道 |
| 电话 |  | 井下通往电话的通道上 | 指示牌 |  | 根据需要自行设置 |
| 躲避硐 |  | 井下通往躲避硐室的通道及躲避硐室入口处 | 路标 |  | 自行设置 |

附表4(续)

| 名称 | 符号 | 设置地点 | 名称 | 符号 | 设置地点 |
|---|---|---|---|---|---|
| 急救站 |  | 井下通往急救站通道上 | 避火灾、瓦斯爆炸路线 |  | 井下躲避火灾、瓦斯、煤尘爆炸的通道上 |
| 爆破警戒线 |  | 井下爆破警戒线处 | 避水灾路线 |  | 井下躲避水灾的通道上 |
| 危险区 |  | 井下火灾、瓦斯、水患等危险区附近 | 避有毒有害气体路线 |  | 井下躲避有毒有害气体路线的通道上 |
| 沉陷区 |  | 井下地表沉陷滑落区 | 永久密闭 |  | 井下废巷、盲巷入口处 |
| 前方慢行 |  | 井下风门、交叉道口、弯道、车场、翻罐等须减速慢行地点 | 测风牌 | 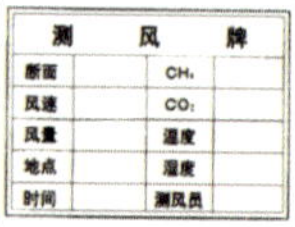 | 井下掘进、采煤工作面等处 |
| 进风巷道 |  | 井下进风巷道 | 炮检牌 |  | 井下采、掘工作面等要求设置的地点 |
| 回风巷道 |  | 井下回风巷道 | 瓦斯巡检牌 |  | 采、掘工作面等要求设置的地点 |

# 参考文献

[1] 国家矿山安全监察局.煤矿防灭火细则[M].北京:应急管理出版社,2021.

[2] 国家煤矿安全监察局.防治煤与瓦斯突出细则[M].北京:煤炭工业出版社,2019.

[3] 国家煤矿安全监察局.煤矿安全生产标准化管理体系基本要求及评分方法(试行)[M].北京:应急管理出版社,2020.

[4] 河南省煤炭工业管理办公室.河南省煤矿其他从业人员培训大纲和考核标准(试行)[M].徐州:中国矿业大学出版社,2018.

[5] 温永康.瓦斯防治[M].北京:煤炭工业出版社,2011.

[6] 张国枢.通风安全学[M].徐州:中国矿业大学出版社,2011.

[7] 赵新社.矿井通风技术[M].北京:煤炭工业出版社,2012.

[8] 中国煤炭行业劳动保护科学技术学会.煤矿工人安全技术操作规程指南:采煤[M].北京:煤炭工业出版社,2006.

[9] 中华人民共和国应急管理部,国家矿山安全监察局.煤矿安全规程:2022[M].北京:应急管理出版社,2022.